道德修养与现代人生

赵明智 赵璟莎 著

文化艺术出版社
Culture and Art Publishing House

序言

初秋时节，明智同志专程来京登门造访，请我为他的新作——《道德修养与现代人生》作序。浏览了书稿，甚为心动，欣然接受。

赵明智同志是我在中宣部、中央文明办工作期间认识的。大约在2000年9月，他陪同中共金昌市委的领导同志，就文明城市创建工作到中央文明办汇报，我们曾就创建文明城市中的思想道德建设问题进行过认真的讨论交流。第二年，我到甘肃调研专程去了他所在的金昌市。这是一个因企设市的新兴工业城市，地处沙漠戈壁深处，但建设得优美漂亮，管理得井井有条，给我留下深刻印象。明智同志陪同调研，其间我们又就精神文明、思想道德建设等问题进行过许多探讨交流，他的一些观点和意见，同样给我留下深刻印象。以后十年，因为工作变动，我和明智同志逐渐失去联系。我先是离开中宣部、中央文明办到中国文联工作，今年3月因年龄的原因又到全国政协教科文卫体委员会工作，他也几经辗转调到金昌市政协工作。在分别十年之后，因工作关系，我们又重新走到了一起。令我感到十分欣喜的是，十年来，不论工作岗位如何变换，明智同志对道德修养问题的思考探讨一直没有间断，并形成了这样一份有价值的成果。我深深感到他研究问题的态度很认真，信念很执著，十余年笔耕不辍，非常可贵！

这本《道德修养与现代人生》作为普及性读物，不仅对传统道德修养理论与实践中的一些有特色的内容和亮点作了具体生动的介绍，而且力求讲出它们的内在精神和核心价值，力求通过道德修养这一话题展示人们的心灵世界、生活态度和审美意蕴，并注意发掘其中具有普遍价值的现代意涵，以促进道德修养的优秀传统与现代社会相互融合并发扬光大。

明智同志长期在基层工作，他写这本读物的初衷就是为基层干部群众答疑解惑，所以书中许多问题的提出和对问题的阐述、表达，都来自生活、来自基层、来自群众。他从长期的基层实际工作中深深感到，道德修养对于大多数干部群众来讲，绝不应该只是某种教诲、约束和规范，更不应该是一种高深奥妙的理论，而应该像阳光、雨露、空气一样，成为人们的一种生活方式和自觉追求。为此，他坚持把道德修养置于人类文明、文化的大视野中来进行讨论，着力阐述了文化、教育、艺术、科学以及审美等相关领域对道德修养的重要影响，以期为干部群众加深对道德修养的认识提供一个新的视角。我很赞同他的这种努力和追求。

这本读物写得通畅明白，而且有情趣、有韵味，我相信会成为一本大家都喜欢的书。

在《道德修养与现代人生》即将出版之际，我以上面的一些话，表示对作者的鼓励和支持。同时，在当前世情、国情发生深刻变化的新形势下，我国公民思想道德建设面临着许多前所未有的新情况、新问题和新挑战，希望有更多的人来研究和探讨道德修养问题，期待有更多的优秀成果问世。

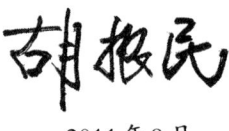

2011年9月

序言

《道德修养与现代人生》是我的朋友赵明智同志长期深入思考、精心研究道德修养与人生问题的一部专著，他希望我能为之写个序言。我大概通读了这部大作之后，觉得这是类似于冯友兰先生《新世训》的一本书。由于我自己长期研究冯友兰哲学，于是，想以《道德修养与现代人生》与《新世训》这部七十年前的人生哲学名著进行比较作为序言的主要内容。

从定位看，《新世训》是新理学人生哲学的生活方法论，而《道德修养与现代人生》力求建立的则是现代人的生活方法论。

《新世训》讲的是社会中的人的一般生活方法，这是其新视野，而《道德修养与现代人生》事实上也在通过对中国传统文化的深入分析建立现代人的生活方法论。如研究人的思维规律之逻辑学可以成立，则生活方法论之成立亦应该不成问题。这是两书之共识。

《新世训》不专讲道德而又提倡不违反道德的新生活，这是其新立场，对非道德领域生活方法论的探讨是人生哲学不可缺少的内容，但对道德生活的探索在今天更有必要，《新世训》与《道德修养与现代人生》在论述重心上各有侧重。两本书所说既是行道德的方法又是待人接物的方法。因此，既有理论的启示，更有实践的教益。两本书都力图超越死的教训而阐明一种为人处世的活的套路，因此，原则性与灵活性的统一是它们共同的特点，旧儒学也讲经权，但在此方面有明显的不足。《新世训》与《道德修养与现代人生》结合现实人生的论述使人感到清新。我开玩笑说过《新世训》不求超凡入圣而重在凡向圣，使其人生哲学有了特色鲜明的新低度，《道德修养与现代人生》同样没有教训人的高调。它们都阐述了一种现实的人生态度，社会上绝大多数人其实更需要这样一种人生智慧。《新世训》与《道德修养与现代人生》都克服了旧道学拘迂腐奇只重境界不重现实的理想化倾向，倡导一种理性主义的人生态度。《新世训》区分了理智理性与道德理性，主张人生要合逻辑而通情理、辨利害而讲道德，办事符合情理、善于以理化情，做人注重品德，适度以理抑欲。《道德修养与现代人生》则以现代社会生活为基础，全面研究了中国传统道德修养理论与实践的基本精神，将其纳入现代社会变迁的视野和现代社会生活的实践并面向世界、审视未来，为我们开阔了道德修养的现代境界。

  如果你有兴趣，这样的比较还可以继续下去，而同时你肯定能收获对人生深刻的领悟。当然，将一代哲学大师的名著（尽管是他自己评价并不高的名著）与一个民间学者的作品进行比较可能并不十分恰当，但这却足以说明人生问题特别是道德修养对所有人之重要。

  是为序。

2011 年 9 月 23 日

目 录

1　｜序言　　　　　　　　　　　　　　　胡振民

3　｜序言　　　　　　　　　　　　　　　范　鹏

1　｜导言

17　｜道德（德性）观念的产生、发展和演变

一、早期人类的自然崇拜、宗教崇拜与德性观念的产生 / 18

二、道德（德性）观念的发展和演变 / 19

三、东西方文化传统关于道德（德性）的基本观念和表述 / 21

四、道德与哲学、伦理、政治、法律、文化、知识等概念的

联系与区别 / 32

41　｜道德修养的基本理论及其发展和演变

一、关于"道德"的各种概念、认识和理论 / 43

二、关于"修养"的基本概念、认识和理论 / 59

三、关于道德修养的概念、认识与理论 / 67

73　｜道德修养的内在品质及特征

一、道德修养的内在品质 / 75

1. 提升人的价值意义和精神境界 / 75

2. 追求人性完善、完美，追求超越 / 76

3. 与社会实践广泛互动 / 79
二、道德修养的内在特征 / 82
　　1. 知行合一的实践性 / 82
　　2. 情理交融的超越性 / 82
　　3. 与时俱进的开放性 / 84
　　4. 多元开放的包容性 / 86

89　道德修养的人性基础与境界理论
一、道德修养的人性基础 / 91
二、道德修养的境界理论 / 95

105　道德修养的价值与功能
一、道德修养的内在价值与功能 / 106
二、道德修养的社会价值与功能 / 110

119　中国传统道德修养理论与实践的形成与发展
一、礼仪制度与礼乐传统的形成和发展 / 120
二、由外在修饰行为向内在道德实践的转变 / 126
三、中国古代道德修养传统的形成与发展 / 132

137　中国传统道德修养理论与实践的核心内容
一、统摄涵盖诸德的"仁爱"思想 / 138
　　1. "仁者人也"的人性自觉 / 139
　　2. "仁者爱人"的道德情怀 / 140
　　3. "仁民爱物"的社会责任 / 142
　　4. "杀身成仁"的牺牲精神 / 143
　　5. "博施济众"的人生理想 / 143
二、注重社会阶层秩序和个人责任的义理思想 / 144
　　1. "义以分则和"的社会阶层秩序思想 / 145
　　2. 天下公义的超越理念 / 145

3."明于天人之分"的角色责任意识 / 146
     4.凸现责任义务的修养境界 / 147
  三、注重社会、人心秩序协调和谐的礼治思想 / 148
     1."礼之用，和为贵"的社会秩序协调思想 / 149
     2."不学礼，无以立"的人际关系协调思想 / 150
     3.礼乐并行、乐以成德的修养方法 / 151
  四、"以智辅仁"的仁智双修思想 / 155
     1."知（智）者不惑"的明是非、辨善恶能力 / 157
     2."知人者智，自知者明"的识人知己智慧 / 158
     3."识时势、知当务"的道德实践智慧 / 159
     4.理性与情感相互交织融洽的情理并修理念 / 161
  五、注重社会有序运行和人际关系和谐的诚信思想 / 162
     1."民无信不立"的治国理政理念 / 163
     2."相交之道，以诚信为本"的人际关系原则 / 164
     3."失信不立"的立身、进德、修业思想 / 165

167 | 中国传统道德修养理论与实践的基本特征

  一、谨言慎行，修德以致福的忧患意识 / 168
  二、伦理、政治相互包含，相得益彰的治国理政思想 / 170
  三、多元一体，共存共荣的求同存异思想 / 173
  四、三省吾身，反求诸己的道德自律精神 / 175
  五、"积薄为厚、积卑为高、蘗蘗以成辉"的修养境界 / 177
  六、注重整体、直觉、辩证、和谐的思维方式 / 178
  七、重践履，学以致用、修以致用的经世济民理念 / 182
  八、忧乐圆融的修养文化 / 184
  九、知行相资、行高于知的道德实践精神 / 190
  十、情感体验与直觉整体相结合的修养方法 / 191

195 | 中国传统道德修养理论与实践的基本精神

  一、天人合一，以人为本的人文情怀 / 196

二、刚健自强，生生不息的创造精神 / 201

　　三、宽厚包容，厚德载物的精神境界 / 203

　　四、以和为贵，中庸和谐的人生智慧 / 205

　　五、民胞物与、经世济民的责任意识 / 209

　　六、德高于力，善统真美的修养境界 / 210

　　七、"己所不欲，勿施于人"的普世伦理原则 / 216

　　八、博学、慎思、笃行并重的修养方法 / 217

221　道德修养与社会变迁

　　一、社会现代化对道德修养理论和实践的影响 / 223

　　二、全球化发展对道德修养理论与实践的影响 / 226

　　三、走向现代化、多样化的道德修养 / 228

　　四、道德修养与社会经济、政治、文化发展的互动 / 230

233　道德修养与现代社会

　　一、现代道德修养的新趋势——现代化和全球视野 / 235

　　二、现代道德修养的新任务——知识学习与理论武装 / 237

　　三、现代道德修养的新主体——企业和企业家道德修养 / 248

　　四、现代道德修养的新课题——沟通与对话 / 257

　　五、现代道德修养的新要求——科学精神的修养 / 260

　　六、现代道德修养的新要素——自由思想和理念的修养 / 270

　　七、现代道德修养的新领域——环境问题的修养 / 275

　　八、现代道德修养的新概念——审慎美德的修养 / 278

　　九、现代道德修养的新理念——创新、创造精神的修养 / 281

　　十、现代道德修养的新重点——领导干部的道德修养 / 284

287　道德修养与未来发展

　　一、道德修养的回归、普及与提高 / 289

　　二、道德修养的继承、借鉴与创新 / 301

307　道德修养的思想理论建设

一、道德修养应该研究它自身，应当"自我认识"和"反思" / 309

二、道德修养理论研究和建设要面向现代化、全球化，要用历史的眼光和全球视野，为今天的道德修养理论和实践寻找世界性坐标 / 318

三、道德修养理论研究和建设要创造有利条件，力争与西方学界对话 / 321

四、道德修养理论研究要以马克思主义为指导，立足中国实际，彰显时代精神 / 323

326　后记

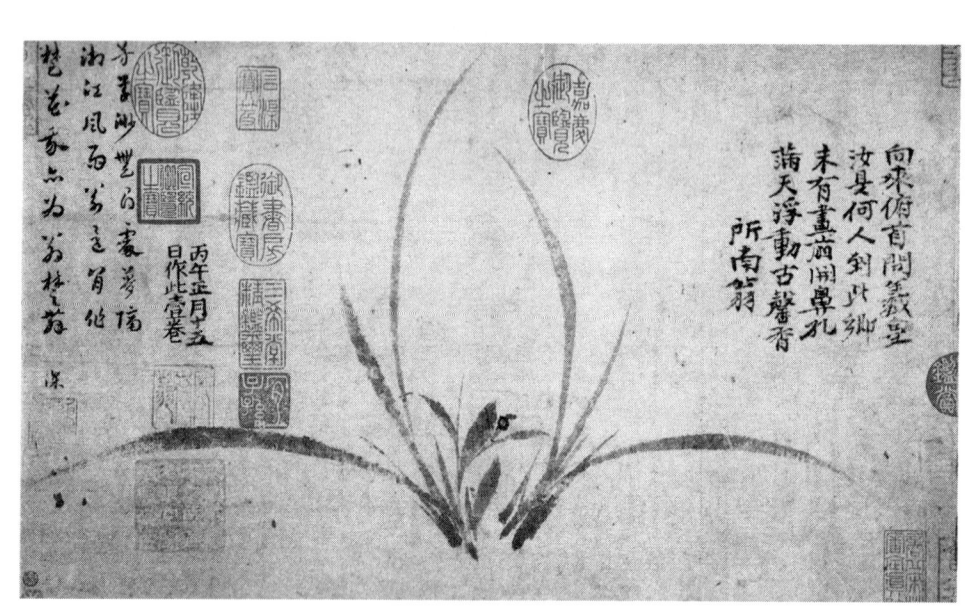

芷兰生于深林，不以无人不芳；君子修道立德，不以穷困而改。与善人居，如入芝兰之室，久而不闻其香，即与之化矣。

导言

一

我从20世纪80年代末从事基层干部教育理论研究和干部教育工作开始，为适应教学和理论研究之需，大量阅读和涉猎哲学社会科学、人文科学乃至科学技术基本知识方面的书籍、资料，以供教育、教学活动中为基层干部、群众答疑、解惑之用。常埋头于书、报、杂志海洋，与闻于圣哲微言大义，每遇能够启迪思想智慧，有助于释疑解惑之思想、观点、理念等等，即录之以卡片。经年累月，积聚资料，并与自己的思考探讨成果相结合，遂逐渐形成分门别类的资料系统。在多年的干部教育理论研究和干部教育工作实践中，关于不断提高各级各类干部乃至国民的综合素质问题，成为我们经常需要思考、讨论、讲述和答疑的问题。而在对这方面的问题进行研究和讨论过程中，有一个更具体的问题渐渐地凸显出来，这就是道德修养问题。

道德修养问题之所以特别突出，是和当时国内改革开放的社会大背景密切联系在一起的。因为当时随着市场经济的不断发展和社会开放程度的不断提高，以及随之而来的经济全球化、信息化和知识经济等等，我们从传统社会很快进入到一个生产和交换高速发展、人口高度流动、高度异质化，人们的生产、生活方式和行为方式以及社会思潮、文化、价值观念极其多样化的社会。全社会范围内的道德缺失、道德失范问题非常突出。因为研究和讨论的问题比较多地集中在道德和道德修养方面，从而形成了一个相对独立的关于道德和道德修养问题的资料系统。在当时，主要还是为了应对教学和答疑、解惑之需。随着后来对相关资料更多的占有，以及对许多问题认识上的深化，就想把自己关于道德修养方面的体会、思考成果及相关资料整理出来，形成一个相对完整的成果贡献于社会，遂生撰写一本关于道德修养问题专门著作的愿望。由此开始动起手来，先进行专题的资料收集、整理和研究，继而构思辨惑，时做时辍，历二十余载之艰辛，终将夙愿克遂，幸乞专家、学者和读者朋友指点纠谬！

二

近十余年来，我几乎离开了教学与理论研究的岗位，只是到基层做一些调查研究，偶尔也到有关的学校、企业、社团等单位做一些应景的理论辅导

或讲座。所以说，已经很久没有严肃认真地研究学问了。但十余年的政务和政策研究工作，给了我深入基层、深入群众，面对更加丰富、复杂的社会、人生的机会和平台，使我对道德修养和现代人生问题更加关注，更多地进行思考。我翻阅了许多有关的刊物、书籍，想寻找一种全面、系统地论述道德修养问题的专门论著，但至今仍没有找到。古今中外的思想家、哲学家们有很多很多关于道德修养的理论研究和阐述，但都是零零星星地夹杂在其他问题的论述之中，依我当时的认识，这些都不能算是关于道德修养问题的系统、完整的学术理论。我常常想，道德修养也许根本就不是一种

学术或学问，而只是一种思想和实践的范畴。

但随着近两年思考和研究的不断深入，我才发现，道德修养问题，原来是人类文明发展中一个非常大的课题，在人类一切民族和文明中，都是所有宗教、哲学、伦理学乃至各种文学、艺术等反复思考和讨论的最重要的话题，也是现实生活中的每一个人都需要认真思考和践履的大问题。我们在古今中外各种文学的、艺术的、哲学的、史学的、伦理学的著作或普及性读物中，能见到许多关于道德修养的论述或描述。尤其在中国文化传统中，关于道德修养的思想和理论，集中了文化中所有的陶冶因素和力量，把现实生活中的物质与精神、理性与情感、质朴与高雅、琐屑与伟大交融在一起，使它成为文化传统中最具实践性、最有生命力的组成部分。

因为最具实践性、最有生命力，所以自有史以来，道德和道德修养永远盛开着光华艳丽的花朵，成为人类文明发展进程中一道最为亮丽的风景线。

因为最具实践性、最有生命力，所以道德修养的实践、思想和理论，成为人类文明中继承性、创造性最强的文化形态之一。

几千年的讨论，几千年的积淀和创造，形成了一个非常庞大而丰富的思想和理论宝库。我在这里与大家讨论道德修养问题，是怀着谦卑的心情，与古人、与当今的学界同仁相互学习和交流的。

三

道德修养在学者、学术讨论视野中，属于道德活动，是指人们在道德品质、道德情感、道德信念等方面的自我锻炼和自我改造，是道德活动的一种重要形式。在伦理学科学研究中，是这样定义的，人们为了达到一定的道德水平和境界，按照一定的道德思想、道德观念和要求而进行的自我教育、自我锻炼、自我陶冶和改造，是社会成员经过对知识的学习、自然社会环境的熏陶和社会生产、生活实践，不断接受社会道德观念、道德规范，并将其转化为个人内心信念、意志，最终形成行为反映模式的过程。

我查阅了许多种伦理学的专著或教科书，所有对于道德修养的阐述基本上大同小异，总的感觉是过于简单、严肃和学术化，常常会使道德修养问题

岳麓书院

扭曲成一种简单、枯燥的定义、概念，严肃甚或奥秘的学术理论，而在相当的范围或情况下又被等同于说教，因而往往可能使一般的人们、尤其是年轻人，因为严肃、奥秘，或被说教而失去对道德修养问题的兴趣，也因此失去经道德滋润而启发、提升自我生命的可能。

其实，人类关于道德修养的实践和理论，既博大精深，又丰富多彩。在现实的道德修养实践与理论探讨中，不同的国度，不同的文化背景，有不同的传统；不同的时代，不同的人，有不同的理解和解读；同一个人，在不同的环境或语境下，亦有不同的理解和解读；一如儒家对"仁"的解释，根据不同的对象，不同的语境，分别将"仁"解释为"仁者人也"、"仁者爱人"、"忠恕"、"孝悌"等等。人们对道德修养的理解和解读也是一样，由于环境、语境甚至心情的不同，而有各种不同的理解和解读，尤其在中国人的文化和社会生活中，道德修养可谓雅俗共赏、意涵宽泛。从文化发展看，无论是作为文化经典的《诗经》、《周易》、《论语》，还是作为启蒙教育的《三字经》、《百家姓》、《千字文》，表面看，是文学的、哲学的著作、理论，是学习知识的通俗读本，其实质，都是德性、人格修养的知识、思想和理论；从社会生活看，大到治国理政，小到孝敬父母，都讲以德为本；中国历来的各级机关、学校，各种寺、庙、道、观乃至黎民百姓家中，都是将各种修养典故、格言、名句、象征之物等做成匾额、楹联、中堂、字画、饰物等等，悬之于梁，刻之于柱，书之于户，铭之于案头，朝夕诵读，世代共勉，以求潜移默化，身体力行；在中华文明、中华民族数千年演变发展历程中，既有帝王将相的为政以德，圣人贤哲、志士仁人的成仁成义，也有寻常百姓的家长里短；既登得了大雅之堂，关乎江山社稷；也进得了街巷僻壤，关乎民风民俗；德性、人格修养的传统，已经浸润于人们的心灵之中，渗透于社会生活的方方面面，贯穿于人生的整个过程。

说伦理学关于道德修养的概念过于简单、严肃和学术化，那道德修养究竟是什么呢？实际上，单从理论上是很难说得清楚的，而想说清楚的人又很多。数千年来，有无数的先贤圣哲想说清楚它，留下了各种各样的答案，比如许多论者就认为：

道德修养是我们与自然、与社会、与他人相处的一种状态，是一种理性的生存，但又不完全被理性所决定和限制，它充满了非理性的激情，具有巨大的张力；

道德修养是一种深刻、博雅、有使命、有担当的远大情怀，对于那些有理想、有愿望实现自身价值的人来说，道德是让他可以成就大事业、大气象的根本依托；

德国存在主义哲学家雅斯贝尔斯
(Karl Jaspers 1883—1969)

道德修养是一种日常的涵养，一个人只有经过平时长期的修炼陶冶，才能拥有在重大关头经得住考验、担当起重任的气节；

道德修养是一种非常具体的行为方式，一个有道德、有修养的人，内心一定是非常丰富博雅的，行动上一定是优雅的，表现在数不胜数的社会生活的细节当中，如对社会、环境和别人的理解，对自然美丽风光的欣赏，对艺术审美的愉悦感，相互争论时尊重对方，待人接物时文雅有度等等；

道德修养是一种心路历程，是有责任感、使命感的人心中应有的生存方式；道德修养是一种追求，是"路漫漫其修远兮，吾将上下而求索"的自信与执著；

道德修养是凝聚在人们日常生活、学习和工作中的一种文化，是浸淫在各个人身上的一种精神和精神生活方式。

上述各种描述性的概念，也还只是人们在各种不同的环境、语境或心情条件下对道德修养的一种理解和感受，当然不能算是真正意义上的定义和概念。

所以，迄今为止，似乎还没有一种答案能够圆满地解决道德修养的定义和概念问题。

其实，从一开始，为了论述的完整和完美，我也曾试图引经据典，想对道德修养的概念和定义作一个理论上的界定。但越是引经据典，越是深入地探讨研究，越觉得说不清，道不明。到了后来，倒是哲学家雅斯贝尔斯的一句话使我茅塞顿开，他说假如我能说清什么是哲学，那么我就再也不用研究哲学了。

我由此受到启发，道德修养作为人们价值地认识和把握世界、改造世界和自身的思想和实践活动，它能够适应、塑造和引领每个时代各种文化背景人们的信仰、理想和性格。在我们认识了它的历史、它的功能和作用之后，我们再不会觉得思想家、理论家、先贤圣哲所给予的各种不同甚至相互矛盾的定义和概念为可异了。事实上，他们所给予的定义和概念都是有道理的。学术讨论的特点，并不是使人疑惑一切，而是使人部分地相信一切，使人懂得在相互矛盾的理论、定义和概念中，某一种理论、定义和概念对于某一时期或某种文化背景的人来说是准确的，而另一种理论、定义和概念对于另一时期或另一种文化背景的人来说是准确的。所以，道德修养本来就不应该有什么永久、固定的概念和定义，只有依据不同时代、不同文化背景和社会生产、生活实践，来认识它的性质、地位和作用，才不会限制它的内涵，不会丧失它内在的活力，并为它的不断丰富和发展创造条件。

四

由此思路出发，我们在前几章对道德修养几个主要维度的重点问题作了一些探讨性的讨论。

一是道德、修养和道德修养，它们的起源、演变与发展，它们的基本含义、基本理论和基本价值等等。通过对它们的介绍和讨论，以便尽可能适当地说明"道德修养究竟是什么"，并使我们获得一个相对正确的认识角度，一个相对有效的分析视野，从而对"我们为什么需要道德修养"、"道德修养究竟有什么价值和功能"、"我们怎样才能开展好真正意义上的道德修养活动"等这样一些问题，作出进一步的分析和把握。

二是"学"与"知"，它的学术传统以及在社会实践中所表现的各种不同的影响和作用。道德修养虽然主要的是一种道德实践活动，是一种人们参与其间的社会实践活动，但同时又是一种具有形而上特点的思考和探索活动，是一种理论和实践的双重探索。古今中外的学人、思想家们在长期的道德修养实践中,对道德修养本身所进行的反思、研究和理论上的阐述,形成了非常丰富的关于道德修养的思想和理论成果。所以,道德修养是有思想、理论资源的,关于道德修养的理论思考和探讨,又是一种学术的活动。

三是"行"与"济",它的个人实践和社会实践,即古人所说的"经世济民"或"经世济用",就是它对社会发展和进步所产生的作用。中国传统的道德修养理论与实践注重个人的修养、个人人格的完善和价值实现,但又强调人是在一定的家庭、家族和社会环境中进行的修养,他在完成自我的同时,要逐渐拓展到家庭、族群和社会,是一个不断超越自我、超越小我而最终进入到社会、宇宙的过程,这中间有非常复杂的辩证关系。对这种作用的讨论,不仅要作历史的分析、现实的考虑,也要对未来的影响和前景作一定的分析和评估。

这三个方面中,我们过去一般比较重视第三个方面,即道德修养的实践意义和它在社会发展和进步方面所体现的作用,而对它的理论、学术传统等注意不够。我们很难看到关于道德修养的专门的著作,原因可能就在于此。我们今天讨论道德修养问题,当然要注意三个方面的协调平衡。所以我们在讨论中,也同时涉及了部分道德修养的理论研究问题,而且在本书的最后,专门用一章来讨论道德修养的理论研究与建设问题。这三者中间有很多的重叠、渗透和互补,如果把它们分开来研究和讨论,难以理解和把握它的博大精深。

五

道德或德性修养最早是在人禽之辩、人的内在规定性意义上被提出来的,尽管在中外思想史上对人性本身的看法各有不同,但异中有共同之处,这就是均将人性相对于禽兽而言。根据孟子的看法,人不同于禽兽在于人有仁、义、礼、智精神;荀子也表达了类似的看法,认为人之所以为人者,不在于其两足直立行走等自

孟子

然属性，而在于有是非善恶之精神，"水火有气而无生，草木有生而无知，禽兽有知而无义。人有气、有生、亦且有义，故最为天下贵也。"欧洲思想家帕斯卡尔有句名言说："人既非天使，也非禽兽"，换个说法，就应该是，人既是天使，又是禽兽。所以，讨论道德修养的问题，必然要涉及人性问题，道德修养的基本使命，就是怎样把禽兽转化为天使。

人从哪里来，又到哪里去？正是对这种根本问题的关注、追问，才使人的生命成为一种崇高而又神秘的心理体验，使超越生命局限、实现生命价值的不断升华，成为一种持久而不懈的道德追求。

人性原本质朴无华，充满野性，因为道德的浸润，才绽放出灿烂的精神花朵。所以，道德与人性，也许原本就是一体的两面。从不同角度关照道德行为的前人，为我们指出了不同的视点。生活在现代化、全球化时代的人们，还需要借助前人的视点以扩展我们自己的视野，以更加包容宽大的视野，看道德，也看人性和人生。我们在书中专门用一章来讨论人性与道德修养的相互关系问题，意在让人们更深入地了解道德与人类成长发展的密切关系，从而更加自觉地运用道德修养的武器，来不断开发、拓展、健全、完善、提升自己。

六

道德或德性原初的含义，是指所有事物的功能，尤其是优秀事物的功能，如刀剑的切割锋利，赛马的奔跑迅速，眼睛的视力良好等等。一个人的德性就是在很多事情或一切方面的事情上具有优秀的实践能力和品质。人的德性不会像人的视力、听力那样从自然本性中生成，但人的原始自然本性具有被训练成为德性主体的潜能和预备，人人生而可接受德性、可成圣成贤，这就是道德修养的人性基础。道德修养的最基本的要求，就是脱离人的动物性，克服人先天具有的非道德、非理性的粗野、低级趣味等等。但在现实社会中，每个人的天然禀赋不同，人生的阅历不同，对知识的拥有和理解不同，对德性的情感不同，参与社会实践的程度不同，个人的素质和努力程度不同等等，其所能达到的修养层次和境界也是不同的。

作为道德修养主体的人都是鲜活的、具体的、个性化的人，每个个体的社会身份、社会地位、内心体验、情感世界、认知能力等都是不同的，但他们生命的价值和意义都是一样的，是平等的，都需要精心呵护和尊重，都需要同样地理解、接纳和包容。道德修养既关注一般性的规律、规范、制度、规则对人的要求，也关注无数个体生命间的个性特征和独特性。虽然强调道德修养对每个人都是平等的，认为人人皆可为圣人，但又尊重每个个体的人的存在价值、人格尊严，尊重每个个体的人的个性情感、心灵世界和情感体验，承认修养应有境界之分。

人生境界或说修养境界由此成为道德修养理论与实践中的一个非常重要的论题。

道德修养境界理论告诉我们，对于个人来讲，道德德性的修养是一个终生的和永不停息的过程，一个人的修养成就和境界，是经过长期的学习、理性思考和实践磨炼而逐步积累形成的。我们在书中用一章来讨论道德修养的境界问题，也是意在告诉人们，我们要生活得有意义，就应当有这种道德自觉，在自己的生命过程中，设定一种目标，树立一种信仰和理想，用理想照耀和引领自己，通过"格物"、"致知"，积极参与社会实践，时时警惕、激励自己，磨炼、善待自己，丰富、提升自己，不断超越当下、超越自己以进入新的境界。

修养境界理论，使道德修养永远遵循超越的主题，激励和引领现实中的人们永不停息地向着更高、更强的目标攀登。

道德修养在很多情况下被认为是一种为己之学。因为修养的根源在人自身，人通过学习、修养，具有道德的自觉，并通过道德实践推动自身内在精神的转变和人格的完成。因此，由恒久而真诚的德性修养而决定的人生，会给每个人开拓出不同的人生境界。

但现实生活中的人，都是在与他人的互动中规定自己，在互助责任和道德关系中发现自己的价值的。一个人修养的结果，精神的升华，最终要落实为一种移风易俗、德风德草的社会氛围，从而使道德修养从个人人格的完善、人性完美，落实到社会人心秩序的整饬上来。所以，个人的道德修养，不仅会使他个人能最大限度地贡献于国家社会，实现其最大的价值，还会使每个和他有关系的人或他周围的人，都有希望获得成功和最大的价值实现。

道德修养虽然是千百万个人的修养，是一个个"小我的进步"，但推而广之，可以影响整个国家，美化整个世界。

七

中国文化不是人类文明中孕育道德修养精神的唯一文化，但却把道德修养演绎到极致，为世界文化宝库创造了独步世界的道德修养文化。

关于道德修养的实践和理论，在中西方文明乃至世界所有文明中都有大量深刻的论述和积淀，但在中华文明传统中，关于道德修养的思想、理论是最普及、最广泛、最悠久的。中华文明，从其起源处就推崇德性，倡导恃德者昌，恃力者亡；还在人类社会的轴心时代，道德就已经成为中华文化解释宇宙自然、人类社会和人类自身一切现象、根源的大概念，成为指导人们探索未知领域的钥匙；道德修养就已经成为政治统治者和知识分子整饬人间政治、社会秩序和人心秩序的重要途径；自人类文明轴心时代[①]思想家们继承文化传统，开创道德修养大传统以来，道德修养就成为中华民族全民族的伟大事业，成为中华文化传统的内核和灵魂，并不断扩张、渗透于社会政治事务、风俗习惯、教育师道乃至私人生活等各个方面，适应、调节社会发展并引领人们的生活，成为几千年来中国人的生活方式、行为方式、思维方式、情感方式和价值取向的结晶，成为绝大多数中国人的信念和信仰。为此，我们在书中用相当的篇幅，就中国传统道德修养理论与实践的形成和发展，中国传统道德修养理论与实践中人们比较熟悉的几方面的主要内容及其对当代社会生活的影响、中国传统道德修养理论与实践的基本精神、主要特征等，作了简要的分析和

[①] 思想家雅斯贝斯认为，约在公元前800—前200年间，世界上几种最古老的文明形态虽处于隔离状态，但同时阐发了人类所要思索、回答的最重要的基本问题，产生了许多伟大的思想家，如中国的孔子、老子，古希腊的苏格拉底、柏拉图，以色列犹太先知，印度释迦牟尼，古波斯索罗亚斯等等，并形成了不同的文化传统，被称为人类思想文化史上的轴心时代。

雅氏所说"轴心时代"，在中华文明发展史上正值春秋战国时期，是一个社会动乱、变革的时代，又是一个思想文化百家争鸣的时代。孔子、老子、墨子等一大批先贤圣哲为中华文明、文化的发展提供了连绵不绝的思想和语汇，对两千多年来的道德修养理论与实践产生了巨大而深远的影响。

介绍，希望有助于我们今天的讨论和实际的道德修养实践。

中国文化中传统的道德修养，既是一种社会实践活动，又是一种理论思考和探索过程。人们在实际的道德修养实践活动和理论思考过程中，对道德修养本身也进行了大量深入的反思、研究和理论上的阐述，形成了非常丰富的关于道德修养的思想和理论成果。这些思想和理论成果通过各种形式、途径顽强地表现出来，保存下来，从而形成了关于道德修养的传统。我在本书中使用中国传统道德修养理论与实践来表述。中国传统道德修养理论与实践是一个庞大而复杂的系统，具有明显的多元性、兼容性和再生性等特征，既有精华，也有糟粕。由于我们在讨论和阐述中经常所指的是传统道德修养理论与实践精神中优秀的、精华的元素，所以又经常使用中国道德修养理论与实践传统来表述。后者实际是对前者背后的精神链接，主要就是指传统道德修养理论与实践中优秀的、注入新的时代内容后需要加以弘扬的内容，是我们在社会现代化条件下进行道德修养不可缺少的重要思想理论资源。这种区分或者表述有没有必要，是否准确，同样希望与学界同仁交流和讨论。

八

道德修养从人类群体层面来看，从来都是社会政治、经济、文化生活的组成部分，是时代要求和社会需要的产物；而从每一个个人来看，是存在于主体和社会发展的动态统一当中的。道德修养作为人类最古老的思维和实践活动，永远都是一种历史性、实践性的存在，是一种开放性的创造性思维和实践活动。所以，道德修养与时代、社会变迁有着非常密切的关系。每一个富有创造力的时代，都会有其不同的道德价值和道德理想，都会赋予道德修养以新的时代内容。尤其在今天的时代，会有太多太多的因素来影响人们的道德价值和道德理想，道德修养面对社会现代化、经济全球化和文化多元化等多重挑战。我们用一章来讨论道德修养与社会变迁的关系，就是探讨如何在既继承优秀传统，又不脱离世界文明大道的前提下完成道德修养的现代化，从而进一步丰富和发展道德修养的理论与实践，增强道德修养的时代气息，丰富道德修养的时代内容。

所以，我们今天的讨论和研究，不可能只是回顾过去和古人，更重要的是关注今天，展望未来。过去和古人只是我们的基础，是我们可以汲取、借鉴和利用的资源，但我们的眼光应始终朝着前方，始终关注今天的道德修养所面对的各种问题，关心未来的道德修养可能面临的各种问题。

道德修养既是传统的，更是现代的。今天中国人的道德修养更多的还是要面向现代化、全球化和知识经济时代对人的素质的要求，着眼于人的现代化，坚持不懈地加强马克思主义科学理论的修养，牢固树立建设中国特色社会主义的共同理想；坚持不断用先进的科学、技术和文化知识武装自己，使自己始终适应知识经济时代对人的能力和素质的要求；坚持以社会主义道德和严格的纪律要求自己，做一个有道德、有纪律，适应社会主义现代化建设要求的人；坚持不懈地加强自主意识、公民意识的修养，创新意识、创新精神的修养，开放、竞争意识和协作精神的修养，科学、民主、自由精神的修养，沟通能力和团队合作精神的修养等等，做一个具有全球视野、世界眼光、现代思维和素质的人。

今天中国人的道德修养，从一个更宏观的角度来讲，就是我们的经济发展在大部分地区，大部分人基本解决了温饱问题，进入小康社会以后所面临的精神方面的修养。这种修养，首先要求扎根在民族精神和社会生活的深处，必须与民族传统有更深层次的继承和承担。当然，这种需要继承和弘扬的传统应当是宽宏、丰厚、多元的，应当涵盖古代的诸子百家传统，近百年的现代传统，以及渗透于老百姓日常生活的民间传统，并要和人类文明的普世传统相链接。这样，道德修养就将在多元视域里借鉴、继承传统的任务，置于当代中国经济发展、社会进步的一个重要而突出的位置。

希望这种多元丰厚的思想精神资源由此进入中国民众的生活中，并生发出新的花朵和果实，那将是何等的历史进步！

九

道德修养虽然主要是一种人们广泛参与其间的社会实践活动，但它同时又是一种具有形而上特点的理论思考和创造活动。我们能在今天谈论道德修养，是因为前人已经从理论上提出并广泛深入地讨论了道德修养的问题，而且留下了非常丰富的理论成果。今天的道德修养，要能够发挥提升人生境界，提高民众素质，引领社会生活的作用，必须要对过去的思想理论成果，进行批判性的研究和筛选，并把它和现代社会生活联系起来，为它赋予新的时代内容，促成新的理论创造，来回答、解决当今时代道德修养面临的新情况、新问题，从思想理论上引领、指导新时期的道德修养实践，丰富道德修养的思想和理论。

道德修养需要"自我认识"和"反思"，需要从理论上研究它自身。要以马克思主义为指导，认识它自身的特点和规律，为今天的道德修养实践提供有效的理论指导；要立足中国现代化建设实际，用历史的眼光和全球视野，研究中国的、世界各文明系统的修养传统和资源，为今天的道德修养理论与实践寻找世界性坐标。

今天的道德修养理论研究与建设，已经成为现代化、全球化条件下的解构与建构并存的"社会系统工程"，所以在研究方法上，主要注意了三个方面的问题：

一是面向现代和现代化。我们在书中虽然主要讨论的是道德修养的传统，但面对的却是道德修养的现代意义，主要是研究和弘扬传统的现代意涵。我们的愿望还是立足于21世纪中国文明、文化的历史处境，关注今天人类面临的各种问题，以理论与实践相结合的方式，重新认识道德修养的过去、现在和未来，促进道德修养传统与全球化、市场化、现代化的相互融合与再生。

二是面向现实、面向干部群众。对传统道德修养理论与实践的研究和讨论，属于学术研究范畴，但我们工作、生活在基层，面对的是极其生动丰富的生产、生活实践和需要理论滋润、指导的基层干部群众。所以我们的研究和讨论不是、也不可能是纯学术的，我们必须跨越学术的和专业的界限，大量使用体验性的、描述性的语言来阐述问题。我们的研究和讨论就是基于这样的考虑，力争有一定的学术性，但更多的是对于现实问题的讨论。

三是面向世界、面向当代人类最新文明成果。我们的讨论以中国道德修养理论与实践传统为主，并且着重讨论和研究如何加强当代中国人的道德修养问题。但我们也非常关注当代人类所面临的共同的问题，探讨如何与世界各大文明对这些问题的思考成果、解决办法结合起来，用当代世界文明的一切优秀成果来丰富当代中国道德修养的理论与实践，促进对全球化时代道德主体性的理论思考和实践关怀，促进当代中国道德修养理论与实践的现代化和全球化。

我们今天研究和讨论道德修养问题，目的还是要适应时代发展的新要求，促进道德修养理论与实践的变革与创新。我们不仅从阅读文本和自我反省中获得变革与创新的资源，更注重关注社会生产、生活实践，注重从社会生产、生活实践中提炼问题，并将其有效转化为新的道德修养的资源；不仅注重从内容上创新和丰富道德修养的思想内涵，也努力从形式上创新道德修养叙事、表达和传播的现代话语方式，并与世界的学术话语相沟通，为中国道德修养传统和智慧在现代话语世界中创建基于理性和智识的立足之地，并赢得未来的话语叙事与表达。我们热切希望把中国道德修养传统中好的东西提炼出来，应用到现代化建设的现实中去，在和西方世界、西方文明保持接触、进行对话交流的过程中，把我们优秀的传统用现代语言讲清楚，使它变成世界性的东西。

十

道德修养问题，在哲学或伦理学科学体系中，只是很小很小的一个问题，但在道德修养自身实践和理论研究中，所涉及的内容非常的广泛，远非我一个人的能力所能论及，也远非这样一本书所能全部涵盖。今天向大家贡献的这份研究成果，只是抛砖引玉而已。书是有限的，是很快就会结束的，但我们的讨论是可以在更宽广的范围、更长久的时光里继续下去的，从而使我们在道德学习和修养的漫漫长路中，有更多可以对话、交流的学界同仁和生活中的朋友,有更多可以共同分享的探讨成果。

能够把自己的所思、所想和理论研究的成果表达得条理分明、严谨庄重、智虑通达,不仅是一种能力和水平,也是一种高尚的美德。作者也极力向这个方向努力,力争将自己多年所思、所想、所研究的内容准确、流畅地奉献给大家。但终因能力、水平所限,书中条理不清、论述不周、文字苦涩等处在所难免,难达作者雅意,诚请读者和学界同仁见谅!

我是一个喜欢读书,也是一个喜欢品味书的人。我读书,不仅看书的内容也看书的设计、装帧。一本设计、装帧都很精美的书,会给读书的我带来极大的乐趣。我对书中扑面而来的整版文字,往往感到疲倦甚至恐怖。为此,我按照书中内容配置了一部分插图,一来是希望以形式上的活泼来弥补文字方面的苦涩和欠缺,使读书和修养都不致成为困难的学习。二来也是希望能为阅读的人们增添些许想象和审美的情趣,或许能给您的心灵一份宁静和遐想,更或许使它成为一本能够唤起读者朋友生命自觉的书。

今天的世界,是一个既充满希望,又遍布危机的世界。当今时代,人类的科技手段日益先进,古人只能仰望、思索的茫茫宇宙星空,人类已经漫步其间;古代嫦娥奔月的美丽神话,人类已经把它变为现实。在当今经济、科技高速发展的时代背景下,注重人的道德修养,关注人的内心情感和精神世界,是一种深远的智慧。道德修养是与人类文明一样最古老最恒久的精神生活方式和社会实践活动。在这个集中了人类情感意志、理性智慧、科学精神、自由思想、艺术想象力和哲学思辨力的精神世界里和社会实践中,人类才能够以一种情感与理性相结合的方式工作和生活,以一种真正符合人类精神、情感特点的认知、体验和实践方式,来科学地、符合人性地探寻宇宙、人类社会发展、人类自身生存意义等方面的终极性问题。当然,道德修养作为一种精神生活方式和社会实践活动,永远都是历史的、开放的和不断发展的,各个时代的人们,同一时代的不同的人们对于道德修养的认识、感悟和解读,永远都会有争论和怀疑。我们今天在这本书中所进行的解读和讨论,包括对道德修养历史和未来的探究,都只是一个开始,也只代表作者自己的感悟和认知水平。作者期待着批评指正,也期待着后来者对道德修养问题的新的认识、感悟和解读,新的心得和成果!

孔子,当代世界东方价值体系的代表。美国前总统里根曾说:"孔子的高贵的行谊与伟大的伦理道德思想不仅影响他的国人,也影响了全人类。"

道德（德性）观念的产生、发展和演变

　　道德（德性）修养，是人类最古老的思想认识和社会实践活动，是和人类文明一样既古老又现代的问题，只是在人类不同的文明系统中，对它的称谓和概念不同，探讨的起点和思维方式也不一样。

　　仁者爱人，是中国传统文化的瑰宝；爱人如己，是基督教的伟大律法；儒家讲"仁者无忧"，佛家说"无忧是佛"。

一、早期人类的自然崇拜、宗教崇拜与德性观念的产生

德或德性在早期人类的观念中,就是一种卓越的品质或精神。

德性的古希腊文(arete)的原义就是指任何事物的优点、品性和功能。

还在人类文明的早期阶段,人类就在各自的文明体系和文化传统中确立了德或德性是人性的一个最基本方面的伟大精神。

道德属于意识形态。意识形态是人类社会文化的高层结构,在历史发展的不同阶段,往往凝聚成不同的社会思潮,作用于人的思想和社会实践。

人类在长达几十万年的原始社会时期,长期在纯自然状态下过着十分困苦的生活,他们所看到、感觉到的主要是大自然的破坏性力量。为了求生存,人类在不断寻求抵御自然破坏的手段和精神力量。因此,人类远古时期最早的意识,乃是"对自然界的一种纯粹动物式的意识(自然宗教)"[1]。这种"自然宗教"意识,是对自然现象的迷信和崇拜,集中表现为"图腾"崇拜,以后逐渐发展到对"祖宗神"的崇拜与祭祀,再后来又进一步发展到原始的幻想和神话,如中国古代的女娲补天,羿射九日,西方的亚当、夏娃偷食禁果,普罗米修斯盗火给人间等等。无论是最早期的"图腾"崇拜、"祖宗"崇拜,还是稍后的神话传说,都反映的是人类希望抵御、改造自然的意识。

---

[1] 《马克思恩格斯选集》第一卷,第35页。

在长期的改造自然的斗争中，人类逐步积累了最初的生产经验，开始认识了自然界的某些因果联系（如野兽活动的特点、渔猎的方法、制造工具等等），使人们对自然采取比较现实的态度，因而形成一些有关人应当具有某些优秀的功能、品质，卓越的精神，从而使人们能够更好地战胜自然，更多地获取自然资源，过上更好的生活等等。

随着生产力的缓慢发展，剩余产品的出现，脑力劳动与体力劳动开始有了分工，出现了专门从事宗教活动等精神性劳动的阶层（如中国远古时期的祝、巫、士等），并逐渐形成了人类早期的有体系的社会意识形态和道德（德性）意识。如中国殷周之际殷人着重于自然血缘意义的祖先崇拜，周人着重于政治与道德意义的宗教崇拜，出现了"以德配天"、"敬天保民"的天命思想等等。

二、道德（德性）观念的发展和演变

道与德，是人类文化、思想史上先后产生的两个不同的概念。

道，是中华文化特有的概念，是用来表示世界本源、世界变化发展普遍法则和规律的象征符号、汉语语词，是从帝、天帝、天等概念逐步演变而来的。道最初、最原始的含义就是道路，以后经过不断的泛化、丰富、发展和提升，逐渐成为一个多质、多层次的伦理概念和哲学范畴，在不同的语境、不同的层次上分别表述为世界本源、事物发展的普遍规律；关于整个世界的普遍真理；国家、社会治理的原则、方法；教育、引导民众的规范、方法；个人做事、为人的原则、手段和风范；人生修养的方法、境界等等。关于道的各种内涵及解读，后面还有详细的介绍和讨论，此不赘述。

德，是在道之前就出现并广泛使用的一个概念。还在史前文明时代（或神话文明时代），人类思考、阐述问题的焦点，大体上都集中在如何摆脱愚昧、获取智慧，以认识、把握自然方面，如亚当、夏娃；如何摆脱束缚、获取卓越功能，以征服、改造自然方面，如伏羲作卦、女娲补天、后羿射日、精卫填海、普罗米修斯盗火给人间等等。

在上古先民的德性观念中，德就是一种特殊的功能、优秀的品质和卓越的精神；德与天一样，是一种化生万物的自然力量，是一种生命创造的自然过

女娲补天

程,故曰"天地之大德曰生";德与日月交替、四季运行一样,还是一种特殊的、可以增强生命的力量,可以推动事物发展的力量,故曰"正德利于厚生"。

在上古先民的德性视野中,天人之际具有统一的德性。人德源于天德,天德是人德的根源。但这种德性不是人人都能够获得的,只有极少数的部落或部落首领才能够获得。因为在当时的社会政治生活中,由于社会治理制度尚未形成,当时的政治领导人主要是以个人的人格魅力感召民众和天下,他们不仅要以个人的优秀品质和卓越精神居于统治地位,还要借助天德。他们以德居位,就是以天命居位。

中国在夏、商、周三代及以前的上古时期(即现代史学所说的氏族公社和氏族部落联盟时期),因为社会管理制度等等还在孕育之中,当时的圣王(实际就是部落或部落联盟首领)只能以个人的至德的人格魅力感召天下,以协调氏族间的关系。《尚书·尧典》就说:"克明俊德,以亲九族;九族既睦,平章百姓;百姓昭明,协和万邦。"[①]就是说尧能以自己的至德,由近及远地团结天

---

① 据史学家们研究,尧舜时代在现今中国这片土地上,有大约3000多个"国家",到了殷周时代大约800多个,战国时,大的、强的就有7个,俨然一直是一个国际社会,所以中国文化有所谓"协和万邦"的思想。

下人民。尧舜禅让，正是尚德授贤、以德居位的典范。因此，在中国远古时期的甲骨文中，"德"被认为是一种个体所具有的影响、吸引他人甚至周边环境的心灵力量和卓越精神。由于当时礼、乐制度及文化还在孕育和形成之中，所以道德乃政治之本。

其实，在远古时期，人类各文明系统的社会政治生活中，大都是由具有某种至德的贤人来做政治领导的。在中国上古时代，就是由炎帝、黄帝、尧、舜、禹等所谓"圣王"来做政治领导，在古希腊柏拉图的《理想国》中，则是希望由"哲学王"来做政治领导的。是"圣王"还是"哲学王"，名称虽然不同，但要求是一样的，就是都需兼具道德和智性的优点。他们统治万民，不是以力、以智服人，而是以德化民。

随着社会实践的不断发展，人类认识的不断深化和拓展，"德"的内涵和外延得到不断的丰富和拓展，它不再仅仅是上天授予君王的权力，即上天之德，也渐渐具有了诸如刚毅、仁慈、慷慨、节俭等等这样一些令人向往的品质或品行；"德"也不仅仅属于统治者，一般的贵族、平民所表现出来的优秀的个性或品质也称之为"德"。如在作为中国文化原典的《诗经》中，一些优秀的猎手就被称赞为"洵美且仁，洵美且好，洵美且异，洵美且仁武"。仁、好、异、武等，就指男人或有教养的人所拥有的特殊的、优秀的品质。

人类社会在进入有文字记录的文明时代以后，人们对德及德性的认识、探讨不断深化、丰富，形成了异彩纷呈、各具特色的德性和德性修养的思想理论。

三、东西方文化传统关于道德（德性）的基本观念和表述

东方早在中国的殷周时代，就比较深入地探讨德性及德性修养问题了。

中国文化传统对德性问题的认识，是从对宇宙自然、天体地形的观察体验中开始的。

华夏文明的祖先，在很早的时候就观察认识到，人所生活于其间的宇宙空间，天地相对，四季交替，星空环绕北斗运行不已，日月随天体旋转升落有序。宇宙间这种和谐完美的自然秩序，在古人看来就是一种自然法则，一种规律，古人把它称之为"道"。人类要生活得好，就要尊重和遵守这种自然界的法则

和规律，也要和宇宙自然的运行一样和谐有序。人们要尊重和遵守这种自然界的法则和规律，首先要认识和把握这种法则和规律。人对这种法则和规律，即"道"的认识和把握，就是德。认识得越深，把握越多，德性就越高；能够很好地认识和把握宇宙自然法则和规律的人，就是具有卓越品质的人，即德性高尚的人。在当时，那些能够领导和团结民众的部落或部落首领、圣王，就是最先能够认识和把握自然规律的人，就是有德性的人。

当然，古人在对宇宙自然和谐秩序观察认识的同时，还对宇宙自然乃至人类自身的起源、发展和演变进行深入持续的思考和探索。由对宇宙自然起源、发展的好奇与探索，形成了对宇宙自然秩序的尊重、遵守和信仰；由对人类自身起源、延续的好奇与探索，形成了对祖先的重视、祭祀和对子嗣的关注。在对天地、祖先的祭祀过程中，逐渐形成了规矩繁复而严格的礼仪制度和礼乐传统。这个礼仪制度和礼乐传统在当时就被称之为"道"，它把来自"宇宙"的自然秩序引用到人间、社会秩序的整合中，并赋予它们与自然秩序一样的权威性和合理性。通过长期的推行，被民众所习惯和接受，从而发挥着尊重、遵守宇宙秩序和维系、规范社会、人心秩序的作用。

这个"道"，从形而下层面讲，表现为礼、乐、射、御、书、数等典籍，但从形而上层面讲，则是一种自然、政治社会秩序，是自然、政治社会秩序的客观化和形式化。这个"道"，在东周以前的时代，是自然存在的，政治的统治者只是秉持照办，故称之为"天道"。但东周以后，由于礼崩乐坏，以儒家为代表的诸子百家经过系统的批判反省，为"道"注入了"仁"、"义"等新的时代内涵，再经过包括孟子、荀子在内的历代思想家、哲学家们的不断拓展深化，从而形成既可运用于个人道德修养，又可运用于治国理政的庞大而丰富的思想和理论体系。

在以后长期的道德修养实践和理论探讨中，人们逐渐把人类对宇宙自然、人类社会和人类自身发展变化的认识成果称之为德，"习于道而有得，为德"；将人类对天道自然的认识成果运用于社会生产、生活实践而得到的新的认识成果也称之为德，即"行道有得于心之谓德"；将宇宙自然、人类社会及人类自身发展变化之"道"与人们对它们的认识所得联系在一起，在中华文明传统中统称之为"道德"。"道"、"德"以及"道德"由此成为中华文化传统中特有的概念和人生修养实践，在中华文明数千年的发展历程中，思想家们不断地赋予其新的内容，使其逐步成为中华文化的核心和灵魂。

在中国文化传统中，道与德，既相互区别，又互相联系，是互通的。道是事物发展的普遍规律，德在很多时候表现为事物的特殊性，即万物的特殊之道，它是天道在各特殊事物方面的具体化。万物的良性运行或存在，就取决于它们是否遵循各自的潜在之道或潜在之德，如果万物遵循其潜在之道运行，那么大道就流行于世，世界因此会成为一个和谐统一、有序运行的整体。以此类推，人道就是天道在人类生活中的具体化，天道在人身上的表现就是人的德性。人的德性的培育涵养会使他的生活遵循其所植根的天道，从而过一种有意义的和真正的生活，这就是道德修养。

中国文化传统认为，人的德性源于天道，但它必须通过长期的学习、实践、培育、涵养才能实现。孟子的德性四端理论，肯定了人的德性有一个自然本性的基础，正因为这个自然本性的基础，才为人们提供了被训练为德性主体的预备。但这种自然本性基础必须和自身的学习、实践相结合，经过"如切如磋，如琢如磨"的修养过程，在修养主体持续不断的自我努力的实践中才能得以生长、发展和完善。

中国文化传统认为，个人道德修养的终极目标是德性的拥有，即把人自身的原始本性发展为德性品格，使自己成为一个有道德的人、道德高尚的人。在中国人看来，只要一个人拥有德性，他的生命甚至在没有机会和条件运用德性的情形下也一样闪烁着光辉。比如中国古代的孔子，他其实是一个终身饱受忧患的读书人，一生大都在挫折和贫困中生活，有时甚至陷于绝境，是一位彻底的不时、不遇、不得志的悲剧人物。但他凭着对传统文化和民众的责任感，凭着自己的乐观主义的人生观，始终不松懈自己的努力，以极大的精神力量克服千难万险，终成一代宗师、千古圣人；还有如孔子的学生颜回，他虽然缺乏外在的善（贫穷、早逝），但因为他自始至终保持了一种很高的精神气节，甚至在极端环境下也能乐享其生活；颜回乐贫，其根源就来自于对德性的拥有；颜回早逝，历史上没有留下属于他的伟大事功和知识贡献，但他仍像禹、稷、孔、孟等圣王圣哲一样光照千古。

当然，中国传统道德修养理论与实践在强调个人德性拥有的同时，也很重视个体的道德修养如何转化为具体的行为实践，认为道德实践精神也是道德修养所追求的重要目标，是道德修养完整性、有效性的具体体现。因为在中国传统道德修养理论与实践中，知行统一是道德修养的内在要求。圣人君子并不仅仅是追求心性诺德的完美，更重要的是由"内圣"而"外王"，由个人的道德修养实践拓展到治国平天下的社会领域。道德实践活动，就是将仁、义、礼、智等内在的道德品质要素，扩展运用于外在仪态和社会生产、生活实践，最大限度地贡献于国家、社会，并影响和带动每一个与他有关系的人或他周围的人获得成功和最大的价值实现。这是每个人道德修养的逻辑终点，也是检验道德修养效果的客观依据。

中国文化传统认为，道德修养首先是一个内向化地审查自身的过程，即自我内省的过程。它能使修养者超越平庸，并转向自己的内在涵养和价值，通过修养赋予自身很高的道德自主性，很强的正直和内在的尊严；恒久的道德修养会给一个人带来内在的宁静、融洽、力量和信心。"君子坦荡荡，小人常戚戚"（《论语·述而》），就是说一个有修养的人乐享心灵的充实和宁静，不会因为贫穷、失意、不幸等等因素而感到烦恼、恐惧与内心冲突，而且还能够在十分拮据贫困的环境下生存，颜回"一箪食，一瓢饮，在陋巷，人不堪其忧，回也不改其乐"的安贫乐道精神，正是这种超越精神的具体表现。

当然，中国文化传统虽然反复强调内省，但这并不表示个人的修养能够独立于人的社会关系之外，儒学强调的"仁"，就是两人以上的一种社会关系。比如《论语·学而》所讲：

> 吾日三省乎吾身。为人谋而不忠乎？与朋友交而不信乎？传不习乎？

虽然强调的是自省，但自省的内容还是忠于他人、取信于朋友，并守诺学习。所自省的内容全是涉及人与人的相互关系。孟子所说"四端"，事先预设了一个社会背景，为了使一个人成长为一个有德性品格的人，四端必须生长发育。但它们只能在一个具有制导人们关系规范的社会中才能得以生长和完全表现。这些制导人们相互关系的规范，在中国文化传统中被称之为"礼"，就是每一时代社会成员全体的行为类型、风俗习惯、制度规范和生活方式。

西方早在古希腊时期，思想家、哲学家如苏格拉底、亚里士多德等人，就开始比较深入地探讨人及人类的德性和德性修养问题。他们认为，对于人类的整体生活而言，存在一个最高的目的、最高的善，这个最高的善就是eudaimonia[①]（幸福或人的兴旺）。人类如果要过好的生活，对这一最高目的或最高善的理解具有核心重要性。

苏格拉底临刑前的申辩词，被称为为思想自由而献身的千古绝唱。

"我们应该如何生活？"自古以来都是古希腊哲学和思想界、也是西方哲学和思想界的中心话题。而且自古希腊以来的西方伦理学家、哲学家大都认为eudaimonia是人行动的最终理由。人们为了追求eudaimonia或过一种正确的、卓越的生活[②]，必须要培育和涵养arete（德性）[③]。

古希腊所说的arete（德性），在当时，就是指各种事物的功能，尤其是一些优秀事物的功能。如一把刀的arete（德性）就是切割锋利；一双眼睛的arete（德性）就是视力良好；一匹赛马的arete（德性）则是奔跑迅速，等等。

---

① eudaimonia，希腊术语，中文译为幸福，现代伦理学著作、文献中亦多直称幸福。但从希腊语词源方面看，eudaimonia又有"对神之爱"的含义，并与"昌盛"、"好运"相联系。在古希腊人的观念里，运气是由众神支配的。从苏格拉底开始，哲学家、伦理学家们都把eudaimonia作为"做得好"或"过得好"的同义语，意味着"好生活"、"成就"或"兴旺"。

② 其实，自苏格拉底以来的希腊和西方，eudaimonia与过好的、正确的、卓越的生活是同义语。在古希腊，公民的生活是由两个部分构成的，一是私人生活，即在家庭中维持生存的生活，其功能是生产和消费生活必需品并生产人自身；二是公共生活，即城邦或社会中的政治生活。一个人只有在公共生活领域中具有良好的记性、敏于理解、豁达大度、温文尔雅、慷慨勇敢、充满智慧、能言说伟辞、爱好和亲近真理，才能算作是一种正确的或卓越的生活。

③ Arete（阿瑞特）与希腊战神Ares（阿瑞斯）相关，其简单含义就是"卓越"。arete（阿瑞特）是古希腊最有特点的词汇之一，代表古希腊人的英雄理想，被普遍地运用于所有领域中。如运用于赛马，是指马的速度；运用于拉车的马，则指马的力量、耐力。运用于人身上，则指一个人所能够具有的所有方面的优点，如道德、心智、体魄、实践等各个方面。比如希腊史诗《奥德赛》中的奥德修斯就是一个全能的杰出者，他的卓越无与伦比。正因为如此，这个词后来扩展为"善"、任何类型的优秀，尤其是男子气概的才能、刚毅、勇猛和英勇等等。正是从男子气概的含义上，arete在拉丁文里被译为Virtus，英语中译为Virtue，中文则被广泛地译为"德"或"德性"。非常有趣的是在中国文化传统中，与"德"或"德性"同义使用的另一个概念"仁"，其原始含义也有"男人的"、"男子气概的"或"阳刚"的意思，也指的是男人的一种特殊的品质。

扬鞭只共鸟争飞,展示的正是它的速度的魅力。

对于人来讲,使人的生活过得好或幸福的能力或品质就是人的 arete(德性)。或者说,一个人的 arete(德性)就是使他的生活过得好或幸福的能力或品质,就是一个人在日常生活中能够提供和保存诸善,可以在诸多事情或最大的事情上,以及在一切方面的事情上取得实践优势的能力。

西方文化传统认为,德性修养的终极目标是 eudaimonia,即幸福,而不是对德性的拥有。当然,需要注意的是,西方文化传统中作为德性的幸福,与日常生活中的幸福,概念是不一样的。对一般的人或日常生活中的人来讲,在满足或享乐的这一刻,或者说,当拥有一段快乐的时光时,就是幸福的。但作为德性的幸福,具有整个人生的性质。在伦理学家看来,幸福是诸善的总和。而那些善的任何一种,都与人性需要相呼应,并非一朝一夕所能实现,需要人一生的努力和奋斗。当一个人在其生命的尾声,回顾其逐渐拥有的真正的善行时,如果他能够对自己说:"我不虚此生,不虚此行",幸福才算是真正地属于他了。因此,幸福是基于拥有诸善的完美人生。一个人一生中都合乎完满地德性活动着,并且充分地享受身体的、外在的善的人就是幸福的人;所以,在西方文化传统中,德性修养涉及三个层面,即拥有德性、运用德性(德性活动)以及获得整个生活的幸福。幸福不在于拥有德性,而在于德性的活动以及整体生活的美好,即"做得好"、"活得好"。

在西方文化传统中,幸福作为最高的善,在本质上应该是完善的。但一个幸福的人所需要的善,又被区分为内在的善、身体的善和外在的善等几个部分,内在的善是指作为品质或品格的德性,如中庸、慷慨、勇敢、节制、仁慈等等;身体的善指不属于品质、品格的自身的善,如健康、外貌、力量等等;外在的善是外在于人的身体和灵魂的善,如高贵的出身、好的朋友、好的子女、足够的财富以及好的机会、机遇等等。这些外在的善也被称作运气或好运,它们也是幸福的组成部分,可以为德性的运用提供正常的或优秀的背景、机会和条件,从而使德性活动的充分运用成为可能。在西方人看来,一个人不富有,他就不会或不可能慷慨;一个人身心不健康甚或残疾,他就不会勇猛;一个有德性的人也可能遭受极大的不幸与灾难,没有人会把这样一个有德性的人说成是幸福的;在他们看来,中国古代的颜回是一个高尚的人,但不是幸福的人,颜回的生命是值得称赞的,但不值得奖励。

关于幸福问题,在这里还需要多说一点。

人人追求幸福,这在世界各国、各民族和各文明系统都是相同的。西方文化视幸福为最高善,中华民族从其起源处就是一个祈求现世幸福的民族。但幸福其实是一个非常深刻而又复杂的多元概念。从理论上讲,一方面,幸福是一种人生重大需要、欲望、目的的实现,是人的存在的完善和生命的完美,是生存和发展的一种完满状态,是客观的;而另一方面,幸福又是人们对自身生存和发展的某种完满状态的心理体验,所以又是主观的,是一个主、客观辩证统一的概念。

在现实社会生活当中,人人都有幸福的时刻。不幸的人会有非常幸福的时刻,幸福的人也会有极其不幸的状态。由于人们对幸福的理解不一样,敏感程度不一样,所以追求幸福的人很多,但真正能够感受和体验到幸福的人不多。正如《中庸》所言,"人莫不饮食,鲜能知味也"。有太多的人总是觉得自己的挫折、不幸和苦难多于幸福。在这种情况下,一般会有以下几种情况出现:

一是遁入空门,祈求神灵的存在和拯救,听从天国的召唤,期望来世或在天国得到幸福。从这个意义上讲,宗教也能够给人的生命以意义——一种虚

波提切利的《春》，代表一切生命之源的维纳斯，给人间带来生命的欢乐。

幻的意义。宗教的意义就是让那些感觉痛苦和不幸大于快乐和幸福的人继续活下去。

二是正视现实、变革现实或不断地调适自己，顺受其正。中国传统文化从变化无穷、无限发展的宇宙观出发，认为"富有之谓大业，日新之谓盛德"，《周易·系辞上》强调作为天、地、人三才之一的人，应"与时偕行"，主动顺应天地之道，不断创造适合人类自身生存与发展的客观环境和社会关系，以促进人类有效合理地生存和发展。对于每一个个体来讲，则强调要通过不断的学习、修养，尽可能多地占有德行、智慧、能力等各种有效的资源，尽可能多地获得关于自然界、人类社会和人自身发生、发展的规律性认识，能随时察知、体认变化的微妙，拥有主动选择的能力和责任，或改变环境，或自我调适，尽可能做到"动静不失其时"，则人生的道路一定会坦荡光明。

三是与命运抗争，虽不能达，但能伟大。同命运抗争，是中西方文化共认的德性或卓越品质。西方文化传统认为，幸福是生存和发展的完满，是拥有诸善的完美人生。如果你的生活中出现挫折、不幸或苦难等等的情况，那就是不幸福的。但在具体的社会生活层面，却非常重视歌颂那些与挫折、命运抗争的英雄，他们也视苦难、危险、危害、不幸等等为人生美德修养的良师。

命运在西方文化观念中是神的旨意，是天意的结果，等同于天命或必然性。人与命运不懈抗争，虽然总是失败，但人的精神是庄严而伟大的，命运可以剥夺人的幸福乃至生命，但不能贬低他的精神，可以把他打倒，但不能把他征服。所以，同命运抗争，一直是自古希腊神话以来西方文学作品的主题之一。如希腊神话中的奥狄浦斯、普罗米修斯等。

中国文化传统自神话传说起，就塑造了许多不相信命运安排，自强不息求生存的英雄人物，如盘古开天辟地、女娲补天造人、后羿射日、精卫填海、大禹治水、愚公移山等等。这些神话人物所体现的自强不息的进取精神，经过文明时代的不断深化、丰富而成为中华民族共同的心理意识和修养文化。一个人只要经过这种精神的陶冶和修养，即便遭遇人生重大挫折，甚至面对苦难时，依然会自立自强，奋发有为，正如司马迁所说：

> 西伯拘而演《周易》；仲尼厄而作《春秋》；屈原放逐，乃赋《离骚》；左丘失明，厥有《国语》；孙子膑脚，《兵法》修列；不韦迁蜀，世传《吕览》；韩非囚秦，《说难》《孤愤》；《诗》三百篇，大抵贤圣发愤之所为作也。（《汉书·司马迁传》）

这里所记述的，都是中华民族的精英们所表现出来的坚忍不拔的顽强意志和愈挫愈坚的精神状态。这种自强不息的精神，在中国文化传统中，既是个人进德修业、自强成人的修养目标和境界，还是一种民族精神，渗透在整个中华民族的思维方式和行为方式之中，成为中华文化延续和承继的主要精神和民族自觉自醒、奋进前行的内驱力。

西方文化传统认为德性源于社会风俗习惯，认为人的德性不像人的视力或听力那样从自然本性中生成，不是自然天赋。但在人的原始的自然本性中，存在着为人们提供有被训练成为德性主体的预备，人生而可接受德性；在亚里士多德生活的古希腊时代，人们认为高尚和正义的德性是在一个特殊的社会风俗中形成的，即在贵族式的雅典风俗中成长起来的。

西方文化传统不仅认为德性源于风俗习惯，而且认为人的基本德性，如普遍性的自由、公平、正义等等，是由是否合乎法律所界定的。因此，一个好的社会必须提供良性的法律，规定什么是有德的行为，提供针对人们德性培育的规范，并为导向德性的实践设立标准；而且，一个政治系统的优劣，也是依照它是否影响或忽略了德性的发展，以及它是否在其公民中培育德性来判断。

西方文化传统认为，人在本性上是社会性的，人自然是一种政治动物。人的自然德性和实践理性必须由法律和正义来完善。作为社会性政治动物，在低层次意义上，一个人必须与其他人共同生活，以便维系生命安全，这与其他群居动物一样；在高层次意义上，一个人具有社会本性，他只能在一个拥有法

律和正义的社会群体里得以实现。

西方文化传统认为，自然赋予人以接受德性的能力，但拥有德性不是目的。为了成善，一个人不仅要具有德性品质，还需要实践它。只有通过表现德性的理性功能实践，一个人才能活得幸福。虽然我们生而可接受德性，但德性并不从自然本性中生成，而是在学习和培养中生成，所以，亚里士多德就讲：

> 我们通过做公正的事成为公正的人，通过节制成为节制的人，通过做事勇敢成为勇敢的人。（《尼各马科伦理学》）

西方文化传统注重思辨，如把人的德性区分为"自然德性"和"理智德性"（或完全德性），"自然德性"是指先天的、自然的、前教养或修养阶段的品格特征，如天真、淳朴、率直等等是各种德性品质的天生禀赋。人的各种德性品质的天生秉性，只有同人的社会实践和自身修养（实践智慧）结合起来，并相互补益、增强，才是完全的德性，或称理智德性。

从上述分析我们可以看到，中国文化传统以追求人对自然、社会和人类自身发展规律的"道"为起点，而西方文化传统则以追求人的幸福或让人过一种正确的生活为起点，最终都走向对道德或德性的关注，其重点都是关注人类整个生活，关注如何使人成为一个有德性的、优秀的人。

中西方文化传统都认为，一个人天生具有的德性（即人性），是其成为具有优秀品质的人的潜在因素，但要真正成为一个具备各方面优秀品质的人，其先天具有的德性必须要经过长期的培育和涵养；这种培育和涵养，在中国传统文化中，有时候称之为"修己"，有时候称之为"修身"，我们在这里统称为道德修养。目的是一样的，就是培育、涵养德性；一个人只有拥有了对德性的培育和涵养，他才能成为一个真正的人，一个优秀的人，才能具有像风一样影响别人的人。

中西方文化传统都认为，所有美德，都是人们在社会生产、生活实践中逐渐概括、归纳形成并获得人们一致承认的道德规范和规则；所有美德，只有在社会的生产、生活实践中反复经历和磨炼，才能成为人的德性，这个过程就叫修养或道德修养；没有这种反复经历和磨炼，任何美德都是不可能相当稳固地确立起来的。

所以我们可以说，一切德性，都是"人所获得的品性"，是"内在于实践的美"（麦金太尔语）。这是因为，所谓德性，是人们在参与人类社会实践活动过程中实现人的理智本性，逐步培养形成的优秀品质和卓越精神。而且，个人所实现的德性是与人的社会实践、社会生活动态统一的。社会生活在横向联系和纵向发展中都有趋善的统一性，个人作为一个积极的参与角色，才能实现德性，才能具有美德的整体性，即完善的道德人格。

人是社会性的动物，人的美德的磨炼和养成，是在一定的社会环境和社会生活实践中进行的，时代变迁、社会变革，生活中的苦难、危险、危害、不幸等等，都是人们学习、运用美德的良师；在阳光和煦、万籁俱寂的宁静中，在简朴达观、平静闲适的安逸中，最容易养成温和、慈悲的美德，且容易增进至最完美的境界；相反，在战乱连年、风雨飘摇的环境中，则容易养成自我克制、刚毅坚定的美德，且可能培养得最为成功。

现代道德修养理论与实践，也非常强调环境与社会实践在德性培养中的重要作用，主张要充分利用和创造合适的环境和手段，使人的天赋理性和道德情感自由发展。有些伦理学家（如罗尔斯）就指出，在人的婴幼儿时期，应充分利用家庭环境，通过父母的知识与品行感化、熏陶，使他（她）们养成初步的自尊、遵从、谦虚、忠诚等价值感或德性；青少年时期则要积极参与各种社会实践和交往，广泛培养如公正、诚恳、正直、信任等等的德性；在进入中年以后，则要充分利用自身知识、理论、经验等优势和职业平台，积极培养超越有限特殊范围的普遍道德，并逐步升华为对全社会、全人类的责任感、使命感等等。

以此观之,自轴心时代的思想家、哲学家如孔子、老子、柏拉图、亚里士多德以来的全部人类文明、文化发展史,始终以各种形式强调了道德修养对于人的存在和发展的重要意义。

到了现代社会,由于人性的解放和人的主体精神的弘扬,人成为自己认识活动和实践活动的主体。人为自己确立道德原则,并承担道德上的责任。从主体的角度而言,道德修养标志着主体具有自我意识的能力。这个自我意识并不简单的是对"我"的存在的感性实存认识,而且是对"我"的本质的认识,以及在"我"的本质与"我"的实存之间对"我"的一种理性的把握、丰富和提升。

四、道德与哲学、伦理、政治、法律、文化、知识等概念的联系与区别

任何概念,都是与一定的理论或概念相比较而存在的。作为伦理学研究对象的道德,亦称道德哲学,是探讨善、正义、义务、责任、美德、自由、合理、选择等理论与实践问题的,但在具体的讨论过程中,总是与哲学、伦理、政治、法律、文化、知识等概念交替使用,使讨论或阅读经常会产生某种程度的含糊或紧张,为了叙述和理解的方便,特别在此对这些问题作一简单说明。

道德与哲学

哲学,不论东方还是西方,其原初的意思就是一种追求智慧的学问。中国古汉语中没有"哲学"一词,但有很多关于"哲"的论述,如将明达而有才智的人称为"哲人",认为"知人则哲","知人者,智;自知者,明"[①]。"哲学"的西文对应词是 philosophy,由古希腊 philein(爱)和 sophia(智慧)两个词结合而成,就是"爱智慧"的意思。

在古希腊时代,哲学不是学术,也不是职业,它就是一种生活方式和人生态度,表现为人的一种气质、精神和理想。因此,哲学爱智慧、追求智慧的本

---

① 《老子》第33章。

质特性与道德修养的功能、目标和要求是一致的。爱智慧，在赫拉克利特那里，就是指人与万物合二为一的一种和谐一致的意识，约略类似于中国文化传统中的天人合一。它们都从终极关怀的角度召唤和引领人们对自然、社会和人类自身的存在和发展进行认知和反思，从方法论的角度为人们提供智慧和能力，使人们能够逐步摆脱愚昧和必然，走向文明和自由。

　　从学术角度讲，道德和道德修养隶属于哲学。但凡思考宇宙自然和人生重大问题、追求大智慧的，既是哲学问题，也是道德问题。无论东方西方，不管内容形式，所有关于自然、社会、人本身之本源及其发展规律、律则的思考、追索与体验，均可称之为道德修养。人们之所以谈论道德，谈论道德修养，就是因为它能为生活、为人的社会实践提供智慧的指导。以知进德，以德致用，是自古以来成就人才的重要途径。从这一点说，道德与哲学的功能也是一致的，所以康德曾说："由于道德哲学具有比理性所有的其他职能的优越性，古人应用'哲学家'一词经常特指道德家。就是在今天，我们因某种比喻称指所有理性指导下自我克制的人为哲学家而不问其知识如何。"[①]也就是说，所谓"哲学家"，在很多情况下是指那些具有高远深邃的道德涵养的人。

　　从哲学和道德的社会功能和价值目标看，它们二者虽也有所区别，哲学的使命是指导人类如何生活，道德是规范人类如何生活，但从最终目标上说还是一致的，主要是通过主体的学习、领悟、选择、加工，通过"如切如磋，如琢如磨"的过程，将人类认识世界的一切优秀成果、认识方法和世界观潜移默化地渗透于主体的整体素质、认识结构和现实活动之中，以启迪心智，开阔视野，提高境界，在思想修养和智能积聚方面得到全方位的升华。古希腊苏格拉底就说过，哲学的根本目的，就在于指导人们过有德行的生活。

道德与伦理

　　"伦理"与"道德"在早期的文献或概念中是有区别的。在中国远古文献如《诗经》、《尚书》和《易经》中它们就是分别出现和使用的，"伦"有类别、辈分、顺序等含义，引申为人与人之间，不同辈分之间的关系；"理"最早指玉石上的条纹，具有治玉、条理、道理、治理的意义。"伦理"合用，主要还是指人与人

[①] 康德《纯粹理性批判》，第570页。

之间的人伦关系，如父子、君臣、夫妇、长幼和朋友之间的亲、义、别、序、信等等，道德则主要指人们对于道的体认和把握。因为中国文化传统将自然观、认识论、人生观、伦理观融为一体，并常以伦理为本，所以"伦理"与"道德"在实际使用中意思相近，经常可以互换、连用，如伦理道德、道德伦理，等等。

在西方，与"伦理"对应的"ethic"源于希腊文"ethos"，含有风俗、习惯、气质和性格等意思，亚里士多德最早赋予该词以"伦理的"、"德行的"意义，并最终构造了"ethica"即伦理学一词。[①]西方最早的伦理学著作《尼各马可伦理学》，就是根据亚里士多德的讲稿和讲话整理而成的。

"伦理"、"伦理学"与"道德"在实际使用过程中往往是通用或互用的，我们通常会把"伦理学"称之为"道德哲学"。当然，从严格的学术角度讲，它们是有区别的，道德是一种社会意识，属于伦理学范畴，是伦理学的研究对象；人是一种社会性的动物，我们每个人在社会中生存、发展，要与其他人，与周边的环境、组织等等按照一定的规范、规则发生关系，"伦理学"是研究人类行为社会规范的一种科学，如"己所不欲，勿施于人"就是伦理规则；而"道德"则多指个人的道德行为和道德品质，如仁爱、诚信、优雅、大度、智慧、勇敢、节制、公平、正义等等。道德修养就是人们按照社会进化过程中形成和发展起来的伦理规则培育、涵养自己德性的方式和过程。当然，这种区别都是相对的，它们的一致性是主要的，尤其是我们在具体的阐述过程中，道德和伦理经常是作为同义语来使用的。

道德与政治、法律

道德作为政治上层建筑的重要组成部分，与政治、法律等既有联系，又有区别。从联系上看，它们都可以被看做是调整人与自然、人与社会、人与人相互关系的行为准则和规范。在中国古代，道德与法是重合的，法自然观念就是中国独特的宇宙观和自然观，法自然观以道德法作为法的主要内容和价值取向；在西方，自然法亦称理想法，是一种表示公正和正义秩序的信念，是人定

[①] 但这种含义与当时广泛使用的另一个表示德性的词 arete 还是有明显区别的，arete 主要表现为所有事物的功能，尤其是一些优秀事物的功能，运用于人的身上，则指一个人所能够具有的所有方面的优点，如道德、心智、体魄、实践等各个方面。

法的最终根据和来源。所以在他们的经典文本中，道德、道德规则与法律有时候是同义语，是可以相互借用的。

现代伦理学所研究的主要的一些道德原则，如公平、正义、人道、自由等等，同时又是社会治理的重要原则，尤其像公平、正义、平等、自由等，既是道德原则，又是法律原则和政治原则。人类社会的有序运行和发展，主要的、大量的还是靠这些原则以及依照这些原则制定的规则、规范来维持的。总的说来，人类的一切社会活动实际上最终都是对某种道德和道德原则的实现或背离。而社会之所以能有序运行和发展，主要还是靠社会成员对这些规则、规范的尊重和遵守，是因为人们的活动大体来说是遵守而不是背离这些规则和规范的。所以康德曾说：

> 自由、以自由为基础的道德律和权利，是驾驭人类历史的大经大法，一切政治都必须以它为原则。

所以，从根本上说，政治和道德是统一的。但是，在具体的使用过程中，它们之间还是有区别的，主要是它们的价值判断标准不同，道德是判断善恶的，政治是判断是非的；它们的惩恶机制不同，道德以"得道"为前提，惩恶于将然之前，是预防性的；法律则以事实为依据，惩恶于已然之后。它们发挥作用的机制和效能也是不一样的，法律是强制性的，虽然也具有弹性，但总体上是刚性的、低层次的；道德是有益于自然、社会、他人和自己的行为准则和规范，主要靠人们自觉自愿地尊重和遵守，虽然也有某种强制力，但总体上是柔性的、高层次的。尤其是那些已经内化到人们心灵深处的规则规范，就更具有长效的功能。

道德与政治、法律作为整饬社会秩序和人心秩序的文化理念和行为规范，自古以来为统治者和政治家们综合交替使用。中西文化传统历来都十分重视道德与政治、法律在社会治理中的综合作用，认为政治、法律的目标与道德目标是一致的，优秀的政体，良好的法律，开明而具德性的统治者对社会个体道德修养具有重要的促进作用。

古希腊亚里士多德就曾说："最优秀的政体必然是这样一种体制，遵从它，

人们能够有最善良的行为和最快乐的生活。"

古代中国思想家孔子也曾说:"政者,正也。""为政以德,譬如北辰,居其所而众星共之。"

他们都认为统治者的典范会导致民众去修正他们自身的品行,人民通过模仿君子并反复锤炼研磨君子行为的内在价值观,并在他们自己的态度和行为中复现它们。

亚里士多德还曾说:"一个人不是在健全的法律下成长,就很难使他接受正确的德性。"他认为法律有两种,一种是通过对惩罚的恐惧来管制错误的行为,另一种是通过激发人性之善,促使其生活得更好。立法者的目标就应该是以高尚的动机鼓励人们趋向德性。

当然,由于文化背景的差异,中西文化传统在道德与政治、法律相互关系的运用上又具有各自的特点。

西方文化传统在政治上预设了人性恶或为恶的趋向,认为人只有受控才能正常行动。从古希腊时代的柏拉图、亚里士多德到近代的洛克、孟德斯鸠、卢梭、康德、黑格尔等,从制度理念(自由)、权力划分(三权分立)、社会结构(政府社会二元化)等基本要素,奠定了西方现代法理政治的理论基石。

中国文化传统则在政治上预设了人性善或为善的趋向,认为人与人的差别,主要是因为环境因素和个人的努力不同造成的。通过教育、家庭的影响、个人的努力学习、修养,人人都有平等的机会,在道德和才能方面成为卓越的人。从这种观念出发,中国文化形成了家国同构、伦理与政治同构、政治哲学与道德哲学相互整合的伦理政治架构以及与之相应的伦理政治系列观念。所以,在实际的社会生活中,道德政治化,政治道德化,这种双向同化,建构了影响中华文明数千年的政治架构和政治思维。而且在"德治"与"法治"(或刑治)的对比中,认为"德治"优于"法治"(或刑治),"德治"是仁民的根本,多

数情况下是把"德治"放在更加重要的位置上,把以控制为目标的政治治理改为道德教化,正如孔子所讲:

> 道之以政,齐之以刑,民免而无耻;道之以德,齐之以礼,有耻且格。(《论语·为政》)

伏尔泰:我可以不同意你的意见,但我誓死捍卫你说话的权利。

就是说,对待百姓,如果只是运用权力与刑律,百姓可能不犯罪,但没有廉耻之心;如果运用仁义道德来引导,用礼制来约束,那么他们就既不会犯罪又有廉耻之心。在他看来,一种理想的政治体系,是既要用政令、刑罚对百姓进行规范,从而使百姓既免除刑法的处罚,又不受人格的损害,更要用"德"和"礼"等更高的规范引导、教育百姓,使他们增强荣辱感,树立并追求更高的精神境界。这种既强调依法治理,又注重道德引导规范,既注重法治更注重德治的社会治理模式,就是一个依照德性并能够最好地推进人性实现的政治体系。

许多著者、学者,常常把中国文化传统中的这种主张冠之以"德治"或"德性之治",以与西方文化传统中的"法治"相区别。其实,在孔子的理想政治体系中,"法治"和"德治"是共同起作用的,只是将"德治"看得更加根本、更加重要,是一种"德主刑辅"的治理理念。事实上,所谓"德治",实际上是亲亲、仁民思想在政治层面的具体表现,以"德治"为核心的柔性管理,是构建管理场中上下左右和谐关系的道德基础。现代社会治理若能把上述两者科学合理地结合起来,就既解决了大面积的社会稳定问题,又逐步适应了人性完善的崇高要求。

道德与文化

从广义层面看,文化是人类在历史进程中所创造的物质与精神财富的总和,是人类认识、改造自然、社会和人类自身所取得的一切成果;道德则是人类在改造世界的过程中对自然、社会和人类自身及其发展规律的认识和把握。

从狭义层面看，文化是人类创造的精神财富，包括人类为了认识和改造自然、社会和人类自身所采取的方法、借助的形式，所形成的价值观、思维方式，所创造的政治社会制度、法律、道德、行为规范，等等；道德则仅指调整人与自然、人与社会、人与人相互关系的行为准则和规范。所以，文化包含道德，道德是文化的组成部分，它们分别从不同的层面以不同的方式来建立或反映人与自然、人与社会及人与自身的关系。尤其是关于道德修养的思想和理论，它本身就是一种文化，是与人类文明活动相伴生的、具有超越性价值的文化形态。

板桥竹

文化从哲学角度讲，有形而下和形而上层面之分。形而上层面的文化又有三个层次，即艺术、宗教和哲学。艺术通过某种直观的情感体验来建立人与自然、人与社会及人与自身的联系，宗教依靠神圣的权威和崇拜外在的偶像来建立上述联系，哲学或道德则通过社会实践和理性思考来建立自然与人生的联系。

在文化的形而上层面，如思维方式、价值判断、情感方式、审美情趣、人生观、价值观等方面，道德与文化是相互渗透或同义的。尤其是中国传统文化，被中外学者统称为道德文化，许多学者、论者还进一步讲，在中华文明中，文化是道德的载体，道德是文化的灵魂，中国传统文化是中华民族五千年文明最亮丽的一道风景线，道德是这道风景线最重要的质感，所以，道德与文化在很多场合是作为同义语使用的。

道德与知识

广义地讲，道德与知识都是人类对客观物质世界、人类社会和人类自身的认识及认识成果的积累，所以道德与知识在很多文本的表述中是通用的，古人就有"德性即知识"的名言。中国文化传统中就把道德分为仁德和智德两个方面,其中的智德就是指才智学识。孔子还把智、仁、勇称之为"天下之达德"。但从狭义上讲,它们又是有区别的。狭义的知识,主要是指自然性、纯粹认知性的认识成果信息,具有普遍性、规律性、真理性特征,是阐述在各种特殊的、具体的科学和学科之中的理性知识,总体上说是一种对外部世界的纯认知的信息,而道德则是关于人生的、价值的评价性认识成果信息,具有实践理性特征,是涉及人生主体实践的、体验的、感悟的信息,具有普遍性与特殊性相结合、规律与变异相统一、真理性与合理性相统一等特点。

现实生活中,这种区分会更加直观,有许多头脑清晰、知识渊博的人,也有缺乏道德观念的。有些人在学术研究、理论探讨中判断真伪优劣的能力和水平一般人无法企及,但在现实生活中判断真、善、美的观念和能力却不及常人,甚至根本就没有道德观念。

求知是人类的本性之一,人的生活,人的成长、发展和人格完善,都需要知识的滋养和孵化。人们获得知识的目的仍然是为了参与社会实践,或者叫"参赞天地之化育"。知是为了行,是为了完善人格,完美人性,就如"知物"是为了"用物","知人"是为了"爱人","知天"是为了"敬天"一样,因此,求知也是人的德性之一。所以,学习掌握知识与道德修养既有联系又有区别,它们是有机地统一在一起的。

中国传统关于知识的概念,主要还是侧重于人文科学方面,如某人的四书五经读得好,对联写得好,诗做得好,字写得漂亮,等等。所以说是"学问即知识"。这种对知识的片面理解,对我们后来的发展产生了很明显的负面影响。但近代以来,人们对知识的认识和理解又走向另一种片面,即"科学即知识",知识被狭窄化为科学,科学等同于知识。这种观点应当说是从17世纪伽利略的观点发展而来的。他曾说,你要了解自然,自然是一本书,这本书是用方框、圆圈、长方形写的,这都是可以用数学来表达的。他认为凡"第一性"的东西,必须简约到可以用数学来表达,也就是能量化的,才是知识。

实际上,知识是有多个领域和向度的。用现代发展的标准来看,我们应该而且必须把科学的知识范式扩大,即知识并不限于科学的知识。知识应当是多领域、多向度、多元的。比如说一个画家,或是一个雕塑家,他可能不懂数学、物理和化学，但他能够创作出有审美价值的作品来，所以美学在这里就是知识与现代性的另一个向度。

道德修养也包括把这些学问和知识吸收到人的生命中来，内化为德性。只有与生命相结合的学问和知识，才能成为充实和提升自我生命的源泉。

所以，道德既是一个智慧的世界，又是一个知识的世界，而且首先是一个知识的世界。道德知识与科学文化知识一样，需要通过后天的教育和学习来获得，但与纯粹的知识学习又是不一样的。因为道德的核心是思想，是精神，道德的本根是在每一个人的生命当中的，纯粹的知识概念是无法进入人的生命的。因为道德的精神具有超越性，不能仅靠知识传授一样的客观概念来传达，也非经验语言所能完全表达，而要靠启发，靠每个人自己的感受、体验和开发，使人的生命对它有所发现，有所感悟。我们看中国自古以来的教育，它非常强调教、学相长，注重师与生、人与自然相互之间的心灵交流，在中国文化原典中称之为"感通"，就是让学习者有自我体验的空间和机会，通过自身的发现、发掘与创造，以促进生命的成长，这个过程就是一种修养的过程。

所以我们说，道德精神、道德智慧要通过心灵、情感和社会生产、生活实践去体验和把握，有的人可能了解掌握了很多的道德知识，但如果缺乏社会生产、生活实践的体验和修养，他就不能算是一个有道德的或有道德修养的人。道德修养是一种实践理性和实际智慧，它能够告诉人们如何过一种善和有意义的生活，如何正确地行动，人应当履行什么样的义务，有什么样的责任和使命，应当具有何种美德，等等。将道德知识转化为道德精神、道德智慧的过程，就是道德修养的过程。

做一个有道德的人，是中国文化、中国社会对一个人的最起码、最低限度的要求。

做一个道德高尚的人，是许多中国人、中国知识分子一种崇高的精神追求。

道德修养的基本理论及其发展和演变

道德修养，从理论逻辑上讲，是由道德和修养两个具有自身规定性的概念或范畴连接起来的。我们要讨论道德修养问题，首先要对道德和修养的概念、理论等分别进行一些探讨和讨论。

老师（柏拉图）说："真理在天。"（一切都来自天上的理念世界）学生（亚里士多德）说："真理在人间。"（一切都源于地上的人间世界）

纵观这些伟大的思想家们，世人注重的不是他们的累累硕果，而是他们非凡的思想历程和个性精神。

一、关于"道德"的各种概念、认识和理论

如前所述,道与德在人类文化、思想史上,是先后产生的两个不同的概念。道,是中国文化特有的一个概念。

道,在现、当代的各种辞书、哲学及哲学史、思想史的著作中,大体上都是作为多样性世界的本源、本体,世界变化发展的普遍法则、规律来讲的,这是现代科学概念,是没有问题的。

但在从上古时代到现代的漫长的人类思想、文化发展过程中,"道"的语词含义经历了一个从原始、简单到系统、复杂、多质、多层次的发展过程。

"道"从首、从走。"首"的本义是头,有开始、初始之义;"走"是行走、道路之义;从字形、字义的最原始含义看,道在古代汉语中,作为行走、道路之义使用得较为广泛,比如《诗经》中有"顾瞻周道"的说法;《易经》中有"复其道,何其咎"(《小畜》),"履道坦坦"(《履》),"反复其道,七日来复"(《复》)等说法;《论语》中有"道听途说,德之弃也"等说法,都是道路的意思。

地上有路,有道,行人出行就要沿着路,循着道来行,这是最初的也是最直接的意思。道路作为人之所履,既可以通达四方,又坚实而有根基。它所具有的这些特点,

为将其进一步提升、泛化为涵盖宇宙、人生的一般原理提供了可能。在中国文化、文明实际的发展演进中，道正好被逐渐赋予上述普遍内涵，如《尚书》中说：

天有作恶，遵王之路，天有作好，遵王之道，无偏无党，王道荡荡；无党无偏，王道平平；天反无侧，王道正直。（《洪范》）

孔子问礼图

这里说的"道"，已经有了正确的规范、规则和制度的意思。随着人们的认识和社会实践活动的不断深化和拓展，道的内涵和外延也在不断地深化和拓展，并具体展开为"天道"和"人道"两个方面。

作为"天道"，在使用上更多地与宇宙自然相联系，其含义在《周易》中又被进一步阐述为两个重要观念：

一是"形而上者谓之道，形而下者谓之器"。所谓"形而上"，就是把内在于经验世界千差万别、无限多样事物和现象中的联系和终极原理抽象出来，以"道"作为其根据和统一的根源。

二是"一阴一阳之谓道"。就是说作为经验世界中现实的存在，不仅千差万别、无限多样，而且时时处于流动变迁演化之中，阴阳变迁演化之道，就是实践变化发展的普遍法则。

简要地说，道在《周易》当中，既被视为世界的本源，又被理解为世界变化发展的普遍法则。在道这一观念中，宇宙自然、人类社会虽然无限多样，但其存在、发展、变化是有序、有规律可循的。

作为"人道"，主要是与人以及人的活动、人与人的关系以及人的社会组织相联系，表现为社会活动、历史变迁中的一般原理。它首先关涉到广义的社会理想、文化理想、政治理想、道德理想等等，同时又被理解为体现于社会文化、政治、道德等各个方面的价值原则和规范系统。

规范有两个方面的作用，一方面它告诉人们什么可以做，并引导人们去做；

另一方面什么不可以做，并对人们的行为加以约束和规范。所以，所谓"人道"，道的含义往往就体现在这种规范系统之上，这与道的原初含义是相通的。道所蕴含的这种引导性内涵经过不断地拓展和提升，并具体化为礼、法等体制、制度和规范，以引导民众学习、践行，完善人格，提高素质；规范民众行为，促进人类社会、宇宙自然有序发展。

盖天说

"道"的原初含义还兼涉言说，如《诗经》中就有"中冓之言，不可道也，所可道也，言之丑也"的说法。"道"的言说含义，从本源的层面说明，又涉及对世界的认识。所以在古代有"闻道"、"求道"、"得道"之追求，意味着对世界的真实认识和把握。

以上所说开始、道路，以及由此提升、泛化形成的天道、人道、言说之道等等，大体上表达了早期"道"的基本涵蕴，即"道"是宇宙万物的本源；宇宙万物包含阴、阳两大基本元素，阴阳变迁演化形成世界变化发展的普遍法则；这些法则用于指代宇宙自然发展，是为"天道"；延伸运用于人类社会和人类自身发展变化，是为"人道"；人类通过探索研究，获得的对于"天道"、"人道"的认识成果，通过概念、理论表述出来，是为言说之"道"。"道"会随着万事万物发展变化的道路、轨迹不断发展变化，但不是一直向前，而是圆圈样回到原点，古人称之为"反者道之动"，即返本复初。人类处在这种变动不居的流程中，必然会随着社会经济、科技的发展，人类认识能力的不断提高而不断地去认识和把握它。

当然，上述关于道的认识及其逐步的丰富和深化，不仅仅只是人们从文字或常识逻辑推理的结果，它还是早期人类对宇宙时空、自然社会思索探讨的结果。

在人类早期科技和生产力极其落后的时代，我们头顶的天空或者说宇宙时空是人们思索探讨的重要资源。

我们华夏文明的祖先，在很早的时候，就很热衷于宇宙时空问题的思考。人们头顶上的天，脚底下的地到底是什么情况？时间的源头在哪里？在宇宙时

老子

空的起点处，天地和人是怎么形成的？等等。在所谓的轴心时代以前，这些思考还是零星的、具体的和不成系统的，还没有理论上的归纳和表述。到了战国时期，诸子百家都在明确而自觉地讨论宇宙时空问题，并逐步积淀形成了一个关于宇宙时空的大体成形的观念性框架。

如当时比较盛行的"盖天说"认为，天穹是圆的，像一个覆盖着的斗笠，以北极和北斗为中心，列星环布，运行不已，"北辰居其所而众星共之"（《尚书·尧典》）。日月也是如此，随天体旋转而东升西坠。永恒不动的北极，以它处在圆心而无对称点的空间位置，超越日出日落为标志的岁月的时间位置，被视为"天"之枢轴和中心，而这个时空中心又被想象成绝对的"道"、终极的"极"和无上的"一"。

古人还把"地"与"天"相对立，想象出一个整齐有序、有固定的中心由边缘向外延伸的空间，"天"与"地"有相同的结构，相通的象征，相应的关系；"天"、"地"宇宙间和谐完美的自然秩序就是"道"的无言自化，人们感性体验到的星辰运转与四时推移，日月升坠与阴阳变化，四面八方与天象安排，乃至社会秩序与伦理道德都是不可言说的道的显现，是天经地义的自然法则。人类就是生活在一个由"道"、"阴阳"、"四时"、"五行"等整饬有序的概念构筑起来的天地、社会、人类同源同构的宇宙之中，在这个宇宙中，一切都是相关联的，一切都是流转不居的。当然，在这一秩序中体现的"天道"，它不是直接临鉴或作用于人间，还是要通过"人"来实现的，所以古人讲：

一阴一阳谓之道，继之者善也，成之者性也。（《易·系辞》）
天命之谓性，率性之谓道，修道之谓教。（《中庸》）

"天道"在这种思路的引导下，通过人的认识和把握，从而进入到人类社会和人类自身发展领域，转变为所谓"人道"，探讨、概括形成所谓言说之道。人类只有认识和掌握了这个道，并按道的运行规律办事，才可以参赞天地之化育，所以古人还说：

能尽人之性，则能尽物之性，能尽物之性，则可以赞天地之化育，则可以与天地参矣。(《中庸》)

所以，人类面临的首要的任务，就是要通过不断的探索和思考，通过不断的实践，逐步掌握自然、社会、人类自身发展的规律。人们对自然、社会、人类自身发展规律的认识成果，就是德。道德修养的最高目标就是对这些规律的把握和认识，并运用这些认识成果提高、完善自身，改造自然和社会，推动人类社会的发展。

在中国思想、文化和哲学史上，道家创始人老子，是最早把道作为宇宙的本源、事物发展的普遍规律和人类生活的最高准则来使用的思想家。上古时代的人们认为，天帝是最高的天神，是天道人事的最高主宰。老子之前的思想家，在推论生成世间万物根源时，只推论到天，天的根源是什么，当时还没有人进一步追究。老子则进一步推求天的来源，认为天地万物均由道而生。他指出：

有物混成，先天地生，寂兮寥兮，独立而不改，周行而不殆，可以为天下母，吾不知其名，字之曰道，强为之名曰大。(《老子》二十五章)

在这里，老子是把道作为产生并决定宇宙万物的最高实在来使用的，视道为宇宙本源，进而引申为最高原则和绝对真理，是存在、规律、真理三位一体不可分开的，很难用有限的概念和语言来限定和界说。与此同时，他还进一步指出道生成天地万物的过程是：

道生一，一生二，二生三，三生万物。(《老子》四十二章)

道生成天地万物之后，又作为天地万物存在的根据而蕴含于天地万物自身之中，是普遍存在的构成天地万物共同本质的东西。

上述老子关于道是宇宙的本质和普遍规律的概念逐渐被当时及后世诸子

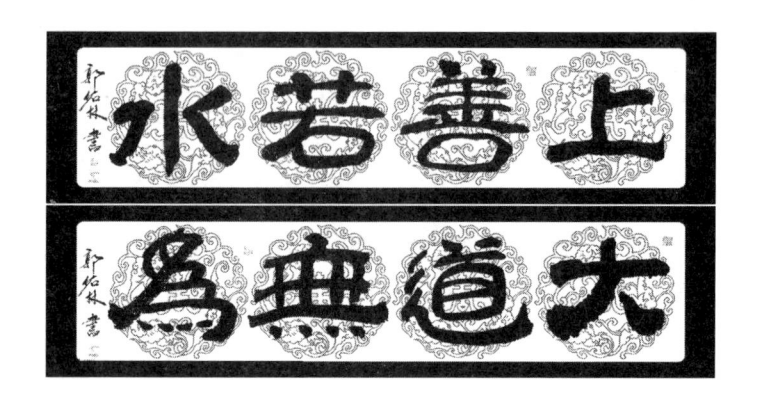

百家所接受，但他们在接受这一概念的同时，又根据各自的认识和理解，赋予道以更加丰富的含义和时代内容，从而使道在理论上、实践上都呈现出系统性和多质、多层次性。将各家论述进行归纳综合，大体有以下几个方面：

一是作为世界本源、事物发展规律的"道"。如老子所讲"天之道，利而不害；人之道，为而弗争"，孔子所说"志于道，据于德，依于仁，游于艺"。都是讲天地万物之理，是天地万物之理的道，即天地万物发展变化的规律、道理。

二是作为整个世界真理的道。就道涉及对世界的认识而言，是人对真实世界的整体理解，意味着对真理的把握。从道的真理形态出发，中国道德修养理论与实践传统有"为学"与"为道"之分。"为学"是一个经验领域的求知过程，其对象主要限于现象世界的特定对象，是一个知识不断积累的过程，所以古人称之为"为学日益"；"为道"则指向形而上的存在根据，以世界的整体形态为对象，其要旨是把握世界的统一性原理与发展原理，以解构已有的经验知识体系为前提，所以古人称之为"为道日损"。"为学"与"为道"在此处的区分，具体表现为知识与智慧的区分，以智慧形态呈现的道，表现为超越经验之域而达到的对真实世界的整体理解。

三是作为国家、社会治理原则、方法的"道"。如孔子所说"邦有道，谷；邦无道，谷，耻也"（《论语·宪问》）。其中的"道"，是人间正义与否的道。是说一个有作为、有修养的人，在国家社会处于正道之时，安心于自己的恬淡生活，是可以的。但若国家、社会处于乱世，自己还只逍遥世外作壁上观，这样的人生就没有意义；再如孔子所说"道千乘之国，敬事而信，节用而爱民，使民以时"(《论语·学而》)。此处的道,就是治理,是治国安邦的道。后面紧跟着的三条,就是治理国家应当把握的根本原则。尤其是"使民以时",已经成为万古流芳之名言。善待百姓,已经成为古今中外政治家坐拥天下、治理国家的第一政治信条。

四是作为做事、做人手段方法的"道"。中华文明传统讲修养,讲治国安民,历来是既看重目标和结果,也看重过程和手段。如孔子所讲"富与贵,是人之所欲也,不以其道得之,不处也;贫与贱,是人之所恶也,不以其道得之,不去也"。就是强调为人应当运用正确的手段来实现达于富贵、摆脱贫困的人生目的。还有古人在实际生活中所强调的"水利万物而不争"的处下守柔之道,"持而盈之,不如其已"的以退为进之道,"反者,道之动;弱者,道之用"的动反用弱之道,"天之道,利而不害,人之道,为而不争"的人生修养之道,等等。

五是作为人生修养方法、境界的道。在中国文化传统中,道当然还涉及人自身的成长和发展问题,即人格的完善和人性完美等问题[①]。孔子所说"志于道",就是在人格的发展过程中,始终以道作为内在目标,在道的引领之下修养完美的人格。"君子道三,……仁者不忧,知者不惑,勇者不惧",就是说一个高尚而又有作为的人,其人生修养目标应达到三种境界,即"仁、智、勇",从而能够做到"不忧、不惑、不惧"。这里所讲的道,就是人生修养境界之道。

六是作为教育引导民众的"道"。中国古代文献中"道"与"导"意思相近,有时相互借用,所以"道"有时即有引导之意。如孔子所讲"道之以政,齐之以刑,民免而无耻;道之以德,齐之以礼,有耻且格"(《论语·为政》)。此处的"道",就是引导的意思,是说一个社会的有效治理,首先是为政、为官者应当发挥榜样、表率作用,并以其良好的道政来引导民风;其次是用"德"与"礼"等更高的规范对民众进行引导,是大家普遍增强荣辱观念,树立并追求更高的精神境界。

[①] 人格一词,在不同的文化系统或不同的时代,有不同的解释。在西方,最早出现于罗马法中,是指人在法律上具有作为权利、义务主体的资格;人格在中国文化传统中,亦称人品,即人的品德、品格;现代意义上的人格,大体包括三方面的意思,一是指人的能够作为权利、义务主体的资格;二是指人的性格、气质、能力等特征的总和;三是指一个人的道德品质。我们在本书讨论中所指"人格完善",应当包括以上三个方面。什么是崇高的人格,如何达到或保持崇高的人格,是中国传统道德修养理论与实践讨论的中心问题之一。

在中国思想史上，人们把许多思想家、理论家的思想理论亦称之为道，如孔孟之道、老庄子之道等等，还有许多思想家、理论家，对众多具体问题的看法、观点，也往往称之为道。

德或德性是东西方文化都有的一个概念。

德或德性的英文词语 virtue，源于古希腊语 Arete 和拉丁文 Virtus，都是指各种事物的优秀的品德或功能。运用于人，是指人的优良的品性和卓越的精神。

中国汉字的德，是一个直字加心再加双人旁。加心意指思想，加双人旁意指行动。总起来说就是，不管思想上还是行动上，都要正直向上，才可以称之为有德。

在中国最早的甲骨文中就有"德"字，是指一种个人所具有的影响、吸引他人乃至周边环境的心灵力量。

西周初年大盂鼎铭文中的"德"字，已有了按礼法行事有所得的意思。以后随着社会的不断发展，随着人们对"道"的认识的不断深化，对"德"的认识也就逐步丰富起来。从我们的理解看，主要有这样几种含义：

一是"天地之大德曰生"。"德"在这里是功能、作用的意思。

二是"习于道而有得，为德"。"德"在这里主要是指道德主体对自然、社会、人类自身发展规律的认识、把握与认同，即主体对道的认同，或者说是道在主体意识中的内化；

三是"行道有得于心之谓德"。"德"在这里则是指道德主体把对自然、社会、人类自身发展规律的认识成果运用于社会实践，使那些看不见、摸不着的"道"通过人们的言论、行动体现出来，让虚无缥缈的"道"在人们的身上有形化、实体化。

四是"德者，道之功"。认为，万事万物的特性是从世界本源分得或获得的，因而用"德"表示万物的特殊性，如韩非所说：

  道者，万物之始，……万物之源，万物之所以然，万物之所以成，德者，道之功。

在这里，他把道视为物质世界的本源，认为道是万物的普遍本质，是天地万物存在与发展的总依据，德则是天地万物的特殊本质。

五是"生而不有，为而不恃，长而不宰，是谓元德"。"德"在这里是品德的意思，是说道的无为无欲的品德。

六是"天生德于予，桓魋其如予何"，"德"在这里是一种使命。

荀子

道不远人。作为世界本源、事物发展规律、普遍真理、社会治理原则、民众行为规范、个人做事为人的原则风范和人生修养的方法境界等等的道，是与人联系在一起的。道、德所具有的各种内涵和意义，通过人自身的知和行，即通过人们认识世界和改造世界的实践呈现出来，是为道德；尤其是作为价值理想和行为规范的道，其意义更是直接通过人的知行活动，而形成所谓道德。

在中国古代，最早把道与德联系起来使用始于战国时的荀子，他在《劝学》篇中说：

> 故学至乎礼而止矣，夫是之谓道德之极。

意思是说，如果一切都能按"礼"的规定去做，就算达到了道德的最高境界。

"道德"在中国文化语境中，经常是和"伦理"连用的，称伦理道德。

"伦"在中国古代是和辈、序、群、类通用的，是讲人与人之间的关系都是以辈分、序列、个体与群体、以类相区分的。中国古代概括人与人之间的关系为五伦，即君臣、父子、夫妇、兄弟、朋友。

"理"在中国古代的意思是"治玉"，就是人们按玉石自身的纹理进行雕琢，所以有"玉不琢，不成器"的古语。引申到人或事，则有运用一定的规则、规范对人或事进行限制、制约和规范的意思。如在中国古代社会，对"五伦"关系进行规范的"理"就有"三纲"、"五常"，规范朋友关系的"理"就有忠恕、诚

51

信等等。

在西方文化中，morality（道德）一词源于拉丁文 moralis，其复数形式 mores 指风俗习惯，单数形式 mos 指个人性格、品性。现代西方文化中的 morality 泛指美德、道义、正当、道德标准、道德原则、道德规范等等。与 morality 比较接近的还有 virtue 一词，源于古希腊语 arete 和拉丁文 virtus，意指美德、德性或善，与 mores 的单数形式 mos 比较接近，主要是指个人的德性、品性。

从起源、词源及其历史发展看，道德是人的道德，是人或人类对自身存在的一种自觉；是人们通过观察、探究自然界、人类社会和人自身，经过思考、评价、判断和选择获得的关于自然界、人类社会和人自身起源及其发展规律的认识成果，表现为一系列关于人与自然、社会及人自身相互关系的知识、价值和价值观念体系；是基于上述认识总结、概括形成的人类在处理人与自然、人与社会、人与人相互关系时应当遵循的规律、规范和规则，对人类社会实践和精神世界发挥规范、引导和制导作用；是社会的人对上述规律、规范和规则的学习、接受、尊重和遵守；是人们在学习、接受、尊重和遵守上述规律、规范和规则的过程中形成的道德意识、道德判断、道德信念、道德情感、道德意志、道德品质、道德人格和精神境界等等。

道德本乎人性，人性出乎自然。道德的源泉是社会生产、生活实践，是人与自然、与社会互动交流的结果。道德与人的关系，犹如植物种子与土地、土壤、阳光、雨露、温度等等的关系一样，是一种多角度、多层次、多种蕴涵的关系。

· 道德是人和人类对自身存在的自觉

古往今来，道德所思考和践行的问题，都离不开人与自然、人与社会、人与自身的关系，或者说宇宙自然与人生的关系。道德，就是人与自然、人与社会、人与自身关系在人的精神世界的反映和表现。

道德，从其起源、演变和发展的全过程看，始终关注的是人的精神生命和精神生活，是人类精神的一种自我关怀。

人类是自然界的一部分，但人类又处于自然界万千生灵的高端，是大自然最奇妙的杰作。人类之所以处于高端，用古人的话说，就是人能群、能分、有义，人类区别于自然界其他万千生灵的本质，就在于人的道德性；人有道德，是人和人类对自身存在的自觉。

人类之所以伟大，就在于人类能够运用自身的智慧观察、认识、改造自然，并在观察、认识、改造自然的同时，思考、认识人类自身。人类自远古时期开始，在观察、认识宇宙自然的同时，就开始了对人类自身的认识和思考。"认识你自己"，是人类数千年追求的最高目标之一。中国古代儒家创始人孔子阐发的"仁爱"思想，提倡人与人要相爱，就是人对自身存在的觉醒，是人的内在道德自觉。还有孟子的四端说、荀子的群分说、古希腊毕达哥拉斯的灵魂说、亚里士多德的政治动物说，近现代笛卡尔、康德的理性灵魂说、叔本华的利己说，等等，都是人类在认识自身的历史长河中对人的尊严、权利、命运的维护和关切，对人的存在意义和价值的关怀，对理想人格的向往和塑造，对人的自由和全面发展的不懈追寻。

矗立在英格兰荒原上的斯通亨治巨石栏，为世人留下对远古无限的遐想与追思。

人类因为有了道德的自觉和道德的引领，才能正确地处理好人与自然、人与社会（包括人与他人、人与集体）、人与自身的相互关系，使人类社会的航船驶向美好的今天和更加美好的未来。

人类对自身的认识和反思，形成人类的自我意识，赋予人和人类自身以意义和价值。

· 道德是一种关于人与自然、社会及人自身相互关系的知识和观念

道德作为人和人类对自身存在的自觉，首先是人对自然、社会及人类自身的认识和通过长期、反复的认识、实践、再认识而形成的一系列的知识、观念和观念体系，是一种以天道和人性为对象的智慧之思。

古时代的人们，在求生存的生产、生活实践中，面对变幻无穷的宇宙自然，产生惊奇和疑惑，由此追问世界的本源，探索自然界的奥秘和世界的终极存

后羿射日

在，从而形成关于宇宙自然、人与自然相互关系的知识和观念；面对人世间的善恶美丑，产生疑惑，由此追问生命的意义，探究人自身的奥秘和人生的终极意义，从而形成关于人与他人、人与群体、人与自身相互关系的知识和观念。当然，这些知识主要的不是纯理性的认知知识，还有以利益关系和善恶形式表现出来的价值知识，是人们进行道德行为选择的知识。这些知识力求为人们解决的问题是：人的价值，人在宇宙自然中的位置，人的生命活动的意义，个人对他人、对社会的态度，个人的责任和对人生理想的选择，等等。

不过，人对自然、社会和人自身的认识，永远是不完整的，只有将认识与价值、价值观念联系起来，才能正确地认识、处理和解决人与自然、社会，人与自身的关系问题。

· 道德是一种价值和价值观念体系

人与自然、社会、人与自身的关系，从表象上看，是认识与被认识的关系，从根源上看，则是一种和谐统一的价值关系。

所谓价值，就是现实生活中的人关于自己与宇宙自然、与社会的关系，自己在宇宙自然、社会中的地位以及自身存在作用、意义的意识和感觉，是人与自然、社会及自身相互契合、共鸣、交融的关系，如人对自然的尊重、友好与保护，人的自尊、自爱和自强，人与人之间的谦恭、友善、诚信，人对国家、集体、团队的责任、奉献和热爱，人在物质利益面前的自由淡泊、超脱等等，人对这种价值或价值关系的坚信和敬仰，构成人的价值观念、信仰和理想。

所谓价值观念，是人们基于生存、发展和价值实现的需要，在社会生产、生活实践中形成的关于价值的总的观点和看法。它存在于人们日常生产、生活实践的方方面面，实际上是人们所希望和追求的"好"生活、"好"理想等。所以，价值具有理想性和超越性，它在人们的观念世界里形成一个与完满、理想、终极关怀相关联的价值观念体系，引领人们前进又赋予人以生活的意义。而且，作为人的生命自觉形态的价值观，不仅能够引领人们追求自身的、当前的利益，协调人与自然、人与社会、当前与长远之间的利益关系，还能召唤人们不断地走向更高的精神境界，实现自由全面地发展。

价值的基础是利益。道德作为一种价值和价值观念，始终是以人与人的利益为中心展开的，是道德主体的需要同满足主体需要的对象之间的一种价值关系。人的道德需要是在人的物质需要基础之上产生出来的一种高层次精神需要，是植根于人的存在及其利益的二重性的本质之中的。因此，它能够促使人类与自然、人类自身相互之间结成互相满足的价值关系，并推动人类不断改善这种关系，调节人与自然、人类自身相互之间的交往与协作，完善人的人格，也完善他人和社会，从而形成一种具有特殊价值的道德实践精神。

因此，我们所说的道德修养，其实就是人们对上述价值、价值关系的自觉的认识、理解、反思和调适。

价值作为主客体之间的一种关系，一定是经由人的意识的感受、判断、赏析，即经由人的评价，才会成为现实的价值，才会被人们所认识。也才会提高人们价值追求的自觉性和价值取向的明确性。比如说人们对思想家、科学家、政治领袖、英雄人物等等的褒奖、评价，对环境友好

芭蕾舞剧《天鹅湖》用爱情至上的人生哲理和"善定胜恶"的道德主题来净化人的灵魂和肉体，成了真、善、美的同义语。

型社会、和谐社会的向往和追求等等，都是以此来引导人们的价值追求。

价值作为主客体之间的一种关系，主体是价值形成的动因，是价值的决定者和主导者。在现实的价值生活中，人是价值的唯一主体，一切价值都是对于人的价值。但在远古时期的人们那里，图腾或鬼神是价值的创造者，是价值的主体。现实的人只是价值的享有者，福或祸是基本的价值标准，人们的占卜或祭祀活动就是价值实现的基本途径。

中华文明最伟大的贡献之一，就是早在西周时期就逐步树立了人是价值主体，"道德"是最重要、最基本价值标准的思想。认为"德"乃贯通天人的中介，君王或统治者只有"敬德"才能受命，只有"明德"才可以使社会达于"至治"。只要"敬德"、"明德"，就会使政权巩固，社会安定，民众康乐；鼓励人们注重个人的道德修养，认为"崇德"能成贤人，"好德"可致幸福；以德为本，既是价值评价的最高标准，又是价值实现的最重要的原则。无论是社会政治评价，还是人格、人事评价，区分善恶、好坏、是非、优劣的标准，都把德作为尺度。中华先民以德为纲的精神，引领中华民族的价值追求和价值创造，在数千年的漫长征程中始终以人为价值主体，以立足大地、着眼现实为价值基础，以德为评价标准，鼓励人们通过自身的现实努力去满足自己的需要，实现自己的理想。

价值不仅具有理想性、超越性，同时还具有矛盾性或两重性。真、善、美、雅与假、恶、丑、俗，就是价值矛盾或两重性的突出体现。价值的矛盾或两重性统一在人或人类的生命活动及其过程中，并常常使人类文明产生悖论和异化。人们追求真、善、美就说明人生难得进入真、善、美佳境，也同时说明人生产生真、善、美并能够有意识地趋向于它。道德修养就是一种不断提升真、善、美人生境界的过程。

·道德是人们对真、善、美的一种追求

人和人类的价值取向是多种多样的，但大体上可归结为真、善、美三种或三个方面，它们分别代表人类的知识价值、道德价值和审美价值。

真，是人和人类对宇宙自然、社会、人自身本源、本质及其发展规律的正确认识。求真，就是求取真理。求真是通过在实践基础上的认识活动来实现的，在当今时代，主要是通过科学活动来实现的，所以在很多情况下又可以说，科学求真。人类按照客观事物发展的规律认识和改造世界，就是真的尺度。人们对宇宙自然、社会、人自身本源、本质及其发展规律把握得越深刻，认识和改造实践的能力就越大，人类的自由度就越高。因此，求真，是人类所追求的工具理性和科学境界。

善，是人们的行为方式与社会利益目标相契合。求善，就是依循一定的道德价值观念，使人的行为不仅有利于自己，而且有利于他人，有利于社会的发展和进步。人的价值尺度，就是善的尺度。人类的实践活动，一方面必须认识和遵循客观规律，另一方面必须实现人类自身发展的要求和价值，善的本质就是合目的性。因此，求善，是人类所追求的价值理性和道德境界。

美，是宇宙自然、社会中的具体形象或人类的实践活动引起的人的情感愉悦，是人的本质力量的感性显现。求美，就是人们依循在社会实践中形成的价值尺度和审美标准，对自己的生活环境、生活方式和修养实践等有一种自觉的审美追求，使人的行为符合美的规律。审美因素大量地表现在艺术活动中，所以我们经常讲，艺术求美。人和人类在创造性的艺术实践活动中，把自己掌握和实现真与善的本质力量，通过感性形象在对象中显现出来，从而产生愉悦、恬适、崇高、壮美、充实、温馨等等的情感。因此，求美，是人类所追求的实践理性和人文境界。

真、善、美在现实的道德修养实践中是有机统一在一起的。

· 道德是对人类社会实践和精神世界的规范、引导和制导

道德从根源上说，是一种实践——精神地把握世界的方式，在康德、马克思那里也被称之为实践理性。所以，道德是精神的，又是实践的。

道、德、以及道德，都是人类在认识、改造宇宙自然、人类社会和人类自身的社会实践中逐步总结、提炼、概括形成的，也是在人类社会生产、生活实践中不断得到拓展、丰富和提升的。因此，实践是道德的源泉、动力、检验标

准和价值体现。道德源于实践，同时还以特有的方式关注、规范并指导实践的发展，以不断提升全人类的社会实践水平。

人类的实践活动是在特定的"实践意识"或"实践理性"指导下进行的，本质上是一个创造性过程。而蕴含于这种创造性过程之中的，是人类不断超越必然走向自由、超越现实走向理性的道德精神。

所以，道德又是隶属于人类精神世界的。

人类精神世界的形成是以人的自我意识的生成为基础的。人的自我意识虽然以个体人的存在为载体，但它的本质是类的、群体的。这种类性和群体性，反映的是人的本体生成中精神世界的社会性。这种蕴含人与自然、人与社会及人与自身关系的类意识和群体意识，是人类自我道德生命的肯定、维系和传承，并在人类的实践活动中逐渐积淀为一种富有生命底色的内在精神模式，反过来为人类的全部实践活动确定动机和目的。

人与自然、人与社会及人与自身的关系，本质上是一种保持适度张力状态的互动关系，这种互动也是由道德来调节、通过道德的运作机制来实现的。人与自然、人与社会及人与自身的关系，又是一种不断地生成、发展，不断地走向道德的、社会的形态的历史过程，由此而获得本体根据的道德也是生生不息、不断升华发展的。人类自生成至今，人类社会自生成至今，其纷繁复杂的历史过程，既展现了科技文化发展、社会变迁对道德内容的丰富、拓展和提升，也展示了经丰富、拓展和提升后的道德对科技文化的发展、变迁，对人类社会实践的规范、引导和制导。

因此，实践是道德的源泉、动力和价值体现，实践性是道德具有的本质品格之一。但道德同时又具有超越性，即从终极关怀上规范和引导人类的社会实践和精神世界。

需要强调的是，道德对于人来讲，它不是一种即成的品质或德性，而是通过个人的长期的学习、修养而不断开发、不断增强的一种道德力量。它具体表现为道德主体的自我认识、反思能力，对善恶进行判断和选择的能力，认识、改造自然、社会及人的实践、创造能力等等，修养是道德形成主体各种能力和优秀品质、德性的最基本的途径。

所以，道德从另一角度讲又是一种过程。一方面，道德不是孤立和静止不变的，是存在于修养主体和社会发展之中的统一体，道德形成和发展的运动，是构成现实和人生修养境界的生命运动；另一方面，道德既不仅仅是一种知识、规范体系和价值观念，也不是一种即成的优秀品质，而是通过个人的学习、修炼、开发、提升而形成的一种卓越的精神，通过人的不断的发展、完善和超越而达到的一种完满的状态。

二、关于"修养"的基本概念、认识和理论

修与养，在中国文化、思想史上，也是两个不同的概念。

修，在汉语中有"修饰"、"治理"、"改正"等含义；养，有"养育"、"陶冶"、"涵养"等含义。修养，很多情况下也被称之为"修身"、"澡身"、"洁身"、"自省"、"内省"等等，都是指人们在思想品德、言谈举止、理论知识、工艺技能等方面自觉进行的学习、磨炼、涵育、省察的功夫，以及经过长期努力而达到的某种能力、水平和境界。古人所谓"修犹切磋琢磨，养犹涵养熏陶"，就是这个意思。

修身、修养在上古时代的社会生活中，只是源于"礼"的传统而形成的一种外在的修饰行为。

"礼"在现代人的概念中，就是人际交往中的一种礼节、礼貌，小到如见面时的敬礼握手，来客时的让座斟茶，大到如获得成功时的谦卑，遇到困境时的达观，悲伤时的含蓄自制、庄严高雅等等。

但在上古时代（主要指孔子之前的夏、商、周时期）人们的生活中，礼的概

念和使用范围比现代要复杂广泛得多，小到举止行走、吃饭喝酒、甚至夫妻生活，大到国家各种祭奠仪式、庆典活动、甚至国际外交，事事有礼，事事有制，人们非常重视追求谦恭的礼仪风范和肃穆的人际秩序。"礼"在当时不仅是一种仪式、礼节，还是一整套礼仪制度，它把家、族乃至国家中各色人等的关系规定得清清楚楚，使他们各守本分，不至于乱套，实际上相当于一部软性法规，是人们必须履行、遵循的一套不成文法；不仅如此，"礼"在当时还是一种道德伦理、人际关系的思想和人生在世生活的艺术，所以很多学者把中国古代的礼翻译为 Rite and Art（意识与艺术）。因为作为道德伦理、人际关系思想和人生生活艺术的礼或礼仪深入人的心灵时，人们就会自觉遵循礼并感到非常愉快，在履行职责中便会感受到艺术般的享受和由衷的愉悦。

但是到了孔子生活的那个时代，上古时代井然有序的那种社会秩序已经分崩离析了，孔子及其当时的诸子百家，还有新兴的知识分子在试图重建当时已经分崩离析的政治社会秩序的过程中，逐步将个人的修身、修养与整饬、维护政治社会秩序之"道"联系起来，并经过不断的拓展提升，从而将外在的修饰转化为内在的人生实践。其目标是通过思想、精神方面的切磋、修炼、精进、端正来追求一种生命的和道德的境界。

经过几千年的不断探讨、深化和提升，现代修养概念的内涵已经非常丰富。

• 修养是人对自身的自我完善、自我超越和美化

现代社会所说的修身、修养，从理论上讲，是一种目的与手段、目标与过程相互联系、互动的自我调节和自我控制，包括人生修养、道德修养、党性修

养、政治修养、理论修养、身心修养乃至功夫修养等等。但在实际的社会生活中，已经是一个非常宽泛的概念，有时候是指表现在学识、理论等方面的水平，以及文学、艺术、音乐等方面的造诣，或称学养、艺术修养、音乐修养等；有时候是指一种理性的判断能力、超理性的直观的根本性洞见、为人处世的智慧和整体的实践能力；有时候也指人们经过长期的修养、陶冶所达到的一种澄澈无比的精神状态和人生境界，等等。

在中外思想、文化史上，以孔子为代表的儒家，主张通过道德修养来达到"内圣外王"，成就"圣人气象"；以老子为代表的道家，主张通过"返璞归真"来成就"真人"和"至人"；佛家主张通过超越生死来成"佛"；黑格尔主张通过"教养"来达致理性，使人的可能性成为现实性。虽然各家修养的目的、手段都不同，但在实现人的自我超越、实现生命价值的升华上，具有相同的本质属性，就是在各自的人生修养中，实现人的本质、本质力量和理想，在对各自存在的确认中实现对生命本身的超越。

所以我们说，修养是一种人自身的自我完善、自我超越和自我美化。

·修养是以文化人的一种形式

修养属于文化。《易经》说，"物相杂，故曰文"，《礼记》说，"五色成文"。大体都是说，各种事物聚集在一起，而且杂而不乱，有章法，所以是一种美好的象征。追求美好是人类的愿望。要使世间万事万物杂而不乱，有章法，需要以文化之。

中华文化从其起源处，就非常重视以文化人、化天下，从一开始，就提出了"观乎天文，以察时变；观乎人文，以化成天下"的命题。以文化人，就是通过社会的教育，个人对文化知识的学习、感受、体验和开发等等，使人的原始本性得以展开和提升。所以说，修养是以文化人的一种形式。

正因为如此，中国文化传统中的学习，从其起源处就被赋予道德意涵。学习的功能和目的，主要的不是求取知识，而是为了修身；学习的本义，乃是觉悟；学习的基本路径，是通过文字、文化知识的中介，开发心灵的智慧，激发道德的潜能，将文字、文化知识中所包含的旨意化为行动，以提升人的价值和德性。

· 修养是对人的生命和生命成长的发现和探索

人类作为自然界的高端生命，所有的人，从神话传说中的伏羲、女娲、亚当、夏娃，到现时代的所有人，都有人的最可贵的特质，那就是都想改善自己，追求成长。伏羲画卦，女娲补天，后羿射日，大禹治水，亚当、夏娃偷吃禁果以获得辨别善恶的能力，现代人想登月球、上火星，都是想克服各种困难，想对人类、对社会有所贡献，唯其如此，生命才有成就。

但是，人终究还是人，不是神，尤其是具体时空中的人。虽说一方面见其努力，另一方面也有其局限性。既包括客观的如科技、经济发展方面的局限，也包括人性的如知识上的、视野上的局限，等等。人和人类克服各种局限性的唯一途径，就是对人类文化、知识、技术的学习、探索和创造。

文化、知识、技术等等，要学习并不难。但要使它们进入人的生命，成为人的生命、德性的一部分，要把它们提升为一种价值或价值观念，仅靠知识传授一样的概念来传达是不行的，还要靠启发，靠个人自我的感受、体验和开发。因为文化、知识和技术的精神具有超越性，不是经验语言所能完全表达的。所以，在中国的教育里，强调教、学相长，注重师、生相互之间的心灵交流。中国文化原典《易经》中所说的"感通"，就是给学生以自我体验和开发的时间和空间。生命成长的意蕴不能尽情言说，必须要靠人自己的发现、发掘和创造，

《蒙娜丽莎》清淡而富有穿透力的目光，洞察并理解着大千世界永远的喜怒哀乐、成败枯荣。

这，就是我们所说的修养。

人和人类尽管愿意学习，也在坚持不懈地学习、探索，但仍然会犯错。人的历史，人类的历史，既是不断学习探索，不断努力奋斗的历史，也是不断犯错，不断遭遇挫折的历史。中国古人所谓"以史为鉴"，正说明人和人类的历史也是人们不断吸取教训、不断改正错误的历史，"鉴往知来"，由此可以成为继往开来。所以我们说，修养，就是对人的生命成长的发现和探索。

· 修养是对人的生命力的拓展和健全

人，既是自然的，又是社会的或道德的。从自然的人慢慢地成长、过渡到社会的、道德的人，需要经过长期的教育、自我学习和修养。人的生命是自然赋予的，而生命的意义是靠后天的开发和创造形成的。一个人有多大的开拓能力，有多少创造，决定一个人有多大的意义。

修养，就是人的原始自然本性的展开，是一个人称之为人的一种方式。中国文化传统所谓"天人合一"，其第一意蕴就是主体应当发展和实现自己的本性。当人性得以实现时，主体才能进入人类实践活动之中。

修养，就是对人的自然本性、自然生命力的开拓和开发，就是对生命意义的创造。一个人通过绘画、摄影等艺术方面的修养，能够培养起来对大自然的亲切感，对色彩、形状、质感的敏感度；通过音乐方面的修养，能够培养起来听觉的敏感度；通过哲学、历史、文学等方面的学习、修养而形成的逻辑思维、分析力、感受力、历史意识、使命感；通过科学、技术方面的修养形成的认识能力、理性精神；通过复杂的社会实践修养培养形成的理性的判断能力、超理性的直观的根本性洞见、为人处世的智慧和整体的实践能力等等。在每个人的生命中，越是能够通过多方面的修养，越是能够不断开发他自己的潜能，使他自己更丰富、更细致、更自由、更具有健全的生命力。

一个在成长中特别注重各方面修养的人，他在理性精神、逻辑思维能力、分析判断能力、色彩、声音、质感、亲和力、凝聚力及整体的实践能力等方面形成的素质，正相当于生命中储存的潜能被广泛地开发了出来。通过多方面的修养，使自己成为一个身心和谐、各种官能达到均衡、全都完满的人，也是各个时代的人类的梦想之一。

远古时期人类各文明系统神话传说中的英雄人物，大多是这种无所不能、德行高尚、身心和谐、各种官能达到均衡、全都完满的人。

人类进入文明时代以来，人们在各种文学的、艺术的作品中，塑造了大量的这种无所不能、德行高尚、身心和谐、各种官能达到均衡、全都完满的人。

当然，在人类社会发展的漫长历程中，在现实的社会中也涌现出了非常多的这种无所不能、德行高尚、身心和谐、各种官能达到均衡、全都完满的人。

比如中国古代的孔子就是一位。

他是一个饱受忧患、乐天知命的社会活动家。他生逢大变革、大动乱之世，为了恢复当时已经"礼崩乐坏"的社会秩序，凭着自己的责任感，奔走于当时的各诸侯国之间，"知其不可而为之"。

他是一个视野广阔、思想深邃的思想家。他思考、阐述问题的范围几乎涵盖了人类政治、文化视野的一切领域，并善于抓住每一重大领域中的根本问题，归纳总结出一些重要的概念或范畴，确定它们之间的相互关系；比如关于人类文明的总体发展，他提出仁与礼，并说明仁是内在的、卓越的精神，礼是外在的制度、礼仪、风俗和行为；关于个人的道德修养，他强调博学与简约，并说明博学是广泛地求知，简约是集中的、向内的努力，等等。他的许多伟大思想，至今仍然闪烁着真理的光辉，对于今天人类社会的发展仍具有重要的借鉴和指导意义。

他是一个伟大的教育家。他的教育思想，深刻影响中国乃至世界教育几千年。

他还是一个伟大的智者。是一个采取灵活人生态度的与时俱进者，被后人称之为"圣之时者"。他所推崇和赞扬的人生智慧和生活艺术，是后来者处人处事的宝贵精神财富；他本人一生不时、不遇、不得志，饱受贫困，但他安贫乐道，知天命而又不放弃自己的主张。他所推崇、倡导的观念与他自己的情感、言论和行为融为一体，他所认知、追求的真理与他自己的信仰、心灵和生活融为一体，所以乃是一代宗师，万世师表。

西方文化发展过程中也有许多同样的人物。

比如欧洲文艺复兴三杰之一的达·芬奇。世人最熟悉的达·芬奇，是《蒙娜丽莎》、《最后的晚餐》等名画的作者。其实，他还是雕刻家、建筑家和工程师。据史料记载，他有光辉四射的美貌，生气勃勃的仪表，能说服最倔强的人的谈吐，能控制最强烈愤怒的力量。有人评论他是精细的科学家、爱美的艺术家，还是温婉慈祥、热爱生物的诗人。有很多的人认为，他的博学的分析力与艺术家的易感性是十分难得地融洽在一起的，他的那些杰出的作品，是观察的器官、善感的心灵、创造的想象力等多种官能的结晶品。

类似于孔子、达·芬奇这样，通过多方面修养，具有健全生命力、多方面创造力的人物，在人类发展的历程中数不胜数。他们奉献给人类的艺术、思想和精神，永远照耀、引领着世界。

·修养是对人的一种陶冶

人们生存的现实社会，既充满光明、美好和希望，也遍布黑暗、丑恶与失望，是善、恶、美、丑并存的世界。人世间因为权力、利益等等的争夺，父子无情、兄弟成仇、朋友反目等等的情况，比比皆是。人们在现实世界的奋斗中，有的人能够坚持不懈，忠于自己的理想、信念，忠于自己所感受到的价值，甚至知其不可为而为之。而有的人在遇到困难、挫折时会放弃，甚至会变节投降。平面地看，这是两种或几种人的问题，而立体地看，可以从善恶交战、公私对决中，看到人是可以超越一己的利益，甚至生命，而把自己奉献给更高的价值的，而且还能感召后来者做出同样的努力。这就是一种陶冶。既是对自己的，也是对来者的陶冶。

中国文化传统，尤其是修养文化传统，所关注、重视的，是行为的动机，也就是《大学》中所说的"诚意"、"正心"，这是行为之本，不以成败论英雄。如中国古代的颜回，穷居陋巷而不改其志，还有如"西伯拘而演《周易》；仲尼厄而作《春秋》；屈原放逐，乃赋《离骚》；左丘失明，厥有《国语》；孙子膑脚，《兵法》修列；不韦迁蜀，世传《吕览》；韩非囚秦，《说难》《孤愤》"等等。所有这些，都已经不是他们个人的人格，而是对一个民族、一个国家历史文化的创造和传承，对民族精神的塑造。它能够引导教育后人，一个人不但要看自己的得失，还要看到群体的、民族国家的、历史的世界，使人具有民族的、国家的和历史的意识。人不仅有自我，还有群体、民族和国家；人不但活于当世，还活于将来。人的自然生命虽然短暂而有限，但人在群体、民族、国家和历史

中的位置是永远的，这是一种精神生命，从自我推展到群体、民族和国家，从现在延伸向过去与未来；人不但要对自己负责，还要向祖先和子孙交代，向社会和民族负责，甚至向天地负责。

人的自然生命短暂而有限，但人的精神是可以不断超越的，是无限的。一个纯真、质朴的生命，经过长期的学习、开发和修炼，不断地丰富、完善和提升，才会有深度、有质感、有价值，才会逐渐从有限走向无限。中国文化传统所倡导的立德、立功、立言，强调的就是这种精神价值。

人的自然生命诸多局限，若不陶冶，不修炼，在现实的困难下都不容易做人，何谈民族、国家、过去与未来！

这就是生命的秘密，只有修炼者方能体验，践行者方能体会，有志者、有成长者方能知之。

也许有人会说，人会不会因此有太多的压力？这肯定是一种压力，但这是人成长、人自爱的压力。人没有压力，必然以本能欲望为归，一定不会成就更高的价值，不会使人完善。

当然，修养在大多数情况下，也包括为了工作、职业的修养，为了在工作、职业生涯中提升自己的能力和竞争力。这种修养是重要的，是我们每个人融入社会、参与社会生活的重要内容，是成人的修养。但修养的更高层次和更高境界是为生命、为成长的修养。成长是一个生命所能面对的最佳状态，它会大大提升我们的认识能力和选择能力，使我们有信仰、有理想、有使命感，会让我们的心灵更加辽阔、自由。因此，修养不仅会给人以力量，还会给人以安全、幸福、优雅和高贵。修养不能改变我们所处的外部环境，但能改变我们自身，能改变我们自己和世界、和社会、和他人相处的方式。

修养对于不同的人，往往会进入不同的心理层次。进入到意识层次，只是一种道德学问；进入到无意识层次，才是学养或修养。进入无意识层次的修养，是朴实无华，谦逊平和的。

・修养是对人的生命的丰富和提升，欣赏和宽容

一般来讲，人们生存的现实社会中，常常有从个人具体利益、性格出发的爱、恨、喜、恶，人们的知识、经验、阅历、价值观等等，会随着日常生活的节奏、井井有条地进行，一切都从具体的目的和现实的利益出发。但当我们通过文学的、艺术的、道德的修养而再看生活时，会突然发现人的生命除了现实的利益之外，还有更加海阔天空的领域和境界。我们会借助理论学习、经典阅读、艺术欣赏、人生修养，从狭隘的利益世界中解放出来，使我们的爱、恨、喜、恶可以扩大、拓展，也可以提升，从而得到一种自由，得到另一种对生命不同的爱与享受；我们会借助修养，从单一狭窄的知性思维中解放出来，与现实生活保持一定的距离，反观现实生活，使具体的爱、恨、喜、恶得到沉淀和净化。"春蚕到死丝方尽，蜡炬成灰泪始干"，会使很多人在一刹那间体验到宇宙间生命本质的深沉和丰富，使人们对生命会有终极意义的领悟、感叹和观照。

越是高层次、高境界的修养，越是有能力使人对现实生活和具体的利益世界进行持续不断的思考与反省，越是有能力对自身的经验、阅历、知性进行持续不断的超越和提升。

三、关于道德修养的概念、认识与理论

道德修养在哲学和伦理学中，属于道德活动的一个方面。

道德修养，从伦理学科学研究的角度讲，就是人们为了达到一定的道德水平和境界，按照一定的道德思想、道德观念和要求而进行的自我教育、自我锻炼、自我陶冶和改造，是社会成员经过对知识的学习、自然社会环境的熏陶和社会生产、生活实践，不断接受社会道德观念、道德规范，并将其转化为个人内心信念、意志，最终形成行为反映模式的过程。

显然，这样简练严谨的定义，更适合于严格意义上的学术讨论和研究，而

在现实的道德修养实践中，不同的时代，不同的人，有不同的理解和解读；同一个人，在不同的语境或环境中，亦有不同的理解和解读。

· 道德修养是人类特有的一种精神存在和成长方式

道德是隶属于人类精神世界的。

人的存在，既是自然的存在，又是精神的存在。人不同于自然界其他一切生命的特征之一，就在于人是一种有精神存在和精神生活的生命。

人类在长期社会生产、生活实践中，一方面创造了自身特有的物质和实践存在方式，另一方面又创造了自身特有的精神存在方式。人类精神世界的产生，虽然是以人的自我意识的生成为基础的，但它不会仅仅停留在自我意识层次上，而是会随着人类知识、智慧的增长而不断地得到拓展、深化和提升，求真、求善、求美、求超越，就是人类精神生活的本质和方式之一。

原始的人类也是有精神生活的，但由于生产力、科技的极其低下，人们的认识能力极其有限，所以，原始蒙昧人类主要靠经验和信仰满足精神需求。现代的文明人类，因为科学技术的发展，人的认识能力高度发达，人类社会生产、生活的方方面面，都已经离不开诸如知识、理论、逻辑思维、科学理性、道德水平等精神因素的支持，并把它们作为社会发展的重要指标，文明进步的重要尺度。

人类精神生活的不断丰富和发展，是人类在不断改造客观世界的过程中不断改造主观世界的最重要的成果，也是现代文明人类的一种基本需要、一种值得自豪的能力。尤其是求真、求善、求美、求超越这种需要和能力的实现，意味着人在精神上的生存和发展、精神上的自我实现和自我完善，意味着人通过认识、改造世界而在精神上成为现实的、完整的、全面发展的人。

人类精神追求的无限性，是人类精神充满活力的最深厚的根源。道德修养正是人类对自身精神生活不断拓展、提升和超越的不懈努力，即在高度理性、高度自觉而又具有审美意涵的层面上，追求信仰、精神的自我满足、自我实现、自我提升和超越。

· 道德修养是人类对价值追求的不断反思、批判和超越

道德作为一种价值和价值观念，是相对于人的价值，是整体的人类的一种价值追求。但这种价值追求不是固定不变的，而是随着历史的变迁和社会实践的发展而发展变化的。价值并非对于任何人都始终具有同样的意义。

人类的这种价值追求是一个无限发展的过程，是在对现实价值不断地反思、批判和超越中实现的。道德修养，就是展现和提升人类反思、批判和超越能力及其成果的一种过程。

道德从一开始就以关注宇宙自然、社会、人生为己任。从宇宙自然和人类的起源、人的本质、人与自然、人与社会以及人的自然生命与精神生命相互关系等问题入手，对人的本性、人的权利与责任、人类的生活方式、人类的前途和命运等进行不断的反思、批判和超越。

批判，是对一切知识、价值、信念和信仰的刨根问底、追根溯源，是对既有价值观念、信仰等等的审察、质疑和否定。

道德修养活动中的这种批判性思维，有利于人们突破已有的知识、价值和信仰界限，以探讨更广阔、更深层、更可信的价值和理由；有利于促使人们对宇宙自然、社会和人类自身的了解，不断地从个别走向一般、从特殊走向普遍、从有限走向无限。

反思，主要是针对人自身和人的思想的一种审察、质疑和否定，是修养主体的一种自觉的、有意识的自我批判。

道德修养活动中的这种反思，既包括对现实的人与自然、人与社会及人自身关系的审视与批判，也包括对理想的人与自然、人与社会及人自身关系的建构与审视。它能够从人的信仰前提、思维极限的维度解放人的头脑，促进人自由开放地思考，在精神上实现不断的自我超越和自我完善，走向主观世界的

自由境界；使人能够摆脱动物性的局限，使人成之为人，并能不断超越自我；使人有一种作为主体的自觉和进取，不断实现生命流程的高层次递进和本质性突破；使个体的人能够超越有限生命的局限，实现人格的不断建构和生命的无限的升华；使人能够超越各种规律、规范和规则的制约，进入自由的甚至是超自由的精神境界。如孔子的"从心所欲不逾矩"，孟子的"吾善养吾浩然之气"、"上下与天地同流"的自由境界，老庄的"无为而无不为"、"不刻意而高，无导引而寿"的超自由境界等等。

道德修养通过这种反复的、永不停止的批判性、反思性活动，能够促使人不断地深化对宇宙自然、社会、人生的认识，不断提升对人生价值或意义的理解和把握，不断地确立新的价值信念、信仰和理想，重建新的价值坐标和规范体系，不断地超越现状、超越自我，追求和创造"新我"，使世界和自我都能够变得更完善、更美好。

道德修养所具有的这种勇于怀疑、自我否定的精神，勇于创新、超越现状的精神，经修养而内化成为个人的品格，成为人们的行为规范和价值取向原则，并随着科学、文化的传播与普及，随着越来越多的为政者、圣哲贤人、志士仁人的践行与示范，而逐渐升华为文化灵魂、民族精神。

所以我们说，道德修养虽然是千百万个人的修养，是一个个"小我的进步"，但推而广之，可以影响整个国家，美化整个世界。

· 道德修养是人类对终极关怀的不断认同、内化和秉持

道德作为一种价值和价值观念，既是人类对自身存在的自觉，更是人类对自身生存状态的一种关怀。

人对自身生存状态的关怀，有物质、精神、终极关怀三个层次。

物质关怀满足人的生命存在需要。

精神关怀即人文关怀，满足人的精神生活需要。

终极关怀是人类对宇宙自然、现实人生试图从整体上把握其底蕴的一种努力，满足人的信仰需要。

人生终极关怀有宗教、道德（或哲学）两种。

宗教有人格化的信仰对象，所以宗教终极关怀建立在崇拜和信仰之上。

道德终极关怀建立在理性基础之上，是宇宙意识和自我意识的统一。宇宙意识探索世界的终极存在，自我意识探究人生的终极存在及其意义。人从哪里来，又到哪里去？正是对这些终极性问题的关心、关注和追问，才使人的生命成为一种崇高而又神秘的心理体验，使超越生命局限、实现生命升华成为一种持久而不懈的追求。终极关怀作为人的精神世界超越有限、追求无限的努力，是信仰价值形成的基础，是人们对宇宙人生形上层次的道德思考和践履。

人生不仅需要相对丰裕的物质生活和相对独立的精神生活，更需要坚实的精神支柱依靠和远大的奋斗目标的鼓舞。所以，人生终极关怀，说到底，就是一个人生信仰问题。

信仰是人对某种价值理想的坚信和仰慕，是对一定的人生观、价值观和世界观的选择和持有。一个人选择什么样的信仰，体现的是他的生命的宽度和厚度。

人们对崇高理想和终极关怀的渴望，是信仰形成的原动力。高尚的道德情操、坚定的信仰和远大的理想追求，是人的全面、自由发展的根本动力。

信仰是人的精神支柱。信仰赋予道德以意义，道德的功能需经信仰才能实现。道德修养，就是人们在信仰的引领下，将道德的终极关怀、最高目标和境界要求不断认同、内化、秉持的一种过程。

内心有科学进步的信仰、价值观的支撑，远方有理想之光的引领和照耀，人的现实生活才有意义，才有价值和追求。

·道德修养是人类最现实、最深刻的精神家园

人生的终极关怀，在很多情况下又被称作人类的精神家园。

人作为高级形态的理性、情感动物，区别于其他

动物的根本标志之一,就是有着神圣的精神家园需要追寻和坚守。

道德修养对终极关怀的追求,对人类精神家园的追寻,实际上是一个不断提升真、善、美人生境界的过程。

真、善、美分别代表人类的知识价值、道德价值和审美价值。道德修养以开发人类自身心智资源、促进人的精神自由和全面发展、提升全人类的精神境界,从而推动历史发展和人类进步为根本任务和终极目标。

人们对道德高尚,人性完善、完美的追求,在一定意义上也就是对真、善、美及其自由的追求。真的自由是对宇宙自然认识的自由,是一种理性的自由;善的自由是对自我完善、自我超越的自由,是一种理想的自由;美的自由是体验愉悦的自由,是一种自我表现的自由。真、善、美有机统一的自由,就是人的一种自由全面发展的状态。

人的道德修养活动,不仅以提升人生真、善、美境界为价值追求,而且道德修养活动本身也是真、善、美的载体。道德修养以求善、臻善为使命,以人性完善、完美、高尚为成果,还以求真、达美为意境。人通过这种综合性的修炼、提升,不断超越小我,超越自我以及自我与万物的分离,从而逐步回归人类的精神家园。

道德修养的内在品质及特征

作为人类认识和改造世界活动的有机组成部分，道德修养总体上是以人类所面对的外部自然物质世界、人类活动于其间的人类社会和人类自身为认识、思考对象和实践内容的。道德修养是贯穿和渗透于人类其他认识、实践活动之中的一种思维和精神活动，所以，它的本质精神与科学的本质精神，与社会工作的本质精神、基本要求等方面存在着广泛的统一性与一致性。但道德修养作为人类价值地认识、把握、完善世界及人类自身的一种方式，在认识方法、思维方式、追求目标等方面，仍然有其独特的内在品质和特点。

四周耸立的石柱，被石柱高高举起的雕塑，男性风格刚强有力的建筑风格，表达的正是一种至高无上的卓越的精神。

一、道德修养的内在品质

1. 提升人的价值意义和精神境界

从特殊性和个性品格上讲,道德修养是一种以社会实践为基础,以人的存在本质、存在价值与存在意义等问题为核心,以妥善解决人与自然、人与社会、人与人相互关系为主要任务的认识、思考和社会实践活动。它与科学研究和科学实践活动不同,与政治社会活动也不同。比如科学研究,它以人类面对的自然物质世界、人类社会和人自身为认识和研究对象,提供关于自然界、人类社会发展、社会制度、社会组织结构演变、人类自身演变发展的知识与理论;道德修养活动则是尽可能地运用人类已有的关于自然、社会和人类自身的知识、理论进行自我武装、自我教育磨炼,从而开发人类自身的心智资源,唤起人的理性与良知,促进人的精神自由和思想解放,提升全人类的精神境界,从而推动历史发展和人类进步。因此,道德修养以提升人的价值意义,满足人对于终极关怀的需求、对于人生终极意义的追求为重要目标。

终极关怀,是对人的生存根本意义、人的生命与生活最终目标的关怀。从终极关怀的角度讲,道德修养就可以被认为是人类理解生命意义、追求完美、幸福人生的永恒努力。

2. 追求人性完善、完美，追求超越

人是一种有自我意识、会关注自己的存在状态并以自己的主体实践活动改变自己存在状态，并积极追求卓越和超越的实践性生命。正是人的这种本质属性，决定了道德修养的最高目标，对人外在的生存环境而言，力图做到"天人合一"、"群己和谐"，使周围的自然与社会变为适于人"诗意般生存居住"的理想天地；而对人的内在精神世界而言，则是要寻求安身立命的"终极意义"，使人以符合人的存在本质或存在逻辑的方式而存在，亦即"人其人"，使人"以人的方式而存在"。为达此目的，道德修养始终守护着"人其人"的一些基本原则与理想。所以特别强调人的精神的自由、个性的解放和人格的完善，特别推崇"养吾浩然之气"，而坚决反对将人沦为任何外部存在（如神鬼的、物的、工具的、权力的等）的奴隶和仆从，认为人如果被自己所创造的诸如神魔、权力、金钱等外部力量所统治、控制和支配，那就是人的一种不完善、不自由的存在状态，是人性异化的表现。因此，道德修养追求人性的完善而反对任何人性的异化。

以道德修养与宗教关系为例稍作分析我们可以看到，道德精神在本质上与科学精神是一致的，而宗教从本质上说，是一种非理性的，是与科学、理性相对立的。但是，从宗教关心人类的灵魂，从人需要情感慰藉与意义追问的角度看，道德修养对人的宗教情感持一种历史主义的宽容态度。因为人之所以需要宗教情感，是因为它体现了人对一些崇高、永恒、神圣和善良理想的追求与企盼，体现了人对于某种超越人性精神彼岸世界的向往，所以宗教情感也是人性的一个重要方面，道德修养因此并不完全反对宗教，还会到宗教那里发掘属于人性方面的某些东西。所以在中国传统道德修养思想和实践中，就有"以儒治世、以道修身、以佛修心"的修养理念和传统。

但与此同时，在道德修养实践中，某种宗教或宗教情感，只有当它是有助于使人的情感和精神生活更好更丰富时，才被作为道德修养的资源，才有其存在的合理性。也就是说，任何宗教，都必须是能服务于人，才应该为人所利用和掌握；人对于宗教情感的追求，对宗教信仰的选择，必须是自主的、自由的和个体性的。否则，如果某种宗教或宗教中的某种东西变成了统治人愚弄人的东西，变成了一种外在的强制，人性的宗教变成非人性的甚至反人性的宗教，对人性的压迫与异化，对人的精神的蒙蔽和控制，这就是道德修养所坚决反对和摈弃的。

道德修养对待宗教的这种态度，也可以用来理解道德修养对待传统文化、对待人类一切文明成果的态度。传统文化，人类以往的一切文明成果，都是人类创造的、为人的发展和完善服务的。它们存在、发展的合理性及其意义，也要从人的角度来理解，以人为本，而不是反过来演变为统治人、支配人的力量（如儒家文化中的"三纲五常"）。道德修养的重要任务，就是运用人类已经探索积累的关于自然界、人类社会和人类自身的丰富知识、理论和价值体系，理智而真实地认识宇宙自然、人类社会和人类自己，实现人自身的全面、自由的发展。

人之所以为人，或者说人之有别于其他动物和物质世界，在于人是一种以不断超越既存状态、超越自我原始本能而追求更美好未来与理想的创造性生命。作为体现人的这种根本属性与精神状态的道德修养活动，其内在品格和本质特征，正是一种对于理想世界和人格完善、人性完美的永恒追求。

很多状况下，许多时候，许多人认为道德修养总给人一种远离现实的理想主义和幻想色彩，有人甚至认为你的那个道德境界，那个所谓的人格完善和人性完美实在是太高太遥远了，难以企及。其实，人的成长和发展是一个不断进行的动态过程，是一个从不完善到完善，再到新的不完善的一个否定之否定的过程。你在某一阶段某一领域取得了成功，实现了你的阶段性理想和目标，达到了一种人生状态和心理上的平衡。但转瞬之间，这种平衡就会消

《美丽的女园丁》，轻灵的风景和缥缈的气氛，会使人们在现实中不忘超越，超越时立足于现实。

失，新的不平衡就会出现，它会鞭策、激励你继续向前奋斗。所谓完善，其实是个相对概念，是无止境的，是没有彼岸的。

现实社会生活中有很多东西、很多结果是我们无法把握的，包括事业、爱情，但我们自己的成长、自己的修养是我们自己可以把握的，这是我们对自己对社会的承诺和使命，珠穆朗玛峰很高，我们中没有多少人能攀登它，但我们可以仰望；我们再努力都成不了刘翔，但我们依然可以享受奔跑，这种超越现实既存状态向往理想的精神气质，正是道德修养的品质和风格。

当然，我们所说的追求人格完善、人性完美，仍然是立足于现实，是脚踏实地面对现实的。因为道德修养毕竟是在社会生产、生活实践中的修养。它首先是实践的，包括柴米油盐、洗锅做饭这样一些十分琐碎的生活实践。道德修养离开了生产、生活实践那是无源之水，无本之木，就是纯粹的空谈。但我们不能因为社会生产、生活实践太过具体琐碎，就忘记了想象空间和理想追求。道德修养正是要在圆满地、不间断地履行日常平凡职责的过程中逐步完成、完善的。我们日常所履行的职责，包括柴米油盐、洗锅做饭等小事，尽管性质上是平凡琐碎的，但我们履行职责的人不一定是平凡的人，现实生活中的张思德、雷锋、焦裕禄、孔繁森等众多道德高尚的模范人物，正是在履行平凡职责的过程中成就非凡和伟大的。因此，我们所说的追求人格完善、人性完美，是基于社会生产、生活实践基础上的一种道德精神状态，是一个形而上的、超越性的追求对象。人和人类正是在无限接近它的过程中发展着自己，完善着自己。

正是在这种个性气质和精神品格的主导下，道德修养就是要在现实的社会生产、生活实践基础上来构建、塑造一个以理想性、完美性、超越性为特征的，对真、善、美作永恒追求的道德高尚的人，一个有"天地境界"的人，一个脚踏大地又能仰望星空、立足于现实却又具有远大理想和追求卓越、超越精神的人。

正是在这种追求卓越、超越的意义上我们讲，道德修养活动既是实践的，又是理性的；既是凡俗的，又是高尚的；既是现实的，又是超越的。因为这种理想性、超越性特征，它总是与现实的社会和社会实践保持着一定的距离和独立性。它不完全认同于现实，不与既存的现实人生作适应，而是对现实的社会生产、生活实践发挥着价值引导功能和提升作用。正因为如此，才有可能以一种超越的精神要求和理想信念来关注社会，关注人生，关注社会实践的发展，不断提升人的实践水平。在现今经济、科技高度发展，全球化进程加速的时代，在全体国民中保持这样一种具有超越性和理想性的道德精神力量，对于保证我们所进行的经济和科技活动沿着健康的方向发展，保证经济增长和科技进步始终符合人类的要求以造福于人类，成为促进人类自身走向全面发展和完善的积极因素，具有非常重要的意义。

3.与社会实践广泛互动

道德修养，作为人类价值地认识、把握、完善世界及人类自身的一种方式，特别注重修养主体与自然与社会与他人的互动作用，注重个人道德修养的结果和在社会生产、生活实践中的运用。

道德修养既有个人人格的完善完美，也有个人对社会的贡献。即个体积极参与社会生产生活实践，介入社会环境，再现道德行为。大量研究表明，道德修养不是一个个人单纯学习、接受道德知识、规范的过程，而是一个个人与社会通过社会实践交互作用的过程。

国内外关于完整道德性的观点都认为，只有从感性认知到理性思考，从环境熏陶到个体实践，从个体实践到自觉修养、寻求社会认同等不同的角度、层面来理解道德修养的基本含义，才是符合个体道德修养发生、发展的实际过程的。

人的完整的道德性主要应当包括以下几个方面：

一是对道德知识、规范、规则的学习和接受。道德修养是人的道德修养，是人们为了达到一定的道德水平和境界，按照一定的道德思想、道德观念和道德要求而进行的自我教育、自我锻炼、自我陶冶和改造，是社会成员经过对知识的学习、自然社会环境的熏陶和社会生产、生活实践，不断接受社会道德观念、道德规范，并将其转化为个人内心信念、意志，最终形成行为反映模式的过程。

作为一种过程，它的第一步，就是修养主体在一定的自然社会环境中，通过一定的社会生产、生活实践对自然、社会和人自身的认识，对已有道德知识、规范的学习、接受、体验和践行。

当然，这种认识和学习，不是以真假范畴认识世界，也不是以美丑标准来表现世界，而是以善恶标准来评价、调节、预测人与自然、人与社会以及人与自身的相互关系，从而来认识、把握世界，不断完善人类自身以及人与自然、人与社会以及人与自身的相互关系。

所以，从道德修养的角度讲，人们通过学习、实践所获得的关于自然、社会以及人自身的知识，主要的不是理论知识，而是以善恶形式表现出来的价值知识，是人们进行道德行为选择的知识。如人在自然中的地位，人的生命活动的意义，个人对他人、对社会的态度，个人的责任及人生的理想等等。道德修养就是通过对这些问题的解决，推动人们审查、过滤自己的行为动机、愿望、需要和意图等，使之符合社会价值要求，指向社会价值目标，以把握现实世界前进的脉搏，实现个人与社会的协调和统一。

二是对道德问题作出评价、判断和选择。行为评价和判断是道德修养的重要方法，其特点是认知和态度辩证结合，包括修养主体的需要、愿望、情感、意志等因素，通过体现一定善恶观念的行为方针、准则、戒律、理想等价值符号或价值等价物，借助风俗、社会舆论、内心信念、传统习惯方式等，对自己的道德认识、道德情感、道德信念、道德活动等进行是非

伽利略：追求科学，需要特殊的勇敢，思考是人类最大的快乐。

善恶的价值评价和选择，发自内心地树立起对自己所选择的道德原则、道德规范、道德理想、道德义务等的真诚信服和强烈的责任感，并贯彻在自己的道德修养实践中。

三是积极参与社会生产、生活实践。道德及道德修养本身源于人的社会实践，但从形式上看，则是一种深沉的反思，厚重的智慧，是思考的再思考。道德修养以其特有的方式关注并参与社会实践，在实践中不断提升人们的价值认识水平和人自身的价值水平，检验道德修养的成果。因此将个体的道德修养转化为具体的行为实践，是道德修养追求的重要目标，也是道德修养完整性、有效性的最终体现。

由此可见，个体的道德修养就是个体学习社会道德和参与社会生活，并使德性不断得到完善的过程。在道德修养过程中，修养的主体是人，是现实社会生活中的个体；修养的客体是社会的道德观念、道德规范和道德行为模式。道德修养的发生、发展是主体自身生命活动过程不断展开的过程；道德修养的发展是一个普遍与特殊、内部与外部、理性与非理性、有限与无限矛盾运动并不断斗争转化的过程；道德修养的实现是人与环境、人与人、理想与现实不断协调统一的结果。

从理性或者从道德修养的高层次境界讲，道德修养本质上是一种直接与人的内心精神世界相联系的精神性（认知思考）活动，它关注的主要是人的内心世界与精神生活，以人的精神自由、思想解放、人格完善为永恒追求的重要目标。但道德修养又不是完全封闭在精神领域中的活动，从人与自然、人与社会这样的关系角度上，道德修养也要广泛涉及自然物质世界和社会生产、生活领域，并在不同的程度和形式上参与其中又受其制约和规定，而且，社会生产、生活实践是道德修养、道德思维不断发展、不断深化的最深厚的基础和动力。

不过，当道德修养在关注和涉及与人的内心精神世界相联系的外部自然物质世界、社会生产生活时，其目的就不是去研究它们，而是以自己所追求的道德精神、道德理智来对这个外部自然世界和这个社会生产、生活实践作出道德价值意义的评价与选择，进行具有道德价值意义的改造和提升。

二、道德修养的内在特征

1. 知行合一的实践性

知行关系，一般地来讲，就是认识和实践的关系问题，但在道德修养领域，是道德意识、道德认识和道德践履的关系问题。道德是人的自觉的行动，人的道德认识、道德意识一定要表现为道德行为，才算是一种真知。

道德修养是一种实践理性，它虽然也是一种认识、把握世界的方式，是一种价值知识和为己之学，但归根结底，它是作为一种行为方式而出现、存在着的。作为一种认识活动，它以现实的实践活动为根据和目的。作为一种知识，它不是直观地、纯粹地反映客观现实，而以形成人们特定的行为方式、指导人的行为为目的。道德所指导、评价的实践，不仅仅是人们改造自然世界的实践，更重要的是改造人们的社会关系，改造自身的实践。道德修养就是将这种认识活动、知识、规则和规范等等整合为一体，作为行为的目的、方向和灵魂，以发挥自身的实践功能。

当然，道德修养同时也是一种精神性活动，它虽然以实践为基础，但又是建立在实践基础上的一种情感体验和理想追求。所以它在运用理性思维把握人的理性精神世界的同时，也还会运用情感体验、诗性甚至艺术的方式来认识、把握人的情感、意志等非理性精神世界，使道德修养主体可以超越现实的束缚和限制而在精神时空中去想象，去自由飞翔，去追求具有超越性的、更加美好的理想世界。

2. 情理交融的超越性

道德修养作为一种实践——精神地认识和把握世界的方式，与纯理性的科学认识方式、纯情感的艺术认识方式有所不同。道德修养是一种理性认识和实践活动，但包含人的情感、意志、信念等非理性因素。在现实的社会生活中，一种行为是合理的，但不合情，未必是道德的；一种行为是合情的，但不合理，也未必是道德的。只有合理又合情，情理交融，才能显示出行为的道德本性。

人的情感也是人类认识、反映客观对象的一种方式，具有主体能动性、随机性、偶然性、无意识冲动性等特征，属于感性冲动领域，如善良的愿望、美好的意愿、良好的动机等等，是主体能动性的基础；人的理性则是人类探求真理的分析认识能力、抽象思维能力、自控自制能力等等，具有普遍必然性、内在辩证性、自觉意识性等特征，属于自觉意识领域，是行为自觉性的基础。情感缺乏理性力量的支配，任情驰骋，不可能形成道德理性，产生道德行为。情感只有经过理性的过滤，才能成为道德情感；理性缺乏情感冲动，是空洞的、无活力的。理性只有以情感为基础，同时服从、服务于主体需要，才是生动的、健全的。

　　道德修养虽然源于社会实践，离不开社会实践。但它更多关注的是物质之上的人的情感、心情、审美、理想、生命意义等问题，是建立在社会生产、生活实践基础之上的内心的精神和情感活动，是人类的最高使命和人类天生的形而上活动。它追求的是一种具有理想性和完美性的精神世界，主要运用诸如意义、价值、理想、情感、人性、人格、意志、尊严、善恶、美丑等观念来理解、体验人类认识、改造自然、社会的实践活动和精神文化传统，所以具有突出的主体性、独特性和个体性。如关于什么是人、人的本质、生命的本质，什么是生活的意义，什么是理想和完美的人生等等问题的认识，都是以丰富性、主体性和个体性为特征的，难以形成一种普遍的、具有规律性和确定性的关于这些问题的定义、公理和原理。它们都是一些与人的主体实践和社会历史发展进程相关联的问题，是修养主体根据各自时代条件、个人人生经历、观念和对这些问题的思考、体验和理解，所以永远是历史的、实践的、变化发展的。

　　人类文明的演变发展经历了漫长的历程，道德修养活动伴随着人类文明产生、发展，并提出许多对人类来讲具有永恒探索意义而又永远难以穷究的问题，如世界的本质、意义、人的本质、生命的价值、正义、理想等等。道德修养对这些涉及人类存在目的及终极意义的不懈探索，对世界本质与生命之谜的不懈解读，是一种与人类全部历史相伴随的人类永恒的追求。但这种探索和追求，又是一个人类主体实践的历史过程。每一个时代的人，每一个不同历史文化环境下的人，都要在自己的时代，依据自己的观念、思想和人生经历，重新来探索和解读这些古老的问题，赋予这些古老问题以新的时代内容，并使这些古老的问题成为各个时代的修养主题，成为现代人超越现实向往未来的精神追求。

《阿卡迪亚的牧人》，对生与死的思考和讨论，正是人类思考探索的永恒问题。

道德修养在对上述诸多具有永恒探索意义的问题在不断追问、不断回答的同时，也从未停止过怀疑，这种怀疑态度正是道德修养追求真理精神的体现，道德修养因此而长期保持着理性的光辉。

3. 与时俱进的开放性

人类自从由自然界的生物群体中分化出来，每一个时代总面对着一些关于我们的头顶上的天、脚底下的地到底是什么情况，天、地和人是怎样形成的，人之何以为人等等的终极性问题；总面临着一些涉及人类社会发展、文明进步的根本性问题，如什么是天道自然？人能否认识和把握自然、宇宙？如何理解生命的价值、存在的意义、人生的理想状态？等等。这些问题，既涉及人类普遍本质而又具有超越时空的恒久意义。同时，又因时代不同、环境之变化而会呈现出丰富的时代特征和个性色彩。对这些终极性、永恒性问题思考、探索的历史，正是人类精神获得发展和完善，人性走向解放和自由的历史。这是一个伴随人类始终的人类思考和实践的过程。我们常说的"终极关怀"、"人生的关怀"，正是从人生的意义、人性的提升、人性的发展的目标上所追求的道德修养活动。

所以，道德修养所探讨实践的问题和命题，都是人类社会实践和知识、思想世界里一些极为古老的问题。这些问题和命题具有永恒探究求索的意义却从无固定不变的绝对答案，所以它们始终伴随着人类文明的不断发展进步而具有开放的性格。古今中外无数先贤圣哲不断探索总结，积累了极其博大精深的思想与智慧宝藏，但真正的答案却又是每一时代之人类都必须做出自己的努力去加以探索和解答的。因此，道德修养既具有古典性色彩，同时又最具有"现代性"和"时代性"特征。

道德是人的道德，也只有在人的社会生产、生活实践中才有道德。因此，离开了对诸如人的本质这样的人生哲学根本问题的回答，是无法说明道德修养的主体基础和动力机制的。人是一种有自我意识，会关注自己的存在状态并以自己的主体实践活动改变自己存在状态的生物体。这种主体自觉性、目的性与创造性，是人的本质的基本特征。这种本质特性，会使人以自己的生活本身作为思考认识的对象，去思考自己生活、生存的价值与意义，并以自己所理解、所向往的生活意义与生命价值，去追求更有意义的人生，去创造更理想、更美好的生命存在形态。正是在这个过程中，人使自己的生活成为自己本质的对象，使自己的生活成为自己所理解的人生意义的表现形式，成为自己所追求的价值理想的现实载体。

因此我们说，人正是在创造自己生活的过程中创造了自己的本质，在自己所理解所追求的价值理想的引领下，通过自己的主体实践活动而创造自己的生命价值与意义。人就是在这种不断的创造和改造客观世界的实践过程中不断提升和完善自己，从而在历史和现实中取得统一。道德修养活动正是人的这种主体创造、意义追问、理想追求和参赞天地之化育过程及结果的形象化呈现。

当然，由于人的本质的历史实践性与主体创造性，人的意义生成的开放性与历史性，决定了道德修养活动也是一种历史的、开放的形态，可谓生生不息、亘古而常新。

4. 多元开放的包容性

人的本质特征使人所具有的目的性和创造性，使每个人在向善和趋恶两个方向上都有着无限的可能性。人人既可为天使、为圣人，亦可为恶魔、为小人。道德修养的历史发展进程，实际上正是人类认识自我、完善自我、超越自我的不懈努力。古今中外先贤圣哲、仁人志士的道德修养实践为人类提供了许多崇高、神圣而又具有永恒性的理论和精神资源，人们藉此来把握生活的目标，理解人生的意义，解读生命的本质，构建自己的精神家园。

基督原是牧羊人，他主张基督徒应有三德，即信仰、希望和博爱。

道德修养作为关注人与自然、人与社会和谐进步，追求人性全面发展的精神和实践活动，作为沟通人类情感与理智的真理探索过程，从来就有着丰富的人性情感和对人性多样性的包容胸怀，始终主张并强调，人们对生活理想和生命意义的理解与追求，对价值信仰体系的判断与选择，本质上是每一个人的个人权利或个体范畴内的自由行为。每个人理解与选择他的生活的意义与价值信仰的方式与过程，都应该是自主的、自由的，多元包容与开放的。反对将任何一种真理与价值绝对化，反对任何形式的外在精神强制与心灵愚弄。捍卫自己以及每个人自由地探索真理和选择信仰的权利，既是道德修养活动的基本的历史使命，也是道德修养的基本要求。

当然，人的这种自由的获得及其具体实现，必须与人对相关知识、思想的掌握为基础，是以人的心智之健康、人格的完善为前提的。因为无知者无自由，有的只是盲从与偏执。道德修养的世界，不同于宗教信仰的世界，它既是一个良知与情感的世界，又是一个知识与理性的世界。道德需要知识和理论的孵化，需要通过真理性的知识和理论对人的心灵的启示、武装和熏陶，来提升人们正确理解人生意义、正确选择价值信仰体系的能力，以真正扩展人的精神自由空间。

道德修养本质上所具有的开放、多元、宽容和自由的品格与属性，决定了它并不反对现代化进程中的物质追求与经济增长，也不与现代科学技术、世俗性的工业文明、正常的物质追求相对立。道德修养始终关注人的世俗生活的幸福，关注人的现实人生的快乐。认为人对世俗生活快乐幸福的合理追求是人类文明提升进步的重要动力。而且，道德修养还以它所追求的科学理性、人文精神而对人们心灵世界所作的精神武装，以它对人性尊严的呼唤，对人的主体创造力、精神自由的解放，从而使它自身成为促进现代科学技术进步，推动现代经济社会快速、协调发展的巨大精神力量。

当然，道德修养在赞赏并推进人类物质生活改进提高的同时，也反对人为物质欲望所支配并导致人性异化的拜金主义、物质主义，反对将人的生活世界和人自身都完全物化、商品化、技术化。如何在现实与理想、物质与精神、理性与欲望之间构建一种和谐的关系结构和动态的互补机制，正是道德修养的理论与实践所追求的一种目标。

从近现代以来的世界历史进程看，当一个国家进入现代经济快速增长，致力于科技、文化等社会事业快速进步的时期，加强全体国民的道德修养，培养国民的民主、科学精神，公正、理性意识和人文情怀，更多地关注人们的精神世界，对于防止在经济急速增长的同时出现普遍的精神文化危机、心灵世界的混乱和浮躁，具有根本性的意义。从人的本性上说，没有哪个人真的愿意放弃物质生活的快乐而去过苦行僧式的禁欲生活，这本身也是道德修养所反对的。道德修养所主张和强调的，是人不能用物质的、技术的标准去衡量对待一切，在人的生活世界里物质生活充裕幸福的同时，还要有崇高而神圣的精神价值信念和意义追求。

道德修养虽然是对诸如宇宙的本质、人生的意义、生活的目的、幸福、正义、善恶、美丑等具有永恒意义的问题的探索和思考，但每一时代的人对这些具有永恒意义的问题的理解与体验都有所不同，都会作出与各自时代相适应的、具有时代特征的解释与说明，并赋予这些古老话题以新的、具有时代特点的意义。因此，道德修养的发展演变史，既表现为人类在道德和道德修养领域知识的不断积累和理论的不断丰富，又表现为人类价值观念和实践形态的不断发展与变化。在道德修养的世界里，虽有永恒的人性、人生价值和意义问题,但没有永恒不变的人性、人生意义的定论;虽有反复探讨思考的意义与价值问题,但没有一劳永逸地解决的意义与价值问题。它永远是一个不断探索追问、不断丰富发展的问题,是一种人的心灵与精神世界不断丰富、人性不断完善、人的精神自由不断扩大的历史进程。

道德修养作为人类价值地认识和把握世界的一种方式,总是在与特定的主体相联系时才是现实存在的,是一种历史性的、实践性的存在。作为价值主体的人,总是在具体的时空条件下,在具体的历史和实践中展开自己的发展道路,在历史实践中改造着自己,使自己不断地克服自己的自然性,不断获得新的本质与特征;使自己对价值体系的理解和要求相应地发生变化,从而使价值体系成为一个具有历史性、地域性、实践性的发展变化的体系。

道德修养主体的这种历史性和实践性,使得那些关于世界本质、人生意义等道德修养基本命题本身,虽然具有永恒的意义,却没有永恒的定论和结论。对这些基本命题的理解与说明,都是人们依据自己的思考和实践需要来作的。道德修养这种超越时空的特征,与人类不断追求自己本质的过程是一致的。因此,道德修养发展史,实际上就是不同时代的人们根据自己时代的主体需要和理想,对这些永恒性的基本问题进行新的理解、认识和阐释的历史。而每一时代的人类为此做出的努力,形成的精神财富,都是道德修养发展史的一个片段,一个有机组成部分,同样具有超越时空的意义。

道德修养活动所具有的这种永恒性和时代重复性特征,使道德修养领域的许多价值观念、思想理论、实践方式、修养理念和方法,既是一些永恒话题的重复、重温,又都带有鲜明的时代特色,成为与特定时代联系在一起的思想、理论和实践。

道德修养的人性基础与境界理论

道德是人的道德，而且只有在人的社会生产、生活实践中才有所谓道德和道德修养问题。因此，讲人的道德修养，离不开对诸如人性、人的本质这样的人生根本问题的思考和讨论。

维纳斯庄严而崇高、典雅而优美的姿态,梦一般恬淡的神情,洋溢着豁达纯净、古朴静穆的光辉。

一、道德修养的人性基础

如前所述,道德(德性)修养最早是在人禽之辩、人的内在规定性意义上提出来的。

人性问题,亦称人的本质论或人论,是人类各民族文化、思想和哲学的元问题。对人性或人的本质的思考和探索,也是道德修养的首要问题。

在中外思想史上,各个时期的思想家们关于道德修养的思想和理论,都是与他们各自的人性理论相联系的。

人性或人的本质问题,虽然是世界各民族思想、文化和哲学中最为关注的问题。但不同民族,不同思想、文化所关注的侧重点是不同的。西方思想、文化和哲学以自然为主要关注对象,如泰勒斯、毕达哥拉斯等早期哲学家,他们思考的重心主要在自然哲学问题上,直到苏格拉底,才比较重视对人的问题的思考。

比较而言,中国文化传统在其起源处就在思考人和人的本质的问题,并逐步丰富、完善而成为道德修养和国家治理的理论基础。

在中国思想史上,第一次明确提出人性问题并展开讨论,始于儒家创始人孔子。他提出"性相近也,习相远

帕斯卡尔:人是会思想的芦苇。

也"的命题，认为人初生时，本性是相差不多的，由于后天的学习、实践活动的差异才造成了人与人之间的诸多差异。

事实上，人的本性是复杂多变的，不仅包括善的元素，也包括道德中性或不具有道德价值的部分。在中国，孔子持人性中立观点，孟子是性善论者，荀子则是性恶论者。在西方，如亚里士多德的人性论是复合型的，认为人生而不具有任何品格。

不管是人性中立还是性善性恶，都是把人类和其他生物、主要是动物区分开来。比如亚里士多德认为，人的生命活动，所有的动、植物都有；人的感受功能，所有的动物都有；人与其他动植物所不同的，在西方文化传统中说，是人的理性，而在中国文化传统中，就是德性。

自轴心时代以来的两千多年间，人性问题一直是思想家们探讨争论的重要问题。中国先秦春秋战国时期，以孟、荀为代表，围绕人性善、恶，展开广泛讨论。他们对人性的看法虽有善、恶之分，但都主张社会生活中的人的现实人性都取决于每个个体的道德修养。秦以后的人性论讨论过程中，先后出现过性三品的等级人性论，天命之性与气质之性的二元人性论。

综观两千多年来关于人性论问题的讨论，尽管流派众多，但从总体上讲，在中国，占主导地位的是"性善论"，在西方，占主导地位的是"性恶论"。不管是"性善论"还是"性恶论"，它们在两个方面是一致的。

一是强调人的社会性。认为人只有在与他人的互动中发现自己的价值，在两人以上的社会关系中才能体现其本质。儒家所说"仁者人也"，可以说是中国文化对人的基本规定与设计。"仁"乃二人，就是说，人只有在二人的对应关系中，才能对任何一方下定义。在古代，这种二人的对应关系主要有君臣、父子、夫妇、兄弟、朋友等等。到了现代，这种对应关系扩充为社群、集体等关系。儒家另一代表人物荀子有一段话更是明确指出，人区别于万物牛马之处，不仅在于人有理性、有道德，最根本的区别是"人能群"，即人的社会性。正是因为人能有社会分工与合作，以一种社会性的力量而"牛马为用"，才高于牛马，成为万物之灵。

二是强调人的道德性。认为人之所以为人，人区别于动物的本质就在于人的道德性。换句话说，道德是人性的特殊规定性。孟子"四端"说指出，人与动物的区别就在于有道德，人先天就有"恻隐之心，羞恶之心，恭敬之心，是非之心"四善端，由此生出仁、义、礼、智四种道德。人的先天善本能，把这种善引申出来就是社会的仁、义、礼、智等伦理道德规范，再把它运用于社会实践和人际关系，就是善行善德。在孟子看来，此四端乃是人先天存在的一种道德的起点，是人性的重要表征。

荀子在论述人与动物的本质区别时说：

人能群，彼不能群也。人何以能群？曰：分。分何以能行？曰：义。

强调人类所以能在社会活动中有分工有合作，人与人之间所以能和谐相处，关键在于有义。也就是说，人的本质在于人的道德性。

人类历史上关于人性问题探讨的历程说明，无论是人性善恶论、等级人性论还是天命之性与气质之性的二元人性论，都是以人的本质是道德性为思想前提的。所谓善与恶，是道德价值意义上的善与恶；所谓等级，也是根据人保有自己道德属性的多少而加以区分的。

中国古代人性探讨中的这种德性主义形态，为人的道德修养或社会的道德教化提供了充足的人性论依据。

其实，对于任何一个具体的人来讲，他的一生，既是一个生命的自然过程，又是一个社会实践的历史过程。人首先是自然机体的存在，具有生命力和自然力，这是人的自然属性。中国古代孔子所说"性相近也"的性，孟子的"人之初，性本善"的性，帕斯卡尔的"禽兽"说，都应该主要指的是人的自然属性。但自然属性不是人的现实本质。人的现实本质是人的社会属性。而人的社会属性不是先天具有的，而是在后天的认识、反思和社会实践中逐步形成的。

所以，我们在讨论人性问题时，一方面要注意人的社会属性、道德属性，同时也要兼顾到人的自然属性，只有两方面的结合，才是完整的人性。

性的原始含义是生，主要指一件事物的发展或趋向的适宜过程，性善、性恶说都含有这种动态意义。以孟子"四端"说为例，他说人们有一个生而为善的本性，意思并不是每个人都生而德性高尚，或生而为圣。他的所谓四种善端，只是向人们提供了向善的潜在可能性，就像植物的种子一样，四端必须经过培育、涵养有所发展，或充分发展，才能使一个人真正成之为人。所以人性的拥有和实现，德行的高尚与否，主要依靠主体自身的修养。

道德修养，其实就是对人的原始善本性的拓展、丰富和提升。当然，这是一个与人的一生相伴随的过程。道德修养的功能或作用，就是一点点地祛除人的动物性，克服人的自然属性中先天具有的非道德、非理性的元素，使人性不断完善、完美。

所以，现实生活中的人性是多层次、多方面、丰富多彩的，没有纯粹的善，也没有完全的恶；没有纯粹的美，也大体没有完全的丑。从道德修养的角度看人的本质，是一种社会属性和自然属性的统一，是一种由其主体通过社会实践与创造而不断变化、发展中的存在，是一个发展着的、实践着的历史过程。人的属性和内涵不是由外在决定的、先验的和固定不变的，而是在人的主体性实践与创造过程中主动地加以追求、塑造和变化发展的，所以人是一个有主体创造性、有情感意志的存在。

所以，道德修养的存在和必要性有两个直接的前提：一是对自我实存的自觉意识，二是对以理想、完满、应然等所标志的人的本质、善的自觉意识，道德修养存在于这两种意识的对照比较过程中。人的存在是一个开放性的自我追求、自我实现和自我超越的创造性活动过程。人在克服一个个欠缺的过程中不断超越当下，超越自我而趋于完满、理想、本质。正是在这个意义上，对欠缺的自觉意识本身就是生命本质的一个内在方面。没有对欠缺的自觉意识，就无所谓生命本质、生命价值与存在意义，无所谓生命及其价值的创造与实现。

综观古今中外思想家、哲学家们关于人性的各种理论，不管在具体的观点

《掷铁饼者》，充满能量的运动感和节奏感，向世人展示运动赋予人类的惊心动魄的美，显示出充分的坦荡与自信。

或阐述方面有多大差别,但都认为人性先天具有道德的潜质,人性总体上是向善、趋善的。

道德修养作为一种对人类原始善本性的拓展、丰富和提升,对每个人来讲,都是均等的,是经过长期的学习、磨炼,都有可能实现的一种目标。但现实生活中的人性是多层次、多方面、丰富多彩的,每个人的天然禀赋不同,人生的阅历不同,对知识的拥有和理解不同,对道德德性的情感不同,参与社会实践的程度不同,个人的素质和努力程度不同,每个人的修养都表现为不同的层次或境界。

因为人的一生具有阶段性,每个人的每一个人生阶段的道德修养也表现为不同的层次或境界。

作为道德修养主体的人都是鲜活的、具体的、个性化的人,每个个体的社会身份、社会地位、内心体验、情感世界、认知能力等都是不同的,但他们生命的价值和意义都是一样的,是平等的,都需要精心呵护和尊重,都需要同样地理解、接纳和包容。道德修养既关注一般性的规律、规范、制度、规则对人的要求,也关注无数个体生命间的个性特征和独特性。虽然强调道德修养对每个人都是平等的,认为人人皆可为圣人,但又尊重每个个体的人的存在价值、人格尊严,尊重每一个个体的人的个性情感、心灵世界和情感体验,承认修养应有境界之分。

二、道德修养的境界理论

人生境界或修养境界是道德修养理论与实践的一个非常重要的论题。

道德(德性)对于人来讲,它不是一种即成的优秀品质或卓越精神,而是通过个人长期的修养、修炼而开发并不断增强的优秀品质或卓越精神,主要表现为主体的自我认识、反思能力,对善与恶的判断、选择能力,认识改造自然、社会和人自身的实践、创造能力,等等。

中国文化传统注重修身、修养,目标就是要通过思想的切磋、修炼、涵养、推进,来追求这种优秀品质或卓越精神,追求一种道德的或生命的境界。这里所说的境界,其实还是讲人的道德自觉,就是说人在自己的生命过程中,应

颜回

该设定目标以不断提升自己的价值，通过"格物"、"致知"，积极参与社会实践等不懈的努力，不断超越原来的目标、超越自己以进入新的境界。这是一种在精神层面上对生命、生活、生存方式的升华。中国古代所谓"孔颜乐处"、"安贫乐道"、"天人合一"等等，都是道德修养所追求的一种精神境界。

其实，人类的进化过程，总体上看，就是一个人生或道德境界不断提升的历史过程。德性观念的产生，道德修养活动发生的本身，就是人类道德境界、水平的一种时代性跃迁，其显著的标志就是把对道德德性的追求提升为一种人类自觉的活动，并进一步将其提升到理性的、学理的层次和水平加以研究和探索。

道德修养的根本任务，或者说目标，是寻求人们如何能够从人的奴役状态过渡到人的自由状态，实现人的全面而自由的发展。

中国文化传统中的修养理论与实践，就是一种自觉的努力和积极的争取，是古人争取自身自由的一种方法和手段。

一般来讲，人们生来就处于奴役状态之中，在经过后天长期的学习、思考和生产、生活实践之后，大多数的人们能够逐步脱离奴役状态而达到相对自由的状态，这是一个历史过程。

这个过程，从群体层面讲，是一个无限漫长的过程。这是因为人类社会的进步是一个渐进而漫长的过程，伴随着社会进步而实现的人的自身发展和不断完善，也是一个渐进而漫长的过程。

这个过程，从个体层面讲，是一个终生的和永不停息的过程，一个人道德修养的成就和境界，是经过长期的学习、理性思考和实践磨炼而逐步积累形成的。

我们以儒家创始人孔子为例来看，他的修养路径据他自己讲，是"十有五而志于学，三十而立，四十而不惑，五十而知天命，六十而耳顺，七十而从心所欲不逾矩"（《论语·为政》）。

是说五十岁以前的他，只是能学到知礼，成为智者，能立于礼，达于不惑的水平，与一般的志于学、立于礼者一样。但五十岁以后，则能进入知天达命境界，亦即认识到了天命难违、穷达非由人定的必然性，因此而有在积极进取时又能面对挫折失败的心理准备。尤其是在六七十岁以后，不仅能在一个很高的高度上听取各种意见和议论，而且能理解、释然而无任何阻碍，从而进入到顺天应人的自由境界。"从心所欲不逾矩"就是这样一种自由的状态，道德修养的至高目标，就是对这种自由状态的不懈追求。

这是一种道德德性内在状态由浅入深并日益精致和深邃的连续过程，既是一种道德修养的高度，又是一种生命的或精神的至高境界。

孟子则从一般意义上论述了这种发展过程，他说：

> 可欲之谓善，有诸己之谓信，充实之谓美，充实而有光辉之谓大，大而化之之谓圣，圣而不可知之之谓神。（《孟子·尽心下》）

上述六句话，可以说集中地概括了一个人道德修养境界不断提升的全过程。

第一句"可欲之谓善"，是讲善的根源、修养的前提和基础。

第二、三句"有诸己之谓信，充实之谓美"，讲修养主体自身，要返归本心，发现良知，具有道德的自觉，并通过实践推动自身内在精神的转变和提升，包括情感、气质在内的精神转变和人格的完成。

第四、五、六句"充实而有光辉之谓大，大而化之之谓圣，圣而不可知之之谓神"是讲修养成果的外显或践履。就是一个人修养的结果，精神的升华，境界的提升，最终都要落实为一种移风易俗、德风德草的社会实践，使道德修养从个人人格的完善、人性的完美落实到社会、人心秩序的整饬上来。

概括地说，就是一个人只有把仁、义、礼、智等内在的品德要素扩充到外在仪态的各个方面，品行端正高尚而且有广远的影响，才是完美的人格。显示出一个人的道德修养过程，就是人类原始善本性的展开，以及人对道德德性的理解不断深入、深化和拓展的过程。通过对道德德性的拥有和不断提升、充分发展并影响周边环境和其他人，从而一步步成为君子、圣人，最后进入与天地同在的深远状态。

当然，上述只是从一般的、理想的意义上所理解的道德修养，而在实际的社会生活当中，个人的天赋德性、能力等等，只是个别人能够实现最初平等具有的成圣潜能的潜在原因。由于每个人的人生阅历不同，对知识的拥有和理解不同，对道德德性的情感不同，参与社会实践的程度不同，个人的素质和努力程度不同，每个人所能达到的修养层次或境界是不同的。

所谓不同，主要是指一个人能够在何种文化视野和价值水平上思考、选择并践履道德要求、规范和理想。

人与人之间的差别，主要就在于修养的层次和境界不同。因为上述种种不同，道德修养对于不同的人，往往会进入不同的心理层次。如果只进入意识层次，那只是道德学问，相当于孔子四十岁以前的状态。如果进入无意识层次，那才是能够进入知天达命、顺天应人境界的修养。

处于自然状态的人，他们没有经过道德的教育和自我教育（修养），他们没有或缺乏道德自觉，不了解做人做事的意义，他们也参与社会生产、生活实践活动，但大都是从事对于满足生理、生存来说是必需的活动，道德对于他们来讲，是他律的。

道德修养对于绝大多数人来讲，在其初始阶段，只是对大量的道德规范和道德要求的认知和接受，既有社会教育的因素，也有自我学习、模仿的因素，是在社会生产、生活实践的潜移默化中完成的，相当于我们生活中的行为养成。

道德修养在进入高层次阶段后，就是对自然、社会的本质、人生价值、理想等问题的一种积极探索、体验、感悟和创造。这种探索、体验、感悟和创造主要对宇宙自然、社会和人自身发展规律的科学认识，对真理、对人性完善完美的不懈追求。当然，有很多情况下，也靠一种直觉的心理体验功夫，如像老子所说的"恍兮惚兮"的心理状态，是意识和理性暂时被压抑，潜意识开始活跃的心理状态。这种心理状态很有利于修养创造，是一种特殊的创造心态。

人类历史上许多杰出的科技成果、艺术作品等等，就是在这种"恍兮惚兮"的心理状态下产生的，如门捷列夫的化学元素周期表、王羲之的《兰亭集序》、张癫、怀素的草书、李白的诗篇等等。人类历史上许多杰出的思想家、科学家、艺术家在超常心理的体验方面，都曾体现出这种高层次修养的共同特性。

在中国，老子及其后来的庄子创立了超常心理体验基础上的体验感悟修养论，在西方，则有建立在理性——非理性争论基础上的体验感悟理论。

人生是多方面而又相互和谐的整体，如果把它分解开来看，你可以说人生的这一部分是生活的，那一部分是工作的、事业的，其余部分才是道德的，等等。但在实际的人生实践中，这各个部分或各个方面是相互重叠和渗透的。道德修养是人的道德修养，也是多方面而又相互和谐的整体，也可以说这一部分是原初的，那一部分是高层次的，而在现实的社会道德修养实践中，大部分人的修养都是以良好融合或良好交替方式，自如而完美地运用上述各种方式来进行的。

道德修养的至高境界，与审美境界是相通的。

上述这种以良好融合或良好交替方式进行的道德修养，我们也可以把它称之为道德修养的艺术化、审美化，也是一种人生的创造和欣赏。

从修养的角度看，每个人的生命史，其实就是他自己的创造史，就是他自己的作品。他一边在不断地雕琢、创造自己，一边也在欣赏自己。就像一块顽石，有的人不能使它"成器"，而有的人却能把它雕琢成一件伟大的作品，分别全在德性和修养。

重视道德修养的人，他的生活就是艺术的生活，审美的生活，他自身就是一件艺术品。我们常说道德修养的目的是追求人格的完善、完美和超越，所谓完善，类似于艺术活动所追求的艺术的完整性，其作品的部分与全体息息相关，不能有丝毫的变动和增减。具有完善人格的人也一样，大到他们的进退取予，小到言行举止，都没有一点与全人格相冲突，是完美无瑕的智慧与完美无瑕的德性的结合，其卓越不凡的美德、才干和习惯能够适应每一个情况，使其一举一动都能够完美而又合宜。

道德修养是社会生产、生活实践中的修养，是实践——精神的活动，它要时时处处面对进退取予、执著放弃的选择。道德高尚的人确定进退取予、执著放弃的价值,以他的人生目标为标准,合于标准者,毫毛可以变成泰山,不合于标准者,泰山也可以变成毫毛;合于标准时,他能够严肃认真,执著追求;不合于标准时,他能够泰然豁达,毅然放弃。孟敏堕甑,不顾而去,朋友以为奇怪,他说:"甑已碎,顾之何益?"斯宾诺沙宁愿靠磨镜维持生计,却不愿做大学教授,害怕影响他的自由。有高尚道德情操的人,其审美的道德修养与审美的人生要做到完全一致,要同时兼有严肃与豁达之心胸,而且还要能做到自然本色、恰到好处,犹如"风行水上,自然成纹",在什么环境,是什么样的人,学习生活有没有源头活水,言行风采有没有天光云影,让人一见就觉得优雅阳光,和谐完整,这才是道德修养的至高境界,才是艺术的和审美的人生。

《松下鸣琴图》:一张琴,可以营造一个安顿心灵的空间。

中国文化传统认为,现世世界是唯一实在的世界,人是这个世界的创造者(不同于西方上帝创造世界),人的幸福、人的自我价值的实现,不在明日的天堂(区别于基督教),也不在于精神的解脱(不同于佛教),而在于此生此世自强不息的奋斗中;人的自我价值的实现是一个漫长、曲折而又复杂的过程。人为了达到自我完善、自我实现的至高境界,需要经过一系列的否定之否定的过程,不断地修正自己、超越自己;需要不断地接受经验、教训甚至挫折和牺牲;需要一生一世的执著与坚持,才能逐步达到或无限接近这种至高境界。以孔圣人为例,他生逢乱世,政治理想一再受挫,物质生活极端贫乏,却能将生命提升到至高境界,垂百世而成民族的、人类的信仰,展示的正是这种不懈的执著与坚持。这种至高境界,既不是庄子的"逍遥"之境,也不是王维的"万事不关心"的"禅意"之境,而是立足于现实生活基础之上的人生境界。它既是知性的，又是道德的，还是审美的，是一种与人的生存发展休戚与共，与人的生产、生活息息相关，能够经得起人生各种挫折、苦难考验和磨炼的、生生不息而又博大高远的人生境界。

　　道德修养需要生活化，不应远离生产、生活实践，但不能由此否定道德修养的精神超越性，更不能抹杀道德修养对人的思想、精神所起的过滤、净化和升华作用；生活需要道德的滋润，但不能苍白乏味，关键在于提高人生的精神境界，始终以高远的道德人生境界为主导，并贯穿到日常的生产、生活实践中，如此则虽是柴米油盐，亦觉此中有意境；如此则使人能在茶中品出诗意，酒中看出人品，科学活动具有道德意义和审美情趣；而无此主导，则虽吟诗作画，也只能贻笑大方。

　　事实上，任何层次或境界的道德修养活动，只有与人的生产、生活实践密切联系或有机结合起来，只有在圆满地、不间断地履行日常平凡职责的过程中才是生动现实的、有生命力的。一如我们在日常生活中所见，上层人士的坦率、慷慨、仁慈与优雅有礼，下层民众近乎吝啬的节俭、不辞辛劳的勤勉，年轻人的腼腆敏感、兴高采烈与朝气蓬勃等等，平时注意修养的人与不注意修养的人，看上去似乎没有什么差别，但仔细省察，平凡中存在巨大的高低差异。平时注意修养的人就具有其他不注意修养的人难以企及的安心之处，尤其是在身处危难或面临重要机遇、重大变故等等的状况，最能显示日常平凡修养的重要。这就像春天绽放的百花，它们不会是偶遇春风后匆忙开放，而是经受漫长冬天的严寒，孕育了花蕾，遇到春风才繁花似锦的。

　　世人都喜欢引人注目、卓尔不群甚至不朽，希望达致至高的境界。但这更像是绽放的百花一样，需要长期艰苦细致的修养，每时每刻的修养。修养的目的当然包含激励人们事业成功，成为各方面的精英、伟人甚至圣人，但道德修养更根本、更重要的使命是提升人的思想境界，使每一个（或最大多数）平凡的人都能够成为人格上的成功者。这种修养在实施期间可能没有明显的感觉，但日积月累，必然会大有成就。致力于修养的人，一开始会感到辛苦，但一旦成为习惯，修养就会成为你生活的一部分，成为你的思维方式和生活方式。

我有一位年轻的朋友用一段亲身经历，向我诠释了这一平凡而不易被人们认识或体会到的道理。他一开始在一家很有规模的公司上班，每天的工作就是接电话、起草文件、准备会议、上传下达、接待来访等等，按部就班，驾轻就熟。时间一长，他就觉得单调、枯燥和乏味，甚至懒得清洁自己的办公室、办公桌。但他每天在楼上都能见到一位女士，腰板挺得直直的，总是戴一双整洁的手套，清扫垃圾，清理杂物，相互见面总是点点头，姿势庄重而优雅，态度平和而含蓄。他原来以为她也是一位机关的工作人员甚或是一位什么部门负责人，直到有一天他知道她原来是一位清洁工时，他被深深地震撼了，他才认识到，原来人可以平凡，工作、生活都可以平凡，但人的精神、气质不能平凡，人的一点一滴的付出其实包含着人生真正的含义。从此以后，他虽然仍然还是接电话、起草文件、准备会议、上传下达、接待来访等等，但从此觉得所有工作都有了意义，有了改进和创新的理念，一切都是在欢快愉悦中进行的，他也由此逐步进入到事业和人生的佳境，现在已经成为一个部门的负责人了。他非常感激那位清洁工女士给予他的人生启迪。

道德修养作为一种追求真、善、美，向往理想世界和塑造完美人生的精神——实践活动，是开放的、永远处于动态发展中的，人们对道德修养至高境界的追求和向往是无止境的。

道德修养的最高境界是"天人合一"，能够"参赞天地之化育"，这是中国文化背景下的思想家们所追求的理想人格之极致的一种精神状态。

但就某一个或某个群体的人来说，是不可能达到其至接近这种境界的。人类某些修养、奋斗的特点，正是在于其目标是不可能实现的。那些富有创新精神和不懈追求精神的人都明白，真正至高的境界或重要的目标都是动态的，人们对于那些境界或目标的认识，总是会随着社会、时代的发展和科学技术的不断进步，而不断地深化和拓展的，人们对它们的向往和追求是不可能完成的，可能有间断，但不会有终点，一切有意义的至高境界和远大目标都会随着人们向它的迈进而向后退去。但尽管如此，它们作为人们的一种信仰和理想，能够使人时时警惕、激励自己，磨炼、善待自己，使人的思想、精神得到过滤、净化和升华，使人的心灵更加纯净高远，生命更加充实自信。

借助作品中飞动的线条，你会感觉在经历生命的各种起伏顿挫，昂扬跌宕。

道德修养的价值与功能

我们在前面讨论了道德修养的内在品质与特征，人性基础和修养境界。不过，从根本上说，上述道德修养的内在品质与特征，人性基础和修养境界只有在实现自己价值与功能的过程中才能体现出来。也就是说，只有当道德修养借助于各种方式与途径，使自己的价值与功能得到实现，并由此显示出对于人类精神生活、物质生活世界的广泛意义和作用时，道德修养的内在品质与特征等才会由抽象的概念变成具体的实在。

道德修养的价值与功能是在人的主体性实践中体现的，而人的社会实践是一个历史发展的过程。随着道德修养理论及实践在历史长河中的不断变化发展，它的功能与价值，它对于提升人的素质、满足人的需要的作用和意义，在人类社会发展的不同时期，不同的时代条件和社会条件下，都是有所不同和不断发展变化的。

讨论道德修养的价值与功能，首先要考虑到道德修养价值形态的多样性，并将其内在价值与外部功能作适当区分。

一、道德修养的内在价值与功能

道德修养的内在价值，主要是指那些为道德修养自有的、特有的价值，这些价值是道德修养的核心，是道德修养区别于其他人类实践——精神活动并使其获得存在之合理性的基础。从根本上讲，道德修养首先是一种直接涉及人类心灵与精神世界的实践——精神活动，所以它的价值与意义只能从人的精神需要方面来理解，主要有三个方面：

一是认知价值。道德修养首先是一种学习过程。道德修养作为人类价值地认识和把握世界的一种方式，同时也是一种知识探索与精神创造活动。道德修养活动的第一步，就是通过学习、观察和研究探索，获得对自然界、人类社会和人类自身的真理性的知识、思想和理论，以帮助自己正确理解我们所生活的外部世界和我们自身，正确理解生命价值和生活意义，以不断地完善和提升人自身。与此同时，还需要有对一定的道德原则、道德规范的学习和认识，以形成相应的道德观念和道德理性，才有人的道德修养的思维和实践活动。

二是丰富人类精神生活，提升人类精神境界。道德修养作为价值地认识和把握世界的方式，是一种实践——精神活动，是一种意识到自己的主体地位的人才有的精神和实践活动，是人的知、情、意高度融合的实践、精神创造性活动。它以善恶范畴评价世界，以评价、调节、预测等方式来把握、完善世界。它所评价、指导的实践活动,是人们改造自然、改造人的社会关系、改造人自身的活动的统一体,它能够促使人类与自然、社会,人类相互之间以及人的自然生命与精神生命之间形成相互满足的价值关系,并推动人们改善这种关系,完善人们的人格,也完善他人和社会。

三是促进人的自身价值的实现。人是追求价值和意义的动物。人类是自然之子,是大自然最奇妙的杰作。人类的伟大之处就在于能够运用自身的智慧认识、改造自然,并在认识、改造自然的过程中对人类自身进行反思和认识,赋予人类自身以价值和意义。

人类在对自身进行反思和认识基础上所获得的关于人自身价值和意义,在很多情况下又被称之为人的自我意识,它包括人对自己身、心特征的认识,人对自己在社会中的角色、地位、作用的认识,人对自己的目的、理想、信念的认定等等。

人的自我意识会影响人自身价值观的形成,并由此决定人生的目标和方向。

人的自我,具有多种内涵,包括基本知识的获取、谋生手段的训练、竞争能力的培养、意义自我的塑造等等。道德修养,就是人在满足基本的物质生活需求前提下,尽可能超越生理与物质的、实用与政治的境界而向道德的、艺术的乃至至高的境界跃升,从而最大限度地实现自身的价值,达到精神的高度自由。

人的自我意识的形成和发展,在中国古代可对应教化,即个人与社会的相互影响、相互作用过程,实质是人的社会实践过程,是人积极地对自己已有社会经历、经验进行选择、改造并作出自己新的补充和贡献的过程。

人的社会实践过程，一般来讲都是以设定某种目标为起点的，并在目标的引领下，走出一段段生命的轨迹，每一段有每一段的目标。这个目标就是人生的目标。

现实的社会生活中，每个人的人生目标虽然主要是由自己来制定或确定的，但我们每个人都生活在特定的时代，特定的自然、社会环境和人际关系之中。因此，我们每个人的人生目标的制定、修正和实施过程，实际上既是一个根据时代发展要求，结合自己所处自然、社会环境和人际关系进行选择、改造和创新的过程，更是一个道德修养的过程。因为个人的人生目标只有与时代发展要求，自己所处自然、社会环境和人际关系大体一致的时候，才可能是科学合理、稳妥可行的，个人人生目标和价值的实现才会对国家、社会发展进步发挥积极的推动作用；个人的人生目标只有付诸实践，并在工作、学习、生活实践中不断修正、完善，反复经历、磨炼，才能逐步形成并稳固地确立起来，这个过程就是修养的过程；个人在逐步树立和实现人生目标的过程中，经过长期修养而形成的道德品质和能力，是人的各种能力、素质的灵魂和统帅，也是引领人的行为的标准和方向。

古今中外的绝大多数的人都很注重追求自身价值的实现，但人的自身价值具有层次性、可变性。人虽然是自然界的万物之灵，但人的原生态的自身价值是非常有限的，必须要经过艰苦认真的学习、修炼，从而不断提升自身

的价值。抽象地说实现自身价值，非常容易简单，吃一顿美食，享受一次文化的或什么的"大餐"，对于有的人来说，也可能就算是实现了自身的价值，但要实现高层次的价值难。要实现高层次的自身价值，要不断地超越自身，不断地提升自己的价值目标，才能一步步地接近或实现高层次的人生价值。学习、修养的过程，就是不断提升自我的过程，就是使人超越原生态而进入自觉追求崇高价值的过程。孔曰"成仁"，孟曰"取义"，就是这种不断超越和提升自身价值的一种表达。

实现自身价值的前提，是正确地认识自己。"知人者智，自知者明"，中国道德修养理论与实践传统认为，认识自我是一种积极的自我开拓。虽然人生不能穷尽自我，但要时时警惕自我，激励自我，磨炼、提升和善待自我。认识自己作为一种道德智慧，是从安身立命、终极关怀的意义上说的，中国传统文化表述为"乐天知命"，即乐其天然，知其命运。此处的知命，就是认识你自己，知道自己的智能、能力、使命是什么，就是天命自觉！

知道了自己的智能、能力和使命，就能很好地设计自己的人生，并踏踏实实地、一步一个脚印地去实现它。

认识自己，完成使命，实现人生价值的根本途径，用古人的一句话，就是"穷理尽性以至于命"。"穷理"就是探究理解世间万物的性和理，用今天的话来说，就是探讨掌握自然界、人类社会和人自身发展变化的规律；"尽性"就是发挥人的主动性、创造性，使自己的生命活动、人生发展符合这些规律。把人的本性发挥出来，就是尽了人的性。

古代人们反复强调的"推天道以明人事"，"穷物理以明人事"，其出发点、落脚点都在如何通过认识自然、社会，从而更好地认识自身，提升人的自身价值和人生境界。如我们平时所说的"天行健、地势坤"，"仁者乐山，智者乐水"，"万古长空，一朝风月"等等，都是指导人们通过这些物像之理去体会人生之理，通过自然理解人生，提升人的道德、情感层次和人生境界。比如我们看到蓝天、白云、清风、明月、山河、美景等等，都应当在生命的层面产生一种特殊的情感，从做人的层面，从德性修养的层面体验一种做人的道理。

在以信息化为标志的知识经济时代，人类社会正在或将会发生许多变化，人类的生存和发展空间正在进行前所未有的拓展，人与自然、人与社会、人与人的关系会更加亲密,也更加复杂;人的社会、道德特征会更加明显;人的自我内涵更加丰富,人的价值实现的愿望和要求会更加强烈。我们所有的人都行走在未来之路上,工作在全球平台上,生活在网络世界里。未来人才的全球化流动、竞争与合作,使道德修养会在一个更加开放的动态系统中进行。道德修养的领域会有进一步的拓展,会呈现出许多新的特点,如注重全方位、全过程的修养,道德修养主体应当具备更为宽广的视野和深厚的知识储备,对未来有较清晰的了解并勇于承担责任,对文学、艺术、历史、自然科学的各个方面都应当有一定的了解,对中西方文化传统,对当代社会发展和治理中的自由、民主、公正、平等、环境保护、公民意识等等都应有起码的理解和体验,对来自世界各国的文化、思潮、观念等等,都能够有最基本的分析、判断和选择,等等;道德修养在人的自身价值实现中的地位和作用显得越来越重要。

二、道德修养的社会价值与功能

道德修养的社会功能与作用,或可称外在价值,是由其内在核心价值派生出来的功能,主要指道德修养在实现人的价值、完善提升人的综合素质、满足人类精神需要和心灵需求的同时,对外部经济、社会发展所产生的间接性的作用。因为一个有着高尚道德情操和人格、又掌握真理和丰富知识的人,一定可以,也必然会去追求一个美好的社会,会为美好社会的建设作出自己应有的贡献。通过广泛的道德修养,促进全民思想道德素质的提高和科学精神、理性意识的增强,为推动建设一个政治昌明、科技先进、物质丰裕的社会发挥强大的支持和推动作用。

作为道德修养价值与意义的外部表现,道德修养的社会功能与作用主要体现在以下几个方面:

1.为现代经济增长、科技进步和社会发展构筑人力资源基础

道德起源于历史,又以历史为归宿,但它们的地位作用并不是始终均衡的,而是彼此增长互动的。《管子移民》所说"仓廪实而知礼节",就朴素地揭示了人类道德水平的提高对经济增长、科技进步和社会发展的依赖关系。在今天

这个高度依存和一体化的现代社会，社会的政治与经济、物质与精神、科技与文化、经济基础与上层建筑，都存在着高度的依存和互动。

正常状况下，经济的发展与科学技术的进步是人的道德观念和精神生活变革的基础，人的道德观念和精神生活的变革对社会经济发展和科技进步有促进作用。但在社会历史发展的若干重大历史关头，道德观念与思想领域的变革则成为经济发展、科技进步的前提条件和先导。如中国战国后期的经济发展、科技进步和大一统国家的形成，就是以所谓轴心时代的百家争鸣为先导的；欧洲现代文明的兴起、现代经济的发展和科技的进步，就是以文艺复兴运动、宗教改革运动、科学理性精神的传播和由此带来的人性的觉起与精神解放为先导的；近代中国的洋务运动、变法维新运动乃至辛亥革命，则是因为缺乏足够的思想舆论和精神观念准备，缺乏广大国民思想观念和道德精神方面的认同与支持。在民众的价值观念和思想形态没有发生变革的情况下追求政治革命、经济发展和科技进步，当然是极其困难的，最后不得不以失败而告终。

与此相反，辛亥革命后，一大批中国先进的知识分子认识到实业救国、科技救国的路走不通。要建立现代民主政治，发展现代经济与科技，必须有相应的精神观念、人才、环境作支持。必须从人的精神观念的变革做起，以先进的现代民主思想和科学理性精神改造中国民众，从改造国民性入手来追求中国的民主、富强。正是在这样的背景下，他们发起了五四新文化运动，以陈独秀、胡适、李大钊、鲁迅等为代表，高举代表时代精神的科学、民主旗帜，倡导人格独立与自由精神，呼唤尊重人的价值与人的尊严，借科学理性精神以开启民智，援民主自由思想以启蒙民心，从而使五四运动成为中华民族走向民族独立、经济发展、科技进步、社会和谐、民富国强的真正起点。五四新文化运动对整个中国知识分子和广大民众的观念变革与精神重建，就成为中国人民争取民族独立、国家富强的先导，它所确立的"科学、民主、进步、自由"的理想与原则，就成为20世纪以来中国人民精神生活和道德修养的重要思想、文化资源。

同样，与我们关系最密切的改革开放30年来中国社会的重大发展，国家经济与科学技术的巨大进步，则是由我们现今大多数人都亲自参加过的关于真理标准问题的大讨论为先导的。由于那次高扬科学理性精神、人文精神、人文情怀的思想解放与精神启蒙运动带来的人的精神觉醒和观念变革，才使中国人从重重精神枷锁和僵化极"左"的意识形态束缚中解放出来。

道德修养对人的完善、人性完美的理想追求，对真、善、美的弘扬，对人的科学理性与精神文化素质的提升，可以为经济社会发展和科技进步构筑坚实的人力资源基础，会使道德修养活动得以从影响人的精神观念、价值准则、思维模式的层面上对经济社会发展与科技进步进程产生巨大而重要的作用。

我们的国家是个人口大国，我们需要通过艰苦努力使人口大国转变为人力资源大国；我们正在建设中国特色社会主义现代化国家，道德修养应当在这些方面继续发挥更加特殊而重大的作用。因为道德修养只有有助于提高现实人生的生活质量，改善现实人生的生存状态，从现实关怀方面推进社会的进步，道德修养在终极关怀方面的崇高使命才有坚实的基础。

今天，为了中国特色社会主义建设进程更好更快地向前推进，为了中国科技进步、经济快速发展，社会更加和谐，道德修养在提升国民精神文化素质，普及科学理性精神和人文精神方面还承担着重要而广泛的历史使命。时代需要道德修养，需要崇高的道德智慧，需要充满真、善、美的人性情感，需要充满理性精神的道德修养理论和实践来提升全民族的道德人文素质和精神状态。

2. 规范引导经济社会健康发展

在经济社会发展、科技进步与道德修养实践的互动关系中，经济增长与科技进步是社会发展进步的根本动力，是道德发展进步的基础和条件。但在这种互动关系中有两个方面的问题，需要通过全社会道德修养和道德思考水平的提高来加以引导和规范。

第一个问题，经济增长、科技进步是否一定成为促进社会发展进步的力量？

第二个问题，经济增长与科技进步的终极目的是什么？是经济增长与科技进步自身呢，还是人的全面发展？

对这些问题，需要道德的、精神文化的力量来加以引导和规范。近代以来，科学，尤其是自然科学和工程技术方面的成就（如原子能裂变、曼哈顿工程等），并不是都成为促进人类自由和解放的工具；近现代以来的许多科学家把人简化为生产过程的一个价格要素或投资要素来进行人的经济学成本分析，出现了所谓物的"价值中立"、"情感零度"等经济学，离开人的需要与人的发展这些经济学的主体与核心，从而使经济发展、科技进步失去正确的前进方向。

道德修养正是要以它所追求的人文精神和科学理性精神赋予经济增长和科技进步以合理有效的价值取向，以它特有的反思性格和批判精神引导经济增长与科技进步的发展走向，以保证经济增长与科技进步切实促进社会进步，造福于人的全面发展、理想人生和完美人性的实现。

3. 促进全球化时代人类各民族、种族、国家间的沟通与理解

当今时代的现代化发展在时空上的特点就是全球化。世界各民族、种族、国家间的经济、文化交往日益紧密，各民族、种族、国家间的相互沟通、互相理解已经变得极为重要。道德修养以人格完善、人性完美为追求的目标，以

人类精神世界中的平等、尊重、宽容、理解为共同的情感追求，因而在当今人类各民族、种族、国家间的沟通理解中比较容易找到共同点。

古今中外历史上那些具有崇高道德情操的伟大人物，大多是人类各民族、种族、国家间相互沟通理解、友好交往的友好使者，如孔子、孟子、老子、亚里士多德、泰戈尔、鲁迅、罗素等等，都是人类历史上唤起人类友爱、民族宽容、种族理解、文化相容等崇高情感与精神的伟大人物。正是由于他们创造的深厚的道德思想对人类心灵的滋润，人类社会的航船才能劈波斩浪驶入现代。

兼容与并包，睿智与理性，同情与关怀，都是道德修养追求的普遍精神与理想。现代人类各民族、种族，虽然是在不同地域、不同自然生态环境和历史条件下产生、演变和发展而来，虽然具有极大的差异性和特殊性，但也存在许多共同的属性或人性基础。面对发展经济、科技进步和社会发展，促进人的全面发展等共同的问题和使命，各民族、种族应该、必须而且也可以在不同地域、不同生态环境和文化背景下求同存异并和平友好相待。

道德修养既是社会性的，又是个性化的，它的突出特点就是对于人的个性多样性和丰富性的认可。既认可自我的个性，也认可他人的个性；既守护自我的个性尊严，也尊重他人的个性价值。这种精神引申应用到人类各民族、种族、国家间关系上，它反对任何一个国家或民族将自己的个性强加于其他民族、国家，也反对强加于自己的民族或国家。它倡导各民族、种族，各个国家不分大小，不论强弱，一律平等；倡导在个性相互尊重的基础上来解决人类共同面临的问题，来追求人类共同美好的理想，使人类在平等相容的基础上走向相融。因此，道德修养可以从人的心灵深处打开人类相互交往、认识、沟通、理解的无限可能。

4. 传承人类文明

道德修养是人类社会特有的文化传承方式之一。

人类的道德修养和道德实践活动，积淀、包容了人类世代创造的极其丰富的智慧与精神财富，这些都是人类文明发展进步的根本，是人类精神生生不息流淌不歇的河流，是人类心灵的故乡，精神的家园。我们现代人或每一时代的人，只不过是历史长河中的一瞬。我们既受惠于祖先前辈的财富和智慧，又要把自己时代的每一个进步成就汇聚到道德修养理论和修养实践的世界里，成为人类精神文化遗产的一个片断、一个部分，再通过我们传承下去，造福后世子孙。由此可以看到，道德修养活动，在继承、丰富、传承人类文明文化方面，有着其他科学、文化形态和社会实践所不能替代的重要作用和独特功能。

5.促进人与自然和谐发展

人类从脱离动物界而独立发展的那一刻起，就在不断探索和思考人在宇宙自然中的地位和作用，不断探索思考如何建立起一种合理的人与自然的关系。中国古代道德修养传统中的"天人合一"思想，就是古人关于人与自然关系的认识成果，并逐渐发展演变成为人类道德修养的至高境界和人生理想。人类道德修养理论与实践对人与世界、人与自然关系的理解和处置，为人类开拓自己的心性资源，处理人与自然、人与社会、人类自身相互之间的关系，提供了重要的智慧原则和思维模式。随着经济的增长和科学技术的不断进步，人类运用、开发自然的能力也在无限提高。

我们今天的人类，正在创造前所未有的经济和科技的奇迹，但同时也在以惊人的破坏力改变着自然生态环境，甚至生命基因结构。现代经济的快速增长和科技的不断进步，使我们生活在物质文明高度发达的人工世界里。我们比过去任何时候都富有、便捷、舒适、现代化，而且还要追求更富有、更舒适、更便捷。但与此同时，我们原有的田野森林气息、小桥流水、迷人风光正在减少和消失。

我们今天的人类，比以往任何时候都需要加强道德修养，更多地发掘人类自身内心的道德智慧资源，使人类从对外部自然物质世界的无限开发和征服欲中解放出来，转向人的内心精神与情感世界，从人的内心精神和心灵世界的无限广阔来重新审视和思考人生的意义和生存方式。

人类以往的道德修养及实践是非常重视人的物质追求和物质欲望的，在各种场合，从各种角度上提出"食色，性也"、"人欲即天理"的命题和"我是人，人之一切天性我都有"的口号，把这种物质追求和物质欲望视为人性的一部

分，视为人类文明不断发展、人性走向自由和解放的动力。但道德修养在强调和重视人的物质追求和物质欲望的同时，还强调反对人被物质追求和物质欲望所支配、所异化，强调人生幸福、人生的意义并不是物质欲望的满足，而在于内心精神世界的完善。与物质追求、物质欲望的满足相比较，道德修养更注重人的内心世界的快乐与宁静，精神世界的自由与和谐，主张通过心灵世界的丰富与完善而获得人生的幸福和有意义。

从道德修养的角度看，大自然对于人类而言，既有经济学方面的意义，即大自然是人类的衣食之源，又有更重要更根本的精神意义和情感意义。因为大自然是人类的母亲，人类是自然之子，而且只是自然之子的一部分。除人类之外的自然界的万千生灵与人类一样具有生存繁衍的权利。作为自然界万千生灵的高端，人类必须以自己的智慧和道德理性来约束自己的行为和欲望，建立一种与人性的自由解放相吻合的新地球伦理道德，并与其他万千生物和谐共处，共同分享地球这个生命家园。

人类需要从一个更高的哲学层面来理解人与自然、人与自然万千生灵的相互关系，在满足人类自身经济利益的同时，尊重和善待其他万千生灵世界，以保持大自然的生物多样性与和谐有机体，从而构建一种全新的、更能显示人性真正走向自由和解放的现代道德观念。

人与自然和谐相处、天人合一的理想追求，来自于人类对自然界、对人类自身本质的深刻理解，是人类最宝贵的生存智慧和道德智慧。随着人类科学技术的不断进步，人类对自然界和人类自身本质的更深刻、更全面的理解，人类一定会更加理性、更加智慧地处理好人与自然、人与社会、人与自身的相互关系，使人类不断地从整体上实现真正的自由、完善、完美和高尚。

6.促进和谐社会建设

道德(德性)观念的产生和发展,源于早期人类对宇宙自然秩序的体验和认识,而道德修养传统的形成、演变和发展,则源于切身感受到的社会生活的无序。中国传统道德修养理论与实践,从其起源处就极其重视社会结构和秩序的整饬,在它数千年的发展过程中,一直发挥着整合人心秩序和社会秩序两相关联的作用。

中国自孔子以来的历代的知识分子、思想家、政治家们,虽然将"三不朽"作为一种理想人格的追求,但他们的终极关怀并不止于此,而是理想社会,即太平盛世的建设。这种理性社会的最主要的标准,就是合乎伦理的社会人际秩序。

中国古代道德修养传统中的仁爱、正义、忠恕、诚信、中庸等修养理念,不仅仅是道德修养的要求,个人的道德修养境界,更是经过长期理性锤炼的社会政治整合理念。

道德修养的社会价值与功能是多方面的,它可以对人的精神世界、社会生活和国家的政治、经济发挥广泛而深刻的影响。但对这种深刻而广泛的影响要作审慎的估计,不可以随意曲解或夸大。道德修养毕竟不能改变宇宙自然,能够改变的只是我们自己,是我们自己与宇宙自然、与社会、与他人之间相处的方式。

实际上,道德修养要真正发挥自己的价值和功能,首先要求国家、社会和民众对道德修养的价值、意义、功能和作用给予合理的期待与要求,一种恰如其分的、既不无限夸张又不轻视贬低的期待与要求。明白它能为人们做什么,不能做什么,能给人们带来什么,不能带来什么,从而让道德修养在回归自我、重建主体自尊的基础上走向开放。

"江流天地外，山色有无中"，人们从山水中领悟到的是人生的沧桑和生命的静美。

中国传统道德修养理论与实践的形成与发展

在中国,道德修养的传统非常悠久和古老,人们在讨论时,往往要从人类文明的起源处开始。

从道德修养形成、演变和发展的源流看,修养先于道德,内在的道德实践源于外在的修饰、修养行为。

修养,最早的时候其实称修身,是源于远古时代的礼仪制度和礼乐传统而形成的一种外在的修饰行为。

一、礼仪制度与礼乐传统的形成和发展

我们从考古学和思想史研究的有关成果中看到，在人类早期生产力水平极其低下，人类的认识能力极其有限的时代，人们生活于其间的宇宙自然和人类自身，是早期人类认识、思考问题的最基本的资源。

在远古时代人们的心目中，作为"宇宙"的空间，天与地相对，而天地又都是由对称和谐的中央与四方构成，中央统辖四方，四方又各有星象，并与四季相连，四季又各有物候，宇宙自然运行变化规范而有秩序，人类由此而逐渐形成了对宇宙自然秩序的尊重和遵守，形成了对天地、四季的祭祀和信仰；人类在如此规范而有秩序的自然界生存、繁衍，代代相传，生生不息，人类由此而逐渐形成了对人

秦兵马俑：它的众多浩大、雄伟壮丽，给人以震撼心灵的崇高感。

类自身起源、延续的好奇与探索,对祖先的祭祀和怀念。早期人类就是在对天地、祖先的怀念、信仰和祭祀中,逐渐形成了一整套不断完善的礼仪制度和礼乐传统(参见第八章),这套礼仪制度和礼乐传统在很长的时期也被称之为"道",它是把来自"宇宙"的自然秩序引用到人间、社会秩序的整合中,并赋予它与自然秩序一样的权威性和合理性,通过长期的推行,被民众所习惯和接受,从而发挥着维系宇宙自然秩序和社会秩序的作用。

早期的修身或修养,就是依据这种礼仪制度和礼乐传统形成的一种修饰行为。

这种礼仪制度和礼乐传统,历经神话文明时期以至于夏、商,到西周逐渐走向完善,并包含有相当复杂深刻的道德和伦理内涵,人们在这些礼仪制度中获得生活的安定,也从这些礼乐传统中获得秩序的感觉。所以孔子讲:

> 夫礼,先王以承天之道,以治人之情。(《十三经注疏》)

这种礼仪制度和礼乐传统在被普遍地运用于社会生活中之后,就逐渐演变发展成为人间的秩序、社会的规范、个人的行为准则和判断人们行为是否合宜、是否道德的标准。以后在它不断丰富、完善的过程中,由于所使用的对象、语境的不同,又具有不同的层次和内涵。如在人类社会与宇宙自然的关系上,它们是宇宙自然法则在人类社会的体现和运用,是社会运行秩序的标志,并在一定条件下上升成为国家典制,成为社会一切活动的准则;在人类和自然物的相互关系上,它们是人类区别于禽兽的标志;在人与人的相互关系上,它们又是区别文明与野蛮的标志,是人际交往的一种方式。

不过,到了春秋之后,上述这种外在的修饰行为逐步转化为内在的道德实践,这与当时重建政治社会秩序的客观要求是密不可分的。

我们从儒家学说的创立及对上古时代礼、乐传统的整理和创新,可以较为清楚地了解它们的转化过程及其特点。

如上所述,中国古代对宇宙自然和人类自身的探索思考成果,集中体现为礼仪制度和礼乐传统。这种礼仪制度和礼乐传统在很长一段时期内就被称之为道,集中表现在当时的礼、乐、射、御、书、数六艺之中,历夏、商、周三代

而一脉相承,传至周代而极盛。正如孔子所说:

  殷因于夏礼,所损益可知也;周因于殷礼,所损益可知也;其或继周者,虽百世可知也。(《论语·为政》)
  周监于二代,郁郁乎文哉!吾从周。(《论语·八佾》)

  但是,到了孔子生活的春秋时代,一方面是礼乐传统发展到了最成熟的阶段,另一方面则因盛极而衰发生了"礼崩乐坏"的现象,尤其在周室东迁之后,有关礼、乐的典籍流布四方。此前,专为上层贵族垄断的礼、乐传统流散于民间及一般的"士"阶层(古代知识分子)之中,如《庄子·天下》篇所说:

  古之人其备乎?配神明,醇天地,育万物,和天下,泽于百姓。明于本数,系于末度,六通四辟,小大精粗,其运无乎不在。其明而在数度者,旧法世传之史尚多有之。其在诗、书、礼、乐者,邹鲁之士、缙绅先生多能明之。……其数散于天下而设于中国者,百家之学时或称道之。天下大乱,圣贤不明,道德不一,天下多得一察焉以自好。譬如耳目鼻口,皆有所明,不能相通。犹百家众技也,皆有所长,时有所用。虽然,不该不偏,一曲之士也,……天下之人,各为其所欲焉以自为方。悲夫,百家往而不反,必不合矣。后世之学者,不幸不见天地之纯,古人之大体,道术将为天下裂。

  作者在这里明确指出,由于"天下大乱,圣贤不明,道德不一"而终于使"道术将为天下裂"。但从时代发展的角度讲,"这并不是一个悲哀的结局而是一个辉煌的开端"[1]。正是由于这种礼崩乐坏而导致的礼乐传统的下移,使中国社会和文化产生了一个巨大的变化,超越性的变化,这就是有一批知识分子[2]从社会分离出来而专门整理礼、乐、诗、书等经典并设馆讲学,向弟子们

---

[1] 葛兆光《中国思想史》,第2卷,第69页。
[2] 知识分子在当时被称之为"士"。"士"在我国上古时代,是一种社会制度,即每十个青年中,推选一人出来为公家服务,就是士。被推选为士的人,要接受文化、政治教育,学习法令规章。到了后来,士逐步变成了读书人或知识分子的通称,他们不仅是有文化的人,而且是承担天下和社会责任的人。

传授，从而成为文化传统的传承者。这样，逐渐形成了春秋战国时期的诸子百家，正如《淮南王·俶真训》说：

周室衰而王道废，儒、墨乃始列道而议，分徒而讼。

不过，诸子百家在整理、传授礼、乐经典的过程中，并不是原封不动地传承，而是有所批判，有所突破和创新的，这在儒、墨、道三家的中心思想中都可以看得到。

儒家在诸子百家中兴起最先，因此与礼、乐传统关系最为密切而直接，正所谓"其在诗书礼乐者，邹、鲁之士，缙绅先生多能明之"。儒家创始人孔子一生最为尊重三代相传的礼乐传统，自称"述而不作"，却又极不满当时礼乐已经僵死的形式和日渐衰败的生命力，所以他慨叹道：

礼云、礼云！玉帛云乎哉！乐云、乐云！钟鼓云乎哉！（《论语·阳货》）

孔子是想为旧的礼、乐传统寻求一个新的精神基础。林放问礼之本，子曰：

大哉问。礼，与其奢也，宁俭；丧，与其易也，宁戚。（《论语·八佾》）

在孔子看来，礼只是一种象征，它的"本"则深藏在人的内心感应之中，离开了这个本，礼便失去了其象征的意义。所以他又说：

人而不仁，如礼何？人而不仁，如乐何？（《论语·八佾》）

这个"仁"，才是孔子思想的核心，他终于在这里找到了礼、乐传统的内在根据。本来，礼的主要内涵就是两方面的，一是区分上下、尊卑、亲疏、远近使之有差别；二是协调上下、尊卑、亲疏、远近使之更和谐。前者重点在"分"，后者重点在"合"。后者的核心就是一个慈爱仁厚之心，只是这一面在当时没有被足够地认识和使用。而孔子则以"仁"这一概念使后者有了坚实的道德理性基础，因而加强了礼的协调功能，使原先等级森严的祭祀礼仪和制度转向充满温情的人际关系，也使礼的两面功能都得到了充分运用。

在这里，礼、乐是孔子思想中的传统部分，"仁"则是新的时代精神。这样，他一方面承继了礼、乐传统，整理了古代经典，另一方面又在承继与整理之际将一种新的精神"仁"贯注于旧传统之中。

由此可见，"仁"是孔子对旧的传统根据新的社会历史条件进行创新的结果。经此一番创新，为旧的礼乐传统注入崭新的时代内涵。所以说，孔子的"仁"是一个全新的观念，是中国古代思想史上的一个大突破。

颜渊问"仁"，孔子说：

> 克己复礼为仁。一日克己复礼，天下归仁焉。为仁由己，而由人乎哉？(《论语·颜渊》)

"为仁由己"的观念出现之后，以"仁"为中心的儒家思想体系正式形成了。

儒家以"仁"释"礼"，将社会外在规范转化为个体的内在自觉，开创了中华民族注重个体道德修养的伟大传统。

面对当时礼崩乐坏的社会现实，强调克己修身以恢复礼治，追求"礼"与"仁"的协调统一，既是个体道德修养的目标要求，也是社会治理的目标要求。

孔子以后的儒家，特别是孟子、荀子，对孔子思想所包含的两方面内涵都作了进一步的发挥，对仁、礼等各方面都有所发展。

孟子从道德理性的自觉角度强调了三点：

一是"仁爱"，即建设社会新秩序的重点不是礼而是"仁"，人与自然、人与社会、人与人之间的和谐是仁爱的根本。

二是人性中的良知，认为仁爱之心不是来自血缘关系而是来自本性，这种存在于人的内心的本性的善良仁厚不是血缘亲情的结果而是它的原因，也是人与禽兽之所以有差异的根本所在。只有保护和发展这种属于人类的良知，血缘关系、等级关系的和谐才有保证。

三是内省，即人内心的自觉。其名言就是"反求诸己"，就是讲所谓善恶是非，总根源都在人的内心，为了维护人的善良本性不至于泯灭，人应当时常反

省，形成良好的道德涵养和人格精神。孟子还由此提出"心之官则思"的著名命题，"心"在这里就是"良知"，"思"就是"反思"，道德良知常常反思反省，就能使人成为正人君子。

孟子的上述名言和见解，很自然地会让人想起欧洲大师康德关于"头上的星空和心中的道德律"的那句名言，因为这正好与孟子的"天道"与"良知"对应，都是一种道德理性主义。

与孟子差不多同时代的荀子则侧重于"礼"，但荀子的"礼"是反对血缘世袭结构的，主张按人的贤愚而不是按人的出身来安排等级。人们有爱，凭才能和德行去争取地位，从而使社会等级结构突破了血缘纽带，处于不断的变更维新之中；荀子的"礼"还带有浓重的法的意味，常将礼、法并提，德、刑并举。

总的看来，儒家立足于传统礼、乐的整理传承，而又对其进行了系统性和批判性的反省，使其中心思想发生了重大的变化和超越。旧的传统改变了，新的思想形态确立了，整个文化思想进入了一个崭新的、更高的境地。

与儒家同一时代或晚些时候兴起的道家"道德"观念，墨家"兼爱"思想，以及后起诸家，都是直接间接地从礼、乐传统中发展而来，虽然诸家所说春兰秋菊，各有所旨，但途殊而源同。用刘歆的话说，就是：

合其要归,亦六经之支与流裔。(《汉书·艺文志》)

二、由外在修饰行为向内在道德实践的转变

前述《天下》篇的作者把此前夏、商、周三代以来形成并发展起来的礼、乐传统统称之为"道",这个"道",从文化层面讲,表现为礼、乐、射、御、书、数等典籍,但从哲学层面上讲,则是一种自然、政治社会秩序,是自然、政治社会秩序的客观化和形式化。这个"道",在周王东迁以前,是自然存在的,政治的统治者只是秉持照办,故称之为"天道"。但东周以降,"周室衰而王道废,儒、墨乃始列道而议,分徒而讼"。由于礼崩乐坏,礼乐不再自天子出,而出自诸子百家了,故孔子斥之为"天下无道",原来在社会关系中专司礼乐职事的"士",现在无论从身份上,还是从心灵上都获得了解放,成为具有新的历史使命的知识分子,可以超越个人的工作岗位(职事)和生活条件的限制而以整个政治、社会、文化秩序为关怀对象了。

从此以后,在中国社会中,代表政治社会秩序的礼、乐等"道",与社会的实际的政治统治者分离了。新兴的知识分子阶层以"道"自任,而且相信"道"比统治者的"势"更重要。根据"道"的标准来批评政治、社会,就成为知识分子的一种社会责任。

但是,中国的知识分子虽自任以"道",但从一开始就面对巨大政治权势,承受着巨大的压力。因为中国的知识分子所代表的这种"道",从一开始就没有一个具体的、客观的形式作凭借,是无形的,除了知识分子个人的人格之外,"道"是没有其他形式保证的。"道"的庄严性,只有通过以"道"自任的知识分子个人的自重、自爱、自尊才能表现出来,因此,中国知识分子入世而重个人精神修养,便成为中国传统文化的必然选择和重要特色。

当然,知识分子以"道"自任,也是古今中外历史上的一种普遍现象。社会学家席尔思(Edward Shils)就曾指出,在各高级文化中,知识分子都因为他们所追求的是最终极的真理而发生一种"自重"(self-esteem)的感觉,无论这种"真理"是宗教、哲学或科学。但由于文化传统和社会历史条件的不同,中国知识分子以"道"自重的情况是发展得最普遍也是最强烈的。"在西方和其

他文化中,只有出世的宗教家才讲究修养,一般俗世的知识分子没有注意到此的。"①而且,中国知识分子所任之"道",始终都是以重建或完善政治社会秩序为主要任务的。但这个"道"没有一个具体的、客观的形式,不能像西方那样依靠一个人格化的上帝 Personal God),或者教会式的组织,而只能靠以"道"自任的知识分子的个体来彰显,所以孔子讲:

  人能弘道、非道弘人。(《论语》)

这样一来,作为知识分子的个人,在"道"的实现过程中所承担的责任是异常的繁重,故管子说:

  士不可以不弘毅,任重而道远。仁以为己任,不亦重乎?死而后已,不亦远乎?(《论语·泰伯》)

在这种情况下,为了保证知识分子个体足以挑此重任,走此远路,道德修养于是成为中国知识分子关键性的活动。因为责任重大,而客观的凭借又如此薄弱,所以,除了精神的修养以外,再无可靠的凭借足以保证个人对"道"的信持,因此,自孔子以降,道德修养便成为知识分子关怀社会人生的必要条件。

《论语》中有一段孔子关于君子修身的话很能说明问题。

  子路问君子。子曰:修己以敬。曰:如斯而已乎?曰:修己以安人。曰:修己以安百姓。修己以安百姓,尧、舜其犹病诸?(《论语·宪问》)

孔子所提"修己"首先是针对知识分子而言的,作用是"安人"、"安百姓",终极目的是建立政治社会秩序之"道"。但同时也应该注意到,"道"的重任虽在"士"的身上,而"道"的实现则是社会上人人分内之事。从这个意义上说,"修己"就是一个普适性的价值。

---

① 余英时《士与中国文化》,第122页。

当然，从儒家先贤以后的论述中还可看到，由于作为统治者的人君或帝王，在政治社会秩序中处于枢纽的位置，所以更有"修己"的必要，认为政治中心无"德"而能达到"天下有理"的境界是不可想象的。后世儒家特别强调皇帝必须"正心诚意"，原因便在于此。荀子论"君道"，一再说：

> 闻修身，未尝闻为国。臣下百吏重于庶人莫不修己而后敢安正。(《荀子·君道》)

以后《大学》所讲"自天下以至庶人，一是皆以修身为本"，正是源于荀子的上述思想。

修身之由外在修饰转化为内在道德实践，虽然最早由孔子正式提出，后世儒家在各方面都作了充分的拓展和发挥，但自孔子以来的诸子百家都讲修身，因此说中国知识分子注重修身者并不仅限于儒家。如《老子》第五十四章有"修之于身、其德乃真"的说法，《管子》一书原来有《修身》一篇，惜已早失；值得一提的是墨子，他讲修身，是专门针对知识分子的，他说：

> 士虽有学，而行为本焉。(《墨子·贵义》)

因为他认为知识分子在当时政治权势的重大压力之下只有"修身"，才可以坚定他们对于"道"的信持，所以他又说：

> 今士之用身，不若商人用一布之慎也。……世之君子欲其义之成，而助之修身则愠。是犹欲其墙之成，而人助之策，则愠也，其不悖哉！(《墨子·贵义》)

从这个论述中也可以看出，墨子强调"修身"与当时知识分子所处的政治社会环境是密切相关的。

当然孔子之后讲修身问题最透彻的还是孟子，他论"修身"强调三个方面的问题：

一是强调知识分子的出处辞受，须以坚实的精神修养作基础。《孟子·公孙丑》中的《知言养气》章说：

  公孙丑问曰：夫子加齐之卿相，得行道焉，虽由此霸王不异矣。如此则动心否？孟子曰：否。我四十不动心。曰：若是，则夫子过孟贲远矣。曰：是不难。告子先我不动心。曰：不动心有道乎？曰：有。

孟子的修身正是使他对权势"不动心"的根据。

二是强调修身养气可以得"道"，有了"道"，然后才能治天下。如《心术》所说：

  气者，身之充也。行者，正之义也。充不美则心不得，行不正则民不服。心安是国安也，心治是国治也。

《内业》篇又说：

  心静气理，道乃可止。……修心静音，道乃可得。
  治心在于中，治言处于口，治事加于人，然则天下治矣。

这都是强调要用个人的修养来保证"道"的真实性，以坚定一般人对于"道"的信念和持守。

三是强调"修身"要兼顾"穷"与"达"两个方面。他说：

  故士穷不失义，达不离道。穷不失义，故士得己焉；达不离道，故民不失望焉。古之人，得志泽加于民；不得志，修身见于世。穷则独善其身，达则兼善天下。

> 守约而施博者,善道也……君子之守,修其身而天下平。

孟子在此指出,"达"是得君行道,可以使天下治;"穷"则不为权势所屈,以致枉"道"以从之。尤其是"穷不失义","穷则独善其身"最为紧要,因为不如此,则个人不能维护"道"的尊严。

从以上论述可以看到,"道"乃中国文化所特有之概念,脱胎于殷、商、周三代以来的礼、乐等传统,是三代以来政治、社会秩序的客观化和制度化之总称。周王东迁以后,因为"礼坏乐崩","周室衰而王道废",以儒家为代表的诸子百家经过系统的批评反省,为"道"注入了"仁"、"义"等新的时代内涵。此后,经过包括孟子、荀子在内的历代学者们不断地拓展深化,一方面,"仁"是人的内在的道德自觉,是人的本质规定性,它凸显的是人的道德自主性;另一方面,"仁"又是"天、地、人、物、我"之间的生命感通,是"天下一家,中国一人"的价值理想。这种价值理想以"己所不欲,勿施于人"、"己欲立而立人,己欲达而达人"等"忠恕"之道为主要内涵,以"仁义治天下"、"以礼治国"、"礼之用,和为贵"、"四海之内皆兄弟"等礼仪仁爱原则为处世之方。以后,又进一步拓展推广成为人与人、家与家之间的和睦之道,推广成为宗教与宗教、文化与文化之间的和合之道,乃至推广成为人类与动植物、人类与自然的普遍的和谐之道,成为人与天地万物为一体的人生智慧。

当然,中国的"道"始终以人间政治、社会秩序为中心,直接与政治权威打交道,不具备任何客观的外在形式,"弘道"的责任完全由知识分子个人承担。在政治权势的巨大压力之下,知识分子只有用道德来"养心"、"修身",以自己内在的道德修养作"道"的保证,所以才反复讲"修身则道立",中国知识分子由此开辟了一块独立自主的道德修养的天地;以"道"为自任的中国知识分子自始至终的向往都是追求人间政治、社会秩序和人心秩序的和谐有序,所以《中庸》就讲:

> 知所以修身,则知所以治人;知所以治人,则知所以治天下国家矣。

后来儒家倡导的修、齐、治、平的路径更是明确地揭示了这一发展方向。

当然，中国知识分子重视个人的道德修养，而且自春秋战国以来的历朝历代政治统治者，也基本上是以知识分子个人"修身"成果作为取"士"的标准，从而促成中国社会和中国文化这一优秀大传统，共同推动中国社会、中国文化的不断发展。

当然，由于中国的"道"缺乏形式凭借的特殊历史条件，知识分子完全凭借个人内在的道德修养来寻求"道"的保证非常的不容易，在此情况下，要求所有的知识分子都保持以道自重的节操是不可能的。因此，就不能肯定他们人人在道德修养上都达到很高的境界，反而往往出现许多"枉道而从势"、"曲学以阿世"或"修身以取誉"的情况，《淮南子·主术训》就曾说道：

> 士处卑隐，欲上达必先反诸己。上达有道，名誉不起而不能上达矣。取誉有道，不信于友，不能得誉。信于友有道，事亲不悦，不信于友。说亲有道，修身不诚，不能事亲矣。诚身有道，心不专一不能专诚。道在易而求之难，验在近而求之远，故弗得也。

此处已明确显示出修身是取誉的手段。为了尽可能克服道德修养相关方面产生的负面问题，以儒家为代表的诸子百家又将"修身"问题向前推进，提出要"修身"须先正心、诚意，正如《大学》所说：

> 欲修其身者，先正其心，欲正其心者，先诚其意，欲诚其意者，先致其知。

马克思曾说：

> 人们自己创造自己的历史，但是他们并不是人们随心所欲地创造，并不是在他们选定的条件下创造，而是在直接碰到的、既定的、从过去继承下来的条件下创造。[①]

[①] 《马克思恩格斯选集》第8卷，第121页。

正如马克思所讲，中国知识分子正是基于中国"道"缺乏形式约束的条件下，开创了注重自我修养，追求人格健全的修身传统，并随着社会条件的变化，在这种寓开来于继往的过程中不断贯注新的时代内容，使其不断拓展和丰富，最终形成了中华民族最系统、最具生命力的优秀传统。

三、中国古代道德修养传统的形成与发展

如上所述，人的修养由外在的修饰转变为内在的道德实践，是在人类共同的生产、生活实践中产生、发展而来的。但作为一种文化，一种传统，是经过知识分子的概括、提升而逐渐形成、发展和延续下来的。

远古时代的人们对"道"、"道德"、"礼乐"等问题的思考和探讨，从认识对象说，是从对宇宙星空、自然万物、人类自身变化发展规律及人间、社会秩序的思考、认识开始的；从认识主体说，则是从人类最早的知识人和思想者开始的。

在人类早期社会中，"巫、祝、卜、史"一类人居于社会生活中心，是圣者和智者，是有文字传世以来的最早的知识人与思想者，"是古代文化和礼仪的持有者"[①]。

古代的"巫"字，是两个"工"字以直角交叉重叠。"工"是古代的"矩"，所以，原始的"巫"即操矩测天地者；与古"巫"者职能最近的是"史"，"史"字是手执一中。"中"在古代可能是笔。殷商时代遗存下来的十万甲骨中的刻辞，集中反映了那个时代脱离了具体的生产劳动、专门从事精神活动的"巫"、"史"们的集体的知识与思想状况。

从上古时代包罗万象的知识和思想中，我们能够深刻地感受到，从人类文明的起源处开始，人们就十分信仰、重视世间万物的秩序，并努力在观念中或形式上把它们秩序化。

一是神秘力量的秩序化。神秘的感受是伴随着人类产生就有的现象。把

---

① 《中国思想史》第89页。

神秘的感受表述为神秘的力量，进而想象为众神的存在，是人类早期的普遍现象。当古人把众神系谱秩序化后，就体现为不同的文化传统。

在中华文化的源头，我们可以在殷商卜辞中看到那时的人们不仅把神秘力量神秘化，而且已组成一个有秩序的神的谱系。在这个谱系中，最重要的是当时神灵世界的最高位"帝"。"帝"在甲骨文中的本义是花蒂。花蒂是花的中心或依托，是花的根本所在。所以，"帝"的语源意义是生育万物。而在人们的认知世界和想象中，"帝"则为诸神之神，是一种超越了社会与人间的自然之神。在"帝"之下，有日、月、风、云、雨、虹、东母、西母等等的诸天神，有社神、灶神等等的诸地神。

二是祖先崇拜及其与王权结合产生的社会结构的秩序化。首先是由对人类自身起源的好奇与探索，形成对祖先的重视，对子嗣的关注，看到自己的祖先、自己、自己的子孙的血脉在传宗接代的延续中流动，就有生命之河流永恒不息的感觉，觉得自己的生命，生命的意义在扩展，扩展为整个宇宙。而墓葬、宗庙、祠堂、祭祀活动的各种仪式等等，都是通过对已逝的祖先和亲人的追忆和纪念，来实现亲族联络、血缘凝聚和文化认同的。等级有差的祭祀制度，使得当时的人们把生物复制式的延续与文化传承式的延续合二为一，家族的，社会天下的结构逐步地走向了秩序化。

三是在人类早期知识系统中，除了当时对外部宇宙的认识（如星占历算之学），对自身生命与身体的认识（医药方技之学）外，就是区分血缘等级秩序和维护社会伦理秩序的知识（祭祀礼仪之学）。

早期的知识人和思想者正是在对这些秩序的认识、整理和逐步完善的过程中，归纳形成了一系列概括性的伦理道德规则、规范和礼仪、礼乐知识等等，当这些规则、规范和知识普遍获得人们一致的承认和认识后，反过来成为指导人们行为的各种礼仪规范，成为判断人的行为是否合宜、是否道德的重要标准。

随着社会实践的不断发展，人类认识的逐步深化和拓展，各个时代的知识人和思想者对上述问题的探讨、阐述不断深化、丰富，从而形成了异彩纷呈、各具特色的关于道德修养的思想和理论。

中国传统道德修养理论及实践历经数千年发展积淀，形而上地凝聚为以儒、道、释为代表的三种基本理论形态，中国古人道德修养历来遵循"以儒治世、以道修身、以佛修心"的基本模式。

从道德修养的目标追求看，儒家以积极入世思想观念，推崇和倡导"修身、齐家、治国、平天下"的价值取向，以道德修养来达到"内圣外王"，成就"圣人气象"；道家以清静无为思想观念，推崇和倡导"无为而无不为"，同于大道，同于自然的价值取向，追求人与自然的和谐和人对天道的归附，以"返璞归真"来成就"真人"、"至人"；禅宗作为中国化的佛教，以成佛证果的宗教目的，努力修炼一种"平常心"、"顿悟成佛"的心理状态，力图通过超越生死来达到佛我同一的境界。虽然各家的价值观不尽相同，各自修养的目的、手段亦各不相同，但在实现自我超越，实现生命价值的升华上却有许多共同的本质属性。这就是要在各自的人生修养中实现人的本质、本质力量和理想，在对各自存在的确认中实现对生命本身的超越。

儒家思想中的道德修养理念，旨归是入世进取，是建功立业，意图通过"内圣"达到"外王"，通过"修身"达到"齐家、治国、平天下"；儒家思想中的道德修养理念比较平易合理，使朝野都能接受，满足、适应了承平时期凝聚人心，积极有为地推展事功的需要，大体上与民众的稳定和平、淳化风俗的愿景相适应，其积极意义是主要的。但入世进取，自强不息只是个体生活的一个维度，过度地强调进取有为，谋利计功，一是可能走向私欲膨胀和恶性竞争，二是在个体遭遇挫折与失败时灰心彷徨，无法解脱，导致精神失衡。

道家思想中的道德修养理念，强调要摒弃世俗的名誉功利之想和人为的智巧机心，认为"含德之厚，比于赤子"，理想的道德境界应像婴儿一样，纯洁高尚而又充满生之朝气和力量，从一个侧面表达了人类超越必然，追求自由的愿望，从一定意义上说是一种终极关怀的思想。它能引领人们超越日常吃、穿、住、行的世俗生活和感性欲望，进入到对终极价值的思考中，从而化解人们日常的纷扰烦恼和无谓争端，达到个体心理和社会心理的平衡。

儒道两家道德修养理念的这种互补、互渗和互融性，不仅构建了中国传统文化的主干，而且还构建了中国人人格心理中动与静、显与隐、入世与出世、有为与无为、进取与淡定相对的基本格局。

"入为儒、出为道"，千百年来已成为中国传统知识分子的人生信念。

同是道家代表人物的庄子认为，理想人格就是道的化身，道就是理想人格的标本。

庄子一方面主张自然无为，另一方面又赞美技能和人为修炼。在庄子的这种天道与人道对立矛盾中，存在一个修养论。正是这个修养论的中介和桥梁，才使庄子的天道与人道的悖论走向了统一。这样一来，庄子的理想人格就不是自然无为生成的，而是通过人为的修身养性乃至艰苦磨难才形成的。

庄子主张自然无为，破除对待和区别，但这种自然无为却并不是向原始混沌的简单回归，而是进入了一种新的更高的精神境界，是由"人之道"生发出来的对"天之道"的向往和追求，实际上相当于黑格尔所说的"精神的创造"，是修养的实绩。所以说，它不是被动的反映和简单的回归，而是积极的创造和卓越的超越。

庄子的"天道"无为而尊于"人道"有为而累，既是对立的，又是统一的，是在人的不断修养、修炼过程中统一起来的，因此，作为一个有理想、有使命感的人，欲达无为之境，首先必须有为努力，欲任性自然，首先必须做炼养的功夫。

长城，是中国人祈求和平的象征，给中华民族带来长久的心理上的安全感。

中国传统道德修养理论与实践的核心内容

中国传统道德修养理论与实践以儒家修养理论为主要内容，同时含蕴道家、法家等道德修养思想和理论精华，还吸收了佛教有关心性的思想理论。它们在相互影响、互相吸收的同时，又依据各个时代社会经济、政治发展的实际而不断地深化、拓展，其底蕴丰厚，源远流长，不仅对中华民族形成发展发挥了积极而深远的引导和整合作用，也给我们今天的现代化建设提供了非常丰富的可供借鉴的道德文化资源。特别是那些经过长期积淀形成的、古今一以贯之的、在今天仍然发挥积极影响的道德修养的思想、理论和道德规范，如"仁者爱人"的道德情怀，"仁民爱物"的责任意识，"失信不立"的立身、进德、修业思想，"己所不欲，勿施于人"等涉及人类基本道德的一些普遍资源甚至可以直接继承运用。

为了有益于人们的道德实践，作者在此选取了中国道德修养理论与实践传统中大家比较熟悉的几个方面，就其主要内容、实践意蕴和现代修养价值等加以简要分析，以期有益于大家的德性修养和道德实践。

一、统摄涵盖诸德的"仁爱"思想

中国传统文化所推崇和大力倡导的"仁"或"仁爱"思想，是"德"或"道德"理念的另外一种版本，在轴心时代的思想家及其以后的经典文献、理论阐述和道德修养实践中，一直是作为道德或德性的同义词来使用的，是道德德性的代名词。

"仁"的观念在春秋以前就有，《诗经》中，一个贵族猎手被称赞为"洵美且仁"、"洵美且好"、"洵美且异"、"洵美且武"，有学者由此认为，"仁"的原始含义是"男人的"、"男子气概的"或"阳刚的"，是指男人的一种特殊品质。也有学者指出，"仁"是殷周时代贵族集团常用来把他们自己与庶民区别开来的一种术语，也是指所有有教养的人所拥有的优秀品质或卓越精神[1]。所以，"仁"在孔子之前，就是一种美德的代称，经孔子的发掘、拓展和提升，为其注入新的时代内容，将"仁"的内涵深化为以道德理性为基础的"仁者爱人"，即一种基于人性自觉的互相体谅与尊重的德性。仁爱由此成为具有人类文明总体发展意涵的重大范畴，成为各种美德的总根源，理想人格的总称谓，成为人

---

[1] 由此可见，还在人类早期阶段，东西方文化关于人的道德德性的原始含义是如此惊人地相似，在古希腊，作为道德德性的arete，是指一个人所能够具有的所有方面的优点，如道德、心智、体魄、实践等各个方面，尤其是男子气概的才能、刚毅、勇猛和英勇等等。正是从男子气概的含义上，arete在拉丁文里被译为Virtus，英语中被译为Virtue，中文则被广泛地译为"德"或"德性"。

生的意义和价值所在。

经孔子拓展和提升后的仁爱，首先是对血缘亲情的爱，对父母、兄长、弟妹、儿女，要孝悌、恭顺、敏慧、宽容，再把这种以血缘亲情为基础的爱进一步扩展到社会，就是对君王要忠，对臣下要爱，对朋友要诚，对一切人都要讲"忠恕"，就是"己欲立而立人，己欲达而达人"，既要承认自己欲立欲达的愿望，又要尊重别人有立有达的权利和愿望；就是"己所不欲，勿施于人"，凡是自己不想做的事，也不要强加于别人身上。如能做到这些，就能使家、国都能够和睦、有序发展。

这种方法，把自我的完善、自我的实现同关爱、帮助他人，完善外部世界结合起来，从而达到"在邦无怨，在家无怨"的和谐境界。

经过孔子注入新的内容的"仁"，基本上可以区分为总体德性之"仁"和特殊德性之"仁"。作为一种特殊德性，"仁"与义、礼、智、信、勇、诚等构成一系列的德性或美德组合，它强调的是对他人的爱；作为总体德性之"仁"，指的是一种蕴含所有其他道德特性的无所不包的德性，所以在中国文化传统中，国家政治主张的核心是"仁"，社会治理的终极目标是"仁"，个人道德修养的最高境界也是"仁"。

孔子"仁"的理念是其"德"的理念的一种版本，"德"与"仁"可以互用，一个有德之人也就是一个仁者。孔子的仁德思想经过孟子、荀子等在内的历代思想家们的不断阐述发挥，逐步发展成为一个相对独立的、庞大的思想理论体系，具有非常丰富的道德思想内容，主要包括：

1. "仁者人也"的人性自觉

从语源学看，"仁"从人、从二，指两个人以上的关系，是从人与人之间的关系引申出来的行为规范和道德原则。它强调人是同类，提倡人与人相亲相爱，是人对自身存在的觉醒和对人

的本质的理解,是人的内在的道德自觉,凸显的是人的道德自主性;在凸显人的道德自觉的同时,还强调"仁"是"天、地、人、物、我"之间的生命感通,是"天下一家,中国一人"的价值理想。这种价值理想以"己所不欲,勿施于人"、"己欲立而立人,己欲达而达人"等"忠恕"之道为主要内涵,以"仁义治天下"、"以礼治国"、"礼之用,和为贵"、"四海之内皆兄弟"等礼仪仁爱原则为处世之方。以后,又进一步拓展推广成为人与人、家与家之间的和睦之道,推广成为宗教与宗教、文化与文化之间的和合之道,乃至推广成为人类与动植物、人类与自然的普遍的和谐之道,成为人与天地万物为一体的人生智慧。

人的存在具有二重性,既是个体的存在,又是社会的存在。人是个体的存在决定着其具有自身独特的利益和需要;人是社会的存在又决定着其具有维护社会存在和发展的需要。从本质上说,人是社会的存在,其个体的存在、独特的利益和需要都决定于社会,被社会所规定,并依赖于社会的发展。个体的利益只有在社会中才能实现。对于人和社会的这种关系,中国文化传统立足于以农耕为"本务"、以家庭为"本位"的社会现实作出了自己独特的思考。它历史地表明,个人是不能够离开他人而独立存在的,小我只是大我中的一分子,任何人只有在他人、大我中才能确认自己的本质,肯定自身的价值。正是以这种对人的社会本质的自觉为人性论前提,儒家建构起以"仁"为核心的道德规范体系。它高于其他规范并统摄、涵盖其他规范,其他各种道德规范都是"仁"在不同方面的具体表现,从各自不同的方面体现"仁"的原则和精神。以此为前提,形成了重义轻利、先公后私、杀身成仁等道德精神。

2."仁者爱人"的道德情怀

"仁"虽然具有多种含义,但其核心和主要内容是爱人。"樊迟问仁,子曰:爱人"(《论语·颜渊》);孟子则更明确地说:"仁者爱人"(《孟子·离娄下》)。"仁者爱人",其基本的要求,是由主体自我做起,树立主体性人格,从内圣仁的自我修养,到家庭仁的实践,再到外王仁行天下,贯穿着爱人而人人互爱的道德情怀。

以爱释"仁","仁"就是一种积极的道德情怀。这种仁爱是指向他人的,就是每个人心中都有他人,在处理人际关系时亲爱他人,尊重他人,做到与他人友善。所以它不仅是一种情感，也是一种意志、行动和义务。因为心中有了爱，就必然为爱所驱使，为所爱的人做奉献、尽义务，关心他，爱护他，具有高度的自觉性，体现了爱之义务的纯道德性，从一开始就奠定了中国文化传统中伦理道德的利他主义价值导向。

爱是世界各民族伦理、各文化系统都倡导的、具有普世意义的重要价值观念，但各民族、各文化系统所强调的侧重点是有所不同的。古代欧洲以亚里士多德为代表，强调一种建立在个体平等基础上的友爱精神，后来的基督教则强调博爱，一种建立在人人在上帝面前都是兄弟姐妹理论基础上的博爱和泛爱。中国传统道德修养理论与实践提倡和强调的是一种由"亲亲之爱"扩充和提升形成的爱，血缘亲情是仁爱的自然基础，"亲亲"是仁爱的要旨和根源。

当然，中国传统道德修养理论与实践并不是主张将仁爱止于亲亲，而是提倡由亲亲推及社会其他成员乃至自然界，即自爱——亲亲——仁民——爱物。其中不仅有人类之爱，也有宇宙之爱；既有社会伦理，也有生态伦理。是一个由己及人，由人及物，由近及远的生生不息的流通过程。

仁爱作为一种积极的道德情怀，其行为模式或方法，就是"忠恕之道"，就是通过将心比心的体验去爱人、爱物。它的基本精神就是"己欲立而立人，己欲达而达人"，"己所不欲，勿施于人"。意思就是在处理人际关系时要设身处地地为他人着想，像对待自己一样对待他人。到了后来，朱熹又进一步把它阐释为"尽己之谓忠，推己之谓恕"。所谓"尽己"，就是端正自己的道德立场，搞好自身的道德修养，培养健康的责任意识和道德情感；而所谓"推己"，则是尽己的目的。

中国传统道德修养理论与实践主张兼善天下，它以人的完善为道德修养的最终目的，但认为人的完善并非仅仅是对自己本真之性的觉悟，而在于人的

价值,特别是社会价值的实现。因此,检验一个人是否真正有道德,不是看他说得如何,而是要看他能否将自身内在的道德扩充于外,即按照自身至善的本性去对待他人。只有把他自身的德性付诸实践,使自身的一言一行符合道德,能够给他人给社会带来利益,才实现了自己的道德价值,也才称得上道德完善。这一行为模式的积极因素在数千年发展的历史进程中,已经积淀为中华民族设身处地为他人着想、与人为善、先人后己、宽人严己的民族精神和优良品格。

3. "仁民爱物"的社会责任

中国传统道德的仁爱思想,起点是"自爱"、"亲亲",但落脚点和归宿却在他人和社会。它不以独善其身为终极目的,而主张经世致用,特别要求在道德实践上"安人","安百姓","忧以天下,乐以天下";强调仁民爱物、民胞物与、德治仁政、以身任天下等等,就是提倡和要求人们要尽自己的社会责任。所谓"修身、齐家、治国、平天下",就是把个人的安身立命与天下兴亡、百姓福祉联系在一起。这种在个人的道德实践中能够摆脱小我局限,自强不息,刚健进取的道德修养要求和境界,造就了中华民族"天下兴亡,匹夫有责"的伟大民族精神。中国历代先贤圣哲都以治国、平天下为己任,凸现的正是道德主体的历史使命感和社会责任感。

中国传统道德修养思想还认为,每个人生活在社会中,总是扮演着特定的社会角色,承担着特定社会的职责和义务。社会对每个人都有某种角色期待,这种角色期待既是对某一特定个人的要求,更是对某一类角色的要求。这种对某一个或某一类特定社会角色所提出的各种道德要求,在中国古代就叫

"礼",所以,"克己复礼为仁"的命题,揭示的也是人们在社会中的责任。中国古代的"礼",不仅规定了在社会结构和秩序中的各种角色的社会身份及社会地位,还详细规定了他们各自不同的行为规范,提出了不同的社会道德要求。"克己复礼"就是要求道德主体要克制自身非理性的私欲和缺陷,认真履行自身应尽的社会责任。

4."杀身成仁"的牺牲精神

"仁"作为中国传统道德修养理论与实践的中心范畴,在传统道德规范体系中居于统摄涵盖其他所有道德规范的地位,是人的价值的根本之所在。作为道德修养的目标要求和修养境界,它甚至高于个人生命的价值,所以有古今"志士仁人,无求生以害仁,有杀身以成仁"的命题。生命之所以有价值,就在于它能够体现仁,实现仁。为了实现仁而不惜牺牲自己的生命,正体现了生命价值的光辉。把这种要求和境界落实在现实层面上,就是公私之分,即明确个人利益与社会整体利益的关系。中国传统道德修养理论与实践处理两者关系的原则是先公后私,大公无私。先公后私,就是在个人利益与社会整体利益发生冲突时,个人利益应该服从社会整体利益,在行为方针上以社会整体利益为首要的、最高的原则。中国传统文化中的天人合德命题,实质上就是这种观点,它把个体的我分为小我和大我,认为小我是渺小的、暂时的,大我才是崇高的、永恒的;相对而言,小我是私,大我是公,天人合德就是消除小我之私而与天德合而为一。这里所谓天德、天理的实质,就是对社会整体利益的理论抽象和道德概括。正因为如此,中国道德修养传统主张为国为民兢兢业业、鞠躬尽瘁;在国家存亡、民族危急的关键时刻,要能够舍身保家卫国。

5."博施济众"的人生理想

中国道德修养传统中的"仁爱"思想,既是道德的起点,又是一个需要不断修炼和追求的至高境界。它从两个层面要求一个有道德、有修养的人不仅要有遵守社会道德、履行社会责任的义务,而且要对社会有更高的义务,即奉献社会,促进社会的进步。

第一个层面就是在政治层面上,要求在位者,如君王、君子、贤达等等,要具有"博施于民而能济众"的道德情怀，不仅要在思想上具有养民、利民、富民、惠民、博施于民的德性，而且在政治上要实行仁政，省刑罚，薄税敛，无夺农时，使民不饥不寒，"仰足以事父母，俯足以蓄妻子，乐岁终身饱，凶年免于死亡"（《孟子·梁惠王上》），进而"乐民之乐，忧民之忧"，为民父母。

第二个层面就是在个体层面上，要求一切"以天下为己任"的仁人志士，都要把仁爱之心不断地扩充，尽可能地做到为天下苍生谋利，先天下之忧而忧，后天下之乐而乐。

中国传统道德修养理论与实践中的"仁爱"精神所倡导的博施济众、天下为公的思想，与我们今天所倡导的为人民服务具有内在精神上的一致性，两者一个在历史的层面上，一个在现代的层面上把中华民族的优良的道德精神一以贯之，并使它们得到时代的弘扬和科学的升华。正因为如此，我们今天所大力奉行的为人民服务、集体主义的人生观和道德观，才能得到全民族的认同，才具有强大的感召力和生命力。我们今天的每一个人，特别是年轻人，要想成为一个有道德、有作为的人，就一定要抛弃一己之私，要有宽广的胸怀以及为天下苍生和民众谋福利的理想。

二、注重社会阶层秩序和个人责任的义理思想

中国传统道德修养理论与实践中的"义"，最早是从"仁"中绅绎出来的、用以评判"仁"的标准或标准体系。"仁"的观念虽然源自人心，但"仁"的要求一旦形成为社会公认的价值标准，就与"仁"异化成为外在于人的价值评判标准，这就是"义"。当然，"义"作为外在于"仁"的价值评判标准，在很多情况下是与"仁"作同义语使用的，如"仁义道德"、"孔曰成仁，孟曰取义，唯其义尽，所以仁至"，等等，"义"与"仁"一样，可以看做是一切道德或德行的总称。由于在实际的道德生活实践中，"义"的使用范围广、普及程度高，所以在普通百姓当中，"义"在很多情况下就是道德的代名词。

由此可见，"义"由最早作为"仁"的标准而逐步发展为相对独立的道德思想体系，亦具有非常丰富的道德思想内容，主要包括：

1."义以分则和"的社会阶层秩序思想

马克思主义认为，一定的道德观念总是当时社会关系的产物。传统中国是一个宗法等级社会，中国传统道德修养理论与实践中的"义"，正是这种宗法等级关系的集中反映，是对等级区分、等级权益的尊重和维护。

孙中山

儒家代表人物荀子有个基本的观点认为，人类之所以能成为万物的主宰，是因为有社会区分，使人依照不同的身份角色组织起来，建立秩序。社会区分要顺畅运作，就要以"义"为基础，所以"义"的精义乃是社会区分的原则。在当时的社会条件下，这种宗法等级关系就是最大的人伦和社会秩序，正当的社会生活就表现为这种阶层化的等级秩序。作为道德规范的"义"，就是要求社会成员通过个体的学习与修养，善尽自己角色的责任，尊重和维护这种秩序。这既是一种道德责任，又是一种道德德性，是人的道德义务自觉。

人的生活是社会性的生活，社会生活必然在客观上需要一定的社会秩序，这也是马克思主义的基本观点。但对什么是合理的社会秩序及其法则，不同的社会、不同的时代乃至不同的文化传统其标准和要求是不同的。传统中国社会秩序的基本精神和原则是等级制的，这与现代社会的观念和原则是不同的。我们今天所生活的社会是一个现代化、全球化的社会，倡导平等的价值观和道义原则，是当今时代人类的共同理想。人人坚持并践行平等、公平原则，共同建设并维护一个祥和、稳定、和谐的社会秩序，是我们每个公民的基本社会义务和做人的美德。

2．天下公义的超越理念

传统中国的基本社会秩序是等级秩序，作为这种等级秩序道德规范的"义"所表达的主要是统治阶级的、主流的、正统的意识形态。但在实际的社会道德生活实践中，它在表达这种占主导地位的社会等级秩序之外，还同时表达着一种更为超越和普遍的天下公义的理念。如追求人间普遍幸福的大同世界的理想，希望人人都有普遍的关怀，能够照顾他人的家庭为他们出财出力；关怀民众疾苦，实现社会公义，为天下人谋求利益和福祉，认为做人的最高成就就是"修己以安百姓"；范仲淹的"居庙堂之高则忧其君，处江湖之远则忧其民"，既有对等级秩序的义的尊重和维护，又有对天下公义的自觉。正因为这种对天下公义的自觉，才有"先天下之忧而忧，后天下之乐而乐"、"天下兴亡，匹夫有责"的时代强音。

传统中国社会中的天下公义理念，包含有较多的理想性、民主性、科学性因素，体现出社会成员个体追求社会公平、正义的理想和社会责任感，是我们今天的道德修养理论与实践应该继承和吸收的精神元素。

3．"明于天人之分"的角色责任意识

作为合理的社会秩序道德规范的"义"，它不仅仅是关于这种社会合理秩序观念本身，还是力图维护这种社会合理秩序的道德义务、角色责任和道德律令。

任何一种社会秩序都是建立在人与人关系基础上的，所谓维护社会秩序，其实质就是如何正确地处理好人际关系。人际关系是一个复杂的系统，每个人都在这种人伦关系中充当某种社会角色。传统中国又是一个人伦本位、关系本位的社会，非常重视人在这种关系中的身份角色。很好地履行这种角色的责任，不仅是客观人伦秩序的需要，也是处在社会关系中的人的社会道德责任。所以，角色责任具体表达了传统中国社会中人的责任和义务。这种责任和义务以某种伦理要求和规范的形式表达出来就是"义"。虽然人的角色会随着人生际遇和关系的变化而变化，人的角色责任的具体内容也会随具体情况的变化而变化，但履行一定合理秩序基础上的人伦道德义务是绝对的。

儒家代表人物荀子认为，等级差别的礼仪制度必然要求人要有"职分"的区别意识。荀子认为，从天人相分到人与人相分，人与天之间的合理与公平就是人不与天争职，明于天人之分，就可以称之为"至人"；同样，人与人之间的合理与公平就是人人安于自己的职分，使君者为君，民者为民，商者为商，农者为农。理想的社会关系，就是每个人都尽心尽力，"行其事，谋其政，尽其本分"，正所谓"君君、臣臣、父父、子子、兄兄、弟弟一也，农农、工工、商商一也"（《荀子·君道》）。

当然，中国传统道德修养理论与实践中的这种角色伦理思维注重强调角色责任而忽视角色权利，这与现代社会所倡导的权利义务观念是不同的。我们今天所生活的社会是一个现代化、全球化的社会，现代道德修养是基于权利与义务相统一的基础之上的，是一种更具普世性和社会制度关怀的伦理思维方式。我们在汲取传统道德修养思想中角色责任意识的同时，还要积极关注和重视个人的角色权利，为传统的角色责任理念注入新的时代内容，使其更具有时代特色。

4. 凸现责任义务的修养境界

我们今天所生活于其中的社会，是一个现代化的社会，现代生活的社会化、广泛性、多元化、快节奏，使现代道德修养具有某种普世性、底线性，它只要求社会成员既维护自己的正当权利，也履行自己作为一个公民和现代社会成员所应尽的基本责任，做到基本的道德，以维护社会生活的正当秩序。所以，权利与义务相统一是现代道德修养的基本精神。因此，从现代道德修养的一般要求看，我们应当力求坚持权利与义务的统一；但道德修养的目的不能仅限于尊重和维护合理的社会秩序，它还有提升人格，促进人的自我完善和自我实现的任务。从这个角度讲，中国传统道德修养理论与实践中强调义的自觉性、内在性的内圣精神，义以立人、义以立节的思想，"三军可夺帅也，匹夫不可夺志也"的人格独立精神，君子谋道不谋食、忧道不忧贫的对道义价值的尊重和维护，"富贵不能淫，威武不能屈，贫贱不能移"的大丈夫精神，"杀身成仁、舍生取义"的道德至上精神和人格气节，都是我们在社会主义现代化建设过程中进行道德修养、提升全民族道德素质、道德境界的宝贵精神财富。

三、注重社会、人心秩序协调和谐的礼治思想

中国道德修养理论与实践传统中的,"礼"与"仁"、"义"一样,既是与其他道德规范并列的具体的道德规范,又是具有某种普遍意义的道德规范。有的甚至认为"礼"乃是"道德之极"、"人道之极",即最高的道德规范。

在中国古代,"礼"其实是先于"仁"而出现的伦理范畴,源于原始宗教的祭祀活动。在孔子之前的上古时代,人们在对土地、祖先的怀念、信仰和祭祀中,逐渐形成了一套繁复的礼仪制度和礼乐传统,历经神话文明乃至夏、商、周三代的不断完善,形成系统的礼、乐文明。人们在礼、乐文明中获得秩序的感觉,享受生活的安定。

到了春秋时期,由于出现"礼崩乐坏"的局面,儒家创始人孔子为当时已经日渐衰败的礼乐传统注入新的时代因素,使其具有政治、文化、道德等多重意义。在政治,它是一种典章制度和法度;在文化,它是一种观念和习俗;在道德,它是普遍的道德规范和礼仪、个人的礼节和礼貌。礼的要求因此遍及于社会生活的各个方面,举凡社交礼仪、生活标准、政治秩序、风俗习惯等等,无不包括在内。小到包括古代衣制的宽广、长大、肥硕等等,都是按"天大地广"的仪礼需求来设计穿着,是德性、德行、德政的一种符号显现。礼在中华文明发展的相当长时期内,既是相对柔性的普遍社会规范,又是相当强硬的宪政法律制度,还是弥散化的主流意识形态,其功能是综合性的,主旨都是在于防止因利益、激情甚或无知而导致的各种身份、名分的僭越,它维系着家庭、家族乃至整个政治制度的稳定和社会的有序运行。

这种集各种层次、各方面功能的礼在总体上构成了中国古代社会的"礼制"体系和"礼治"传统,实际上是一种制度化的社会治理方式。它虽不同于现代意义上的法治,但具有法治的许多内涵。因为从政治上说,它就是一种政制,是相当强硬的宪政、法律制度。有一些国外学者(如韩国的咸在风)就把中国的礼治称之为宪法主义。而且相对于法治来讲,礼治还具有更宽广的作用,它不仅规范人们行为的起点,也规范人们行为的全部,乃至人们的观念意识;它不仅规范人们在社会生活中的行为,还延伸到家庭、族群并扩展到人类的

世界之外。它也不同于我们经常所说的人治，因为礼治不是根据个人的好恶维持社会秩序，而是整个社会历史传统在维持社会秩序。

融国家典章制度、观念习俗和道德规范于一体的"礼"，是中华文明的独创，是中华文明区别于世界其他文明的重要标志之一，为多民族大一统中华民族的形成发挥了非常独特的作用。钱穆先生曾指出，西方语言中没有礼的同义词，也没有礼这个概念，西方只是用风俗之差异来区分文化。所以欧洲地域特征就是"小国寡民"，直到近代才形成若干民族国家。而在中国，东西南北风俗、习惯甚至语言可以彼此歧异，但礼制、礼仪是一样的。中国各地的习俗、语言差别之大，并不逊于欧洲各国之间的差异。但数千年来，不管周边的任何民族如何侵扰甚或掌控中央政权，中华民族不仅没有走向分裂或衰落，而是更加具有凝聚力和辐射力，就是因为各地域、各族群在一个更高的层次上的认同，即在礼的层次上的认同。

在中国传统道德修养理论与实践中，"礼"与"仁"是两位一体的，"仁"的内容是"非礼勿视，非礼勿听，非礼勿言，非礼勿动"。即要做到"礼"，就必须符合"仁"，"仁"是社会道德，"礼"是政治制度，"礼"与"仁"融为一体，使内在的道德修养与外在的制度规范巧妙地结合在一起，从而实现政治的稳定和社会、人心的协调和谐。

当然，作为具体的道德规范，把"礼"与"仁"放在一起比较，仍然存在较大的差异。"仁"更多的是人们的内心修养和道德自律，是人的内心精神层面的修炼；"礼"则是一种制度与规范，是对人的外部约束，是一种外在他律。从人类道德生活的实际看，道德本质上是外在他律与内在自律的统一。道德在最初起源时，首先是外在他律，只有经过人的道德自觉（道德修养），外在他律才能转化为内在自律，礼先于仁而产生正好说明了这一点。因此，作为独立的道德规范，"礼"也有它独特而丰富的思想内容：

1．"礼之用，和为贵"的社会秩序协调思想

"礼"在传统中国文化、道德中的具体内容虽然非常广泛，但其核心主要是两点，即在社会政治层面，它是立国之本；在个人道德修养层面，它是处世法则。

作为立国之本的"礼",在中国古代社会具有"法制之名",其宗旨还是在于维护社会的等级制度。但这种维护与"义"有所不同,"义"是对这种宗法等级关系的集中反映,是对等级区分、等级权益的尊重和维护;而"礼"则是对这种宗法等级关系的辨别和规定,是对宗法等级关系的分、别、序,使其有序化。因此,分、别、序就是礼的根本精神和原则。它认为一个社会的物质财富、特权地位等经济、政治资源是有限的,为了人群社会的整体利益,就必须要确立"贫富贵贱之等",规定"度量分界",使每个人都居于一定的等级地位,并按各自的等级地位获得自己应得的利益。礼正是依据这种情况而做出的规定、确立的规范,并要求人们自觉遵从这些规定,由知礼而恭敬,由恭敬而尊让。如果人人都能够安于自己的等级地位,并尊重他人的等级地位,社会自然安宁。

礼作为道德规范,在强调等级区分,使人"明分"、"安分"的同时,还注重调和这种等级对立,提出"礼之用,和为贵"的重要思想和原则。认为一种和谐稳定的社会秩序既要通过等级区分来实现,又要通过等级调和来实现。为了实现等级间的调和,礼对人际关系的各方面都提出了相应的要求,如《管子·五辅》所讲:

> 为人君者,中正而无私;为人臣者,中信而不党;为人父者,慈惠以教;为人子者,孝悌以肃。

认为只有人际关系的各方都遵守各自的道德准则,等级制度才能稳固,社会秩序才能安宁。由此可见,礼对社会等级制度的维护,起点是分、别、序,其实质是以别异的精神强调人们固守自己的名分,按自己的名分去行动,安分守己,安伦尽分,"君君、臣臣、父父、子子",归宿是和谐、协调。礼的目的是致和,和是礼的目标和境界。这种重秩序、重和谐协调的精神和追求,在今天看来,也是有其合理性的,是任何一种社会秩序得以正常运转,社会生活赖以存在和发展的重要精神和原则。

2."不学礼,无以立"的人际关系协调思想

中国传统道德修养理论与实践中的礼,涵盖面很广。因为古代没有今天分

科的学问,举凡社会、政治、法律、伦理、宗教、艺术、哲学等等的学问知识,都包含在礼仪、礼节之中,而且均含有促使人向善、敦厚庄敬、协调和睦、克服人性负面因素的道德元素。如仪礼中的冠礼,在于明成人之责;婚礼在于成男女之别、夫妇之义;丧礼在于慎终追远,明生死之义;祭礼在于使民诚信忠敬,乡饮酒之礼在于联络感情,明长幼之序;射礼则是通过体育活动来观察德行,等等。所有这些,表面看,是一种仪式、知识、规范,但其中蕴含着对全社会成员具有约束力的信念和价值,对于稳定社会、调治人心、提高生活品质均有积极意义。

所以,古人视礼为立身之本,就是从个人道德修养的角度来促进社会的秩序化、和谐化,认为一个稳定和谐的人间秩序,总是要由一定的礼仪规范来调节,包括一定的等级秩序和礼文仪节,过一种有秩序的社会生活。这是因为,首先,人有礼方能免于粗野,成为文明人。正所谓"容貌、态度、进退、趋行,由礼则雅"(《荀子·修身》);其次,礼能够使人正心、诚意、修身,言行举止时刻有一种道德的自觉,从而有利于建立良好的人际关系。

从个人道德修养的角度看,礼的伦理精神实质一是敬,二是让。"敬,礼之舆也,不敬则礼不行"(《左传·僖公十一年》)。恭敬他人是持礼德的人对他人的一种态度,也是一种行为方式。有德之人应敬一切人,对一切人均应以礼相待。不仅敬贤人、能人、贵人,而且对不肖、无能者、贱者也不可轻侮、无礼;"辞让之心,礼之端也"(《孟子·公孙丑上》)。辞让、谦让,实质上是一种行为上的利益让度,它和恭敬是相辅相成、密不可分的,因为既有态度上的恭敬,又有利益方面的让度,才容易形成和谐有序的人际关系和社会秩序。

3. 礼乐并行、乐以成德的修养方法

人,既是理性的存在,又是情感的存在,所以,人的德性和德性修养,有一个不可或缺的或自发的情感因素。良好的、高尚的行为必然涉及真实的感受或情感。一个有道德的人或一个道德高尚的人，是倾向于正确地感受和正确地行动的人。一个人是否有优秀的品格，不仅依赖于他做什么，而且也依赖于他喜欢做什么，正所谓"知之者不如好之者，好之者不如乐之者"。知仅仅是了解，好才会有兴趣，才会自觉追求，而乐之者则以这种追求为满足、为快乐。人所具有的爱心、诚心、恭敬之心、辞让之心等等，需要有情感的付出；道德对人的心理和行为的约束，要能变为人们心向往之、情喜爱之的心理追求，需要有深厚的情感作基础；人们注重道德修养，从事正义的、伟大的事业，可能通达，也可能穷困，可能成功，也可能失败，尤其是在处贫、处困、处挫、处败情况下也能不改志向，保持乐观向上的精神状态，更需要情感的付出和撑持。所以说，德性修养犹如善良生活的艺术，它包括了良好行为之外的良好感受。

然而，如何才能够使人们以有爱心、走正道、追求伟大为快乐，像好色那样好德呢？古人很早就发现诗歌、音乐等艺术就具有陶冶人的性情，使人乐于为仁、成德的作用。

所以，中国传统道德修养理论与实践，经常将礼、乐并称，而且在修养路径上特别强调两个方面：

一是"志于道，据于德，依于仁，游于艺"（《论语·述而》）。就是说，一个人的修养，除了矢志不移、符合道德要求外，还要"游于艺"，即在礼、乐、书、数等具体知识、艺术的学习方面，能够熟练掌握，从容应对，达到一种"游"的境界。

二是"兴于诗，立于礼，成于乐"（《论语·泰伯》）。认为修身养性起于诗，立身之道在于礼，德性所成在于音乐，即从做学问开始，以能够用礼去处理人际、世事为立身之本，以音乐化或达于审美境界作为道德修养的最高境界。

音乐是人的内心情感借以表白的最自由的语言，是早在远古时代各文明系统就已经产生的文化、艺术形式。

古希腊人把音乐当做与天文、医学一样可以澄清人类心灵的工具，认为音乐不只是一组悦耳的声音的联合，还是许多具有确切内容的道德诉求；音乐的节奏和旋律所表现的纯洁、高雅、清明的风格，带有对人的美德及各种品质的模仿,"灵魂在倾听之际往往激情起伏"①。

中国的音乐文化,最早可上溯到9000年以前。1987年在河南舞阳出土的骨笛,就有近9000年的历史,而且可以吹奏出完整的五声音阶,其音准程度令人吃惊。据说上古时代的教育,因为没有文字可借助,主要在口耳相传,而以声感人最好的方法就是音乐。到了殷、周时代,学校仍然是学习音乐的场所。作为中华文明原典的《诗经》中,就有"琴瑟友之"的诗句,其中的琴,一直流传至今。

人类文明最早的音乐产生于先民的巫术歌舞。这种巫术歌舞不断发展,逐渐演变为原始先民祭神求福的祭祀活动。祭祀时,乐声不但能够激起人对神祇的崇敬之情,还能加强人与上帝之间的感应,所以古人说"圣人作乐以应天"(《礼记·乐记》)。古人祭祀,乐是灵魂,礼是仪式和规范。这种祭祀活动最初的作用,是为了沟通人与神的关系,后来又逐步拓展、演变,逐步延伸到人与人的关系之中,至周代经周公"制礼作乐",从而形成完备的礼、乐文化和系统的礼、乐制度文明。礼、乐结合,成为中国文化传统的重要特征。礼乐制度和礼乐文化渗透于中国社会生活乃至个人道德修养的各个方面,而音乐始终是这种礼乐制度和礼乐文化的重要组成部分。

中国上古时代的主要艺术形式还是音乐,轴心时代的思想家、哲学家们所谈的艺术,主要指音乐。古人以礼、乐并称,礼是行为规范,乐则可以使礼仪更加有序,并有舞蹈的节奏感,进而产生美感。所以《礼记·乐象》说:"德者,性之端也。乐者,德之华也。"在中国古代社会,礼乐是整个人文世界的象征。轴心时代华夏文化、文明的整合,实际就是礼乐文化、文明的整合。

乐是和谐的声音,礼是和谐的动作、仪式。"礼节民心,乐和民声","乐极和,礼极顺,内和而外顺"(《礼记·乐记·乐本篇》)。礼乐并行,是古代士人的理想生活,也是高雅生活;礼乐之国,是中国传统文化的礼治理想。黑格尔曾在《法哲学原理》中讲道,伦理是各个民族风俗习惯的结晶,民族是伦理的实体,伦理是民族的精神。如果说道德伦理是情感的规范,即道德伦理是使人的性情纯正、优雅、庄严和崇高的一种规范,那么,礼乐则是使这种性情纯正、优雅、庄严和崇高的外在形式。中国先秦的贵族,钟、鼓、筝、琴等

---

① 亚里士多德《政治学》。

是必备的家庭设施,战国时代的古筝及其他乐器,其精美细致,是今天的人们都很难想象得出来的。所以不仅在上古时代,而且在一切时代,音乐都是人们生活的重要组成部分。

礼乐并行,礼乐结合,实际上是礼借助乐要在人心中激发、培育一种圣洁的、虔敬的、同时也是中和的情感。因为行礼的乐,一般都是音色温润典雅,节奏舒缓适中,意境宏阔无际。礼乐所激发、培育的这种情感,能使人以虔敬、认真的态度对待生活,在人与人之间形成一种真诚、温馨的关系,是日常平凡琐屑的生活具有审美的价值,产生不平凡的意义。

正因为如此,中国道德修养理论与实践传统中,常常把音乐作为人的品格修养的重要资源,认为先民创造音乐,目的是以乐调心。用音乐来管理约束人的心灵,用礼治来规范维持社会秩序,两者有机结合形成和谐有序的人类社会。

所以中国道德修养理论与实践传统极其重视礼乐修养在道德修养中的重要作用,认为礼乐对于人类,犹如天地之于万物,具有本源的意义。"大乐与天地同和,大礼与天地同节"(《礼记·乐记》),乐有音调,有节奏,有强烈的感染力,高层次的乐音是天德的体现,闻声而心从,润物细无声。闻乐可以熏陶、涵养人的性情心志,从内心建立起德的根基,是入德之门。

在古代中国,乐还被视为至神至妙的统治之术。为政者到地方观乐、听乐,可以察知政情、民生;通过音乐把礼的内容内置于人心之中,成为人的生命的一部分,以达到一民心、齐民俗的效果。所以古代为官者重乐,士大夫作乐,民众爱乐、取乐能够很好并长久地结合。尤其那些健康高雅如高山流水般的乐声，能使演奏者、欣赏者都能够于悠扬和谐之中达到与天地、自然在精神上的相通相融，能够体会到人与神、人与天地万物沟通时的愉悦和崇高。音乐由此成为时代精神的一种象征，那些铿锵优雅的音乐被称为治世之音，而那些靡靡之音则被称为亡国之音。

中国传统道德修养理论与实践还极其重视音乐在社会治理中的重要作用，认为音乐与政治是相通的，观乐可知政情，听乐可知民生。广泛收集听取民间流传的音乐，可以感受到民众的生活是否幸福。所以上古帝王定期到地方巡守，地方官要按要求展示当地流行的民歌，作为述职的内容之一。《诗经》中的十五国风，就是君王从地方采集的民歌。

由此可见，中国文化传统中的乐，是德音之乐，具有特定的内涵和深刻的哲理，与现代意义上的音乐是不同的。礼乐相辅相成，两者关系形同天地，故说"乐由天作，礼由地制"（《礼记·乐记》），礼乐结合，是天地万物秩序的体现。

礼作为古代中国社会的"法制之名"、"人之规范"，是客观的、外在于人的一种他律，因为制度与规范都是外在于人的社会他律。但在中国道德修养理论与实践传统中，礼不仅是制度与规范，而且还被看做是美德和人的高尚品质。作为美德和人的高尚品质，礼德要求人的恭敬、辞让等等都要出于真心真情，贵在真诚。"礼者，所以貌情也"（《韩非子·解老》）。礼是反映、表达自己内在情感的，真正的礼应该做到"竭情"、"致诚"，将自己内心的真实情感通过一定的形式、仪则表现、表达出来。礼的本质不在其外在的形式，而在其背后的内容，礼的外在行为方式要以道德的内在情操为基础，"质胜文则野，文胜质则史。文质彬彬，然后君子"（《论语·雍也》）。

四、"以智辅仁"的仁智双修思想

智在中国古代与知通用，首先是指人对知识的掌握和人的认识能力的提高，是一种非道德性的认知或理智状态。作为一种非道德性的认知状态，它被有德者和无德者所共享；作为道德性的认知状态，即作为道德修养要求的智，则是人将自己的知识与认识能力运用于人生和人际关系实践而形成的一种人生与人际关系的智慧和品质，是一种实践理性和道德理性，是一个人行动、行为成熟的理智品质。

智或智慧在世界各个民族、国家的伦理文化中都是重要的道德命题，或称道德智慧。而"智慧"一词在古今中外始终具有道德与知性的双重意义。智慧包括生活的智慧和道德的智慧，而且强调生活智慧与道德智慧必须是有机联系的。因为智慧所要达到的目标必须是善良的、公正的和正义的。

智慧是知识的最高形式，是人类追求真理的顶峰，也是道德修养的至高境界，因为它可以使人心安理得地实现完美的自我；智慧是人们学习和修养的最终目的之一，这种学习和修养是一个漫长的过程，应包含人一生的思考、探索和广泛的实践活动。书本的学习与良好的教育有助于智慧的发育，但只有长期的思考、探索和修养，才可以形成心灵与性格的高超德性。

中西方思想家几乎都认为，智慧本身是一种十分重要的美德。在早期欧洲，有苏格拉底"知识就是美德"的著名命题，柏拉图则把智慧和理性作为道德基础。在中国道德修养理论与实践传统中，智是被看做是智、仁、勇的"三达德"之一和仁、义、礼、智、信的"五常"之一，是美德中最为重要的一项。而且智慧与个人体验、个人道德的有机成长是辩证统一的。因为德性来自于天性，人们求取智慧的过程，也就是遵循天命的过程。从此意义上说，智慧就不仅仅是一种精神状态、行为方式和心灵属性，而且是一种自我修养的过程和道德情操的"日新"。

智慧作为人的道德认识、道德判断和道德选择能力，它贯穿于道德修养的全过程。作为道德修养的一种要求和境界，它与仁共同构筑成为中国知识分子的理想人格。当一个人的道德修养达于至高境界的时候，他就能获得天与地、过去与将来的知识。对于大多数有修养的人来说，他们的远见卓识就来自于德性的修养，他们的先见之明亦得益于德性的修养。

在中国道德修养理论与实践传统中，掌握知识和提高认识能力虽然也非常重要，但它不是目的。格物致知的目的，是德性的提高和人格的完善。如果说一个人有智，在大多数场合不是指他对外部自然世界和社会有多么丰富的知识，而是说他人性、道德的自觉，有妥善处理人际关系和社会事务的智慧。中国传统文化中所讲的圣人，就是具有终极智慧的人，他们是在认知进步和道德修养各方面都达到所能企及的最高境界的人。

与西方智慧观比较强调自然之智不同，中国道德修养传统中的智慧观把知或智主要看做是一种人事之智或知人之明，是作为达仁、达义、达礼、达信的手段存在的。德性决定目的，智慧则着力于怎样实现目的，其关键是对人、事之是非有清楚的把握，对是否合乎仁、义、礼、信等善的价值目标的判断、选择和决定，是一种"以智辅仁"的仁智双修理论和实践。在具体的道德修养实践中，表现为一种超越的人生的大智慧，就是在眼前与长远之间能够看到长远的，局部与整体之间能够看到整体的，自我与他人之间能够看到他人的，从人类与宇宙之间能够看到宇宙的智。所以，智作为德性，是一种道德理性能力，其内涵主要有以下几个方面：

1. "知（智）者不惑"的明是非、辨善恶能力

知（智）者之所以不惑，最根本的原因在于他具备理性认知能力，具备道德理性，因而能够分辨判断事物的是非曲直。智作为德性，一种道德理性能力，首先是一种选择判断能力，主要是对是非善恶的认识和判断。孟子就曾反复强调，"是非之心，智也"（《孟子·告子上》），"是非之心，智之端也"（《孟子·公孙丑上》）。荀子也曾指出，"知者明于事，达于数"（《荀子·大略》）。在中国传统文化语境中，"是非"一词主要是指人伦社会事务是否符合人伦之理或礼，所以，中国道德修养理论与实践传统中的智更多地呈现出关涉人伦道德、关注完美人格的养成与和谐社会秩序的达致等特点。

从道德修养实践过程看，明是非、辨善恶，一是要加强学习，切实提高道德判断和选择的能力。"知"在大多数情况下被定义为良好的思辨和选择好生活的能力。道德修养

作为一种社会实践行为，必然要求人们具备一定的自然、社会和生活方面的知识，能以此判断事物的是非曲直，并进一步形成相应的价值判断。只有具备这种道德理性能力，有仁有智，仁智兼备而相用，才能在面对是非善恶时保持清醒而不困惑迷乱。才能正确地认识作为道德主体的自我和他人的关系，也才能在特定场合或境遇中"审时度势"，分辨并选择人生中最适宜的时刻和做法，以通达无碍；二是在明辨是非善恶的基础上，要"择善而固执之"。

2."知人者智，自知者明"的识人知己智慧

智作为一种德性，不能仅仅停留在明是非、辨善恶的能力上，关键是要体现在人际关系和人际交往中，是一种正确处理人际关系，正确待人、交人、用人的智慧。在中国道德修养理论与实践传统中，有时甚至就将"知"定义为"知人"(《论语·颜渊》)。"君子不可以不修身——不可以不知人"(《中庸》)。所谓知人，就是"辨识人之诚伪、善恶、智愚、贤不肖"[①]。用现在的话说，就是正确地认识人、客观地鉴别人、清醒地理解人。

正确处理人际关系，正确待人、交人、用人，首先要知人，就是要了解他人。儒家所倡导的"忠恕之道"，就是能够以己之心度人之心，而这种心与心的沟通必须以对他人的了解和对自己的认识为前提。人本身是社会性的存在，是在人与人的相互关系中存在的。中国自上古时候就认识到知人的重要性，认为"知人则哲"(《尚书·皋陶谟》)，说明能够正确地认识人是一种智慧。历代以来的先贤圣哲也都反复强调知人之事虽然是难事，却是人生之大事要事，因为只有知人才能成事，才能治家，才能善任，才能处理好人际关系。知人不仅是一种人生的智慧，也是个人人格完善、事业发展的需要。

中国道德修养理论与实践传统既注重知人，更注重知己，即在对人的认识中更看重对自己的认识，认为认识自己方能进一步认识他人。"自知者明"，正确地认识自己是人的基本德性之一。所谓"自知"，就是对自己的德性、能力和优缺点有清醒的认识。由于这种对自我的认识，认识主体与客体是合一的，难免受到自己主观情感等因素的影响而不能客观，既有可能妄自尊大，也有可能妄自菲薄，不能正确处理人与自然、人与社会、人与人之间的相互关系，从

---

① 陈立夫《人理学研究》，台湾中华书局1975年版，第360页。

而影响自己事业的发展甚至人生的幸福。因此，自知之明，乃是人的道德修养中最重要的人生智慧之一。

3．"识时势、知当务"的道德实践智慧

道德和道德修养活动，是一种以妥善解决人与自然、人与社会、人与自身相互关系为主要任务的认识、思考和社会实践活动。智作为道德修养的重要内容、道德要求和修养境界，不仅是指在一般意义上、在社会认识和道德认识上具有明是非、辨善恶的能力和识人知己的智慧，更重要的是指在社会实践过程中具有审时度势、权衡利弊得失、把握轻重缓急的意识和智慧。

康德墓碑铭文："有两种伟大的事物，我们越是经常、执著地思考它们，心中就越是充满永远新鲜、有增无减的赞叹和敬畏——我们头上的灿烂星空，我们心中的道德法则。"

"识时势"就是我们平时所说的"审时度势"，也就是道德主体在道德修养和道德实践过程中，对道之可行与不可行的现实性及可行性的客观条件的判断。

"时"和"势"是传统中国两个重要的概念。

"时"就是时间，引申为人生的阶段、客观的情势、主客之间形成的时机以及个人对时机的感受等等。"时"还是世间万物和人生变化中的关键因素。中国古人从其起源处就非常重视对时间和时机的判断和把握，作为中国文化之根的《易经》，就特别强调"时"在人的德行修养中的重要性，强调在对时间的认识和把握方面要观天、察时、明时；在时间的运用方面要待时、与时偕行。多次赞叹"豫之时义大矣哉！""随之时义大矣哉！""颐之时义大矣哉！""睽之时用大矣哉！"等等，期许人们注重对时间、时机问题的正确认识和把握，以求"动静不失其时"。

"势"可理解为空间，引申为个人的地位、处境以及他与其他人、与群体之间的相对关系。一个人的事业成败、人生幸福，一半是由人的时与势决定的，犹如命中注定的客观条件，而另一半则取决于当事人自己对时与势的认识以及由此而采取的相应的行动。

道德修养作为一种实践智慧，个人对道的践行和弘扬，不是单纯依靠自己的德行和能力就能够实现的，它还受制于"时"和"势"的制约，这在传统中国文化中被称之为"命"或"命运"。积极主动地认识和掌握命运，"制天命而用之"；在知命、认命的前提下积极奋斗，或改变命运，或顺天应人，保持人格独立；及时调适自己的期望和欲求，使自己所处的"时"、"势"与自身的德行、能力和智慧相匹配，等等。这就是中国道德修养理论与实践传统所强调的道德修养的要求、原则，也是一种道德修养的境界。

智作为道德修养的重要内容、道德要求和修养境界，在具体的实践过程中，还要有判别和把握轻重缓急的意识和能力，把握好当下之务。所谓"知者无不知也，当务之为急；仁者无不爱也，急亲贤之为务"（《孟子·尽心上》），即便是如尧舜一样的圣人，他们的智慧超群之处，也正是在于能够知道最为紧急的首要任务，知道怎么爱和首先应该爱什么人。相反，"智不急于先务，虽遍知人之所知，遍能人之所能，徒蔽精神，而无益于天下之治矣；仁不急于亲贤，虽有仁民爱物之心，小人在位，无由下达，聪明日蔽于上，而恶政日加于下，此所谓不知务也"（《四书章句集注·孟子集注·尽心上》）。不能正确把握轻重缓急，不知道急先务，只能说是有智力而不是有智慧。时时事事注意分清轻重缓急，处理好当下之务，才可称之为有智德之人。

智作为道德修养的要求和修养境界，还要有判别和权衡利弊得失的意识和能力。这是因为道德原则和规范是既定的，具有普遍性，人在具体的道德实践活动中面对的境遇是特殊的。如若完全拘泥于道德原则和规范的约束，就难以在具体境遇中确定当下最为紧急的和应当做的事情。因此，正确处理经、权关系，做到通权达变乃是知当务的重要条件。此处的经，就是具有恒定性质的道德原则和规范，而权则是道德主体在具体境遇中，针对特殊情况权衡轻重利害、大小本末，对道德原则和规范的一般规定所作的变通。《礼记·丧服四制》中说："恩者仁也，理者义也，节者礼也，权者知也。仁义礼知，人道具矣。"古人在此以权释知，说明权本来就是智德的重要内涵，是对于道德原则和规范的灵活运用。历史上，"男女授受不亲"，"嫂溺，援之以手"和"舜不告而娶，为无后也"的事例和名言，寓言式地告诫人们，世间万事万物具有大小轻重之分，道德原则和规范面对不同情况也有等级序列之分，这就需要人们在具体的道德生活实践中运用自己的智慧加以权衡，只有这样，才能算是一个既有仁以为己任、天下为公的胸怀，又具有至高道德智慧和修养境界的人。

中国文化传统由于具有正确处理经、权关系的道德智慧，所以在道德修养理论与实践中很少会出现伦理学中所说"尾生之信"与"康德之诚"那样的困境。

4. 理性与情感相互交织融洽的情理并修理念

人从本质上说，既是理性的存在，又是情感的存在。人与自然、社会，人与自身的相互关系，既是认识与被认识的关系，又是一种和谐统一的价值关系。人所具有的爱心、诚心、恭敬之心、辞让之心等等，既要有理性的认知、辨别能力，又要有情感的付出。所以，理与情是构成道德思维的两大要素，情理交融是道德思维和实践的重要特征。

中外文化传统中的许多哲学家、思想家们都认为人的理性与情感是相互对立、冲突的，按照麦克尔·斯托克所称"精神分裂问题"的观点，一个人的行为价值与其动机之间往往是不协调的。一个人本来不想到医院探望一位生病住院的同事，但由于义务、环境方面的因素，还是选择了探望，这在上述这些思想家们看来是善的，是有道德的。但是，在中国道德修养理论与实践传统中，一个人的道德理性、理智与情感几方面是相互交织的、融洽的、互动的，行动、行为和情感在一个道德主体里应该是和谐的。如在前述礼德中所讲，礼德的外在行为方式要以道德的内在情操为基础。孟子所讲人之本性的"四端"，其四种德性与其相应的情感就是交织在一起的。孔子也曾表达过同样的意思，说是如果你出席一个葬礼，但你告诉逝者家眷，说你出席葬礼不是由于你感到悲伤，而是出于礼节等外在义务，逝者家人肯定会要求你离开。

因此，情理交融和互动是道德修养的重要的心理机制。情感本质上属于感性冲动范畴，是自由和需要的心理形式，是行为的动力，主体能动性的基础。但善良的情感要求、美好的希望和良好的动机，需要有理性的引领；理性属于自觉意识范畴，是普遍必然性的心理形式，是行为自觉性的基础。理性须以情感为基础，同时服务于主体需要，才是生动具体的、健全的、具有道德意涵的理性。

"知"或"智"作为一种德性，作为道德修养的要求和境界，既是一种道德理性，又是一种真诚的情感。认识到做一件事是高尚的、有意义的，就要快乐地、享受地去做。学习高品位知识的愉悦感，做正确、高尚事情的愉悦感也是一个人的道德品位和修养境界。在儒家创始人孔子看来，有教养有抱负的人（君子）"修仁"、"修义"，是因为他是"好仁"且"好义"之人；"礼，与其奢也，宁俭；与其易也，宁戚"（《论语·八佾》），是说内心的真诚比礼仪的形式更为重要；《论语》开篇即讲："学而时习之，不亦说乎？有朋自远方来，不亦乐乎？人不知而不愠，不亦君子乎？"其中的"说"、"乐"、"不愠"所表达的都是人在学习、交友、人际关系中的真情实感；不断地学习、实践，从学习、实践、事业成功中感受喜悦；朋友间相互学习，肝胆相照，从朋友相互学习、激励中享受乐趣；他人、社会对自己不了解、不认可，也能够泰然处之。在中国文化传统看来，一种品格特点、美德，如果没有情操、情感内涵的话，就不会是一种真正的美德和品德。

五、注重社会有序运行和人际关系和谐的诚信思想

信作为一种传统美德和规范要求，在中国道德修养理论与实践传统中受到高度重视。"子以四教：文、行、忠、信"（《论语·述而》），"信"被孔子列为"四教"之一。《吕氏春秋》还曾把"信"上升为天道，认为"天地之大，四时之化，而犹不能以不信成物，又况乎人事"？后来，"信"逐步与仁、义、礼、智并列，作为五常之一，成为中国传统道德修养理论与实践的基本要求和理想境界之一。

"信"与"诚"在中国古代是互训的，其含义既相通又相互依从，作为道德范畴，以诚信统称。古人认为，"诚"是人的内在德性，"信"是诚的外在表现。内诚于己，外信于人，诚于中，必信于外。正因为如此，现代许多学者、论者都把诚信理解为"自我完成"，认为是人性善端最高程度修养的完全实现。诚信作为道德原则和规范，既是社会个人应当具备的自律性美德，又是为政为官的重要原则。

"诚信"本身实际上是一种具有普世性的价值和美德，在西方文化传统中也有相应的表达。如《圣经》中就说："诚信比财富更有价值。"西方谚语中亦

有"诚实是最好的政策"的说法。在现代社会经济秩序、人际关系高度社会化、全球化的条件下,"诚信"已经不仅仅是一种道德要求,同时也是一种人际交流与合作乃至国际交流与合作的必要基础。正因为"诚信"本身所具有的至高价值,历代政治家、思想家们不断赋予它非常丰富的思想内容,概括地讲,主要有以下几点:

1. "民无信不立"的治国理政理念

我们的祖先在很早的时候就认识到,"诚信"是为政为官的首要道德,是政治稳定、社会有序运行的基础。据《论语》记载,孔子与学生就关于国家政治问题的三个选项"足食、足兵、民信"进行"必不得已而去"的讨论时,最后得出"民无信不立"的结论。认为国家和政府不失信于民,民众对国家和政府才能信任并树立信心;民众对国家、政府的信任和信心是政治稳定、社会有序运行的根本保证。中国古代商鞅"南门立木"取得"秦民大悦"以支持新法推行的故事,周幽王烽火戏诸侯的故事,民间"狼来了"的童话寓言故事等等,从正反各个方面说明诚信是国家政治统治的基础。

诚信对于我们今天正在进行的中国特色社会主义现代化建设来说,具有更加重要的价值和意义。

首先,诚信是现代社会政治健康、稳定运转,社会和谐、有序发展的重要保证。诚信在现代社会政治发展中的作用较之历史上以往任何时代、任何时候都更重要,更具有基础性作用。古今中外政治生活实践反复说明,如果失信于民,千百万人民群众的离心离德将会直接危及国家政权。因此,党和国家的方针、政策，各级党委、政府及其政治活动，各级各类领导干部都应当切实加强诚信修养，做社会普遍诚信的表率；各级党委、政府，各级各类领导干部作为国家方针、政策、制度、规则的制定者和执行者，切实担负起维护社会诚实守信良好风气的责任；作为现代社会制度性安排的法律法规、制度规则，要充分发挥传统诚信现代化转化的促进作用，努力使诚信关系更加普遍化、制度化，建立在平等的契约关系基础之上，以推动全社会诚实守信良好风气的形成。

其次，诚信是完善社会主义市场经济体制，促进经济繁荣发展的基本条件。市场经济是以诚信为基础的经济。在市场经济条件下，人与人、个人与企业、个人与社会组织之间的关系是基于两个独立、平等的市场主体之间的契约，只有当追求各自发展利益最大化的市场主体之间都认为对方是自己的最佳选择时，这个契约的效果才是双赢的。市场主体之间的相互交往或交换必须在合作的基础上开展，合作的前提就是互信、诚信。在具体的运行过程中，市场主体的利益扩张需要诚信来维系，公正、公平的市场交易秩序需要诚信来维持，市场主体的良好社会形象和核心竞争力需要诚信来维护。作为市场主体代表的企业家们都应当切实加强诚信修养，做社会普遍诚信的表率，以促进社会主义市场经济体制的不断完善和经济的繁荣发展。

2. "相交之道，以诚信为本"的人际关系原则

正确处理人与自然、人与社会、人与人之间的相互关系是道德修养的重要内容。保持人际关系和谐、社会有序发展是道德修养所追求的重要目标。我国道德修养理论与实践传统历来视诚信为和谐人际关系、维持社会秩序的法宝，认为"诚者，天之道也；诚之者，人之道也"。《周易》中有个"中孚"卦，专论诚信，中孚即为心中之诚。孔子曾提出"益者三友，友直，友谅，友多闻"的著名命题；子夏提出"与朋友交，言而有信"的命题；孟子则把"朋友有信"列为"五伦"之一，都认为诚信乃人际交往的基本原则，是人际关系和谐的基础。

在今天这样高度社会化、现代化的社会环境中，人际关系呈现高度开放性、多样化和高频率特点，注重人际交流中的诚实守信，已经成为全球化时代每个人都必须重视的一项修养内容。在现代市场经济的社会里，管制和命令

不再是调节人与人、组织与组织之间的唯一通道，传统熟人社会单纯依靠个人品质为依托的机制也不存在，越来越多的工作必须在合作的基础上开展。合作的基础就是互信、诚信。而且对传统诚信要进行现代性转化，使其更加普遍化、制度化，成为一种制度安排，成为建立在社会成员个人诚信美德基础上的现代诚信关系和诚信制度。

3．"失信不立"的立身、进德、修业思想

诚信作为道德原则和规范，首先是社会个人应当具备的自律性美德。诚于中，才能信于外。我国道德修养理论与实践传统历来视信为人的最基本的道德。孔子多次强调，"信则人任焉"（《论语·阳货》），"人而无信，不知其可也"（《论语·为政》），认为人能守信，其言行可靠，才能取得他人的信任，与他人建立并保持正常的交往。反之，人若无信，所言所行皆不足依赖，是难以在群体、社会立足的。因此，信乃立身做人的根本。后人还进一步补充发挥，提出"言非信则百事不满（成）"（《吕氏春秋·贵义》），诚信是一切事业得以成功的重要保证。

诚信，在今天已经是一种体现和代表时代精神的美德。在今天教育、科技相当进步的时代，诚信是每一个渴望成功的人都应当具备的自律性美德，是每个人自觉选择、自觉实践的结果，是成熟的、可以长期延续的美德；在今天这样一个信息化、全球化的社会，广泛交流、善于沟通、尊重他人、与他人共同进步、勇于面对挑战、永远提升自己等等，是每一个渴望成功的人都应当具备的道德素质；而只有那些具有自律性诚信品质的人才可以主动、灵活地参与交流与沟通，并充分运用自己的智慧和判断来解决自己面对的挑战和问题。

诚信，既要靠自律，也要靠他律。每个人都希望得到他人的信赖和尊重，而他人对我们的期待，正是对个人道德修养的一种良性约束，是积累美德的重要力量。当然，一个诚信的人更应该是一个人格独立、思想独立的人，要有时时磨砺自己优良德行、涵育个人高尚人格的意志和能力。

人与人之间需要信任，现代社会生活也需要信任，这是一种符合人性的文明社会的呼唤。因此，我们每个人都应该从自身做起，努力培养自己的诚信之德，为建立"诚信社会"、"诚信中国"作一份贡献。

道德修养不全是对规则、规范的尊重遵守,很多时候还是一种人生与自然、社会的互动交流。当你欣赏《伯牙鼓琴图》时,可能会想到高山流水,感到内心的宁静和愉悦。

中国传统道德修养理论与实践的基本特征

道德源于文化，中国文化是在极其特殊的地理与文化环境中产生并发展起来的，为高山大漠、大海所阻隔，孤立连绵、一以贯之地向前发展；农业、畜牧业发明发展早（距今约一万年），氏族社会血缘关系尚未充分解体即步入阶级社会（距今约五千年）。聚族而居的农耕文明持续近一万年之久，血亲意识一直为社会意识的轴心，血缘观念是人们心理沟通和感情认同的基础。六亲（父子、兄弟、夫妇）、九族（父族四、母族三、妻族二）观念深入人心，并以这种血缘宗亲为基础，孕育形成了一整套维护族权制度的行为规范。这种族权规范延伸运用于国家社会，从而形成所谓"家国同构"、"君父一体"的社会格局。

这种家国同构、一体的传统道德修养理论与实践，有以下几个方面的特征：

一、谨言慎行,修德以致福的忧患意识

忧患意识是人类精神在开始直接面对世事时产生责任感的一种理性思考。

中华文化从其起源处就有一种忧患意识,作为中国文化之根的《易经》,就被称为"忧患之作"。史上讲文王拘而演《周易》,"作《易》者其有忧患乎?"(《周易·系词下》)说明《易经》是作者在忧患情景中思考形成的,包含有人类远古的忧患历史。

中华文化中的人文精神,应该说就是以周人忧患意识的觉醒发轫的。从历史记载看,周代之前的殷人"尚鬼"之风盛行,他们因为感觉到人类自身力量的渺小,而任凭鬼神等超自然力量左右自己,经常在一种原始的恐怖与绝望的情景中生活,使行为常常背离主观意志和健全理智的正确引导;周人从周革殷命的历史巨变中,发现人事的吉凶成败与"天命"的关系并不大,而主要与当事者的主观行为有密切关系,由此体会到当事者在行为上应负的责任,从而形成"忧患意识"。

作《易》者的动机就出于这种忧患,担心我们的民族生活不下去,所以教导后人要好好学习历史智慧。《易经》反复强调的"知几",就是要人们认识自然、社会,认识人自身,认识人的能力和使命是什么,就是一种天命自觉;《易经》反复强调"推天道以明人事","穷物理以明人事",其出发点、落脚点都在

如何做人，如何提升人的能力、智能和德行。如天行健、地势坤、云雷屯、山下出泉等等，都是提醒、指导人们通过这些物之理，去体会社会、人生之理，通过自然之理，理解、提升人的能力、智能和德行层次。所有这些，都是一种试图以自己的力量突破面临的困难而尚未突破时的心理状态，是一种小心谨慎与奋发图强相交织的心理状态，反映了一种坚强的意志和慎重的态度。

忧患意识在周初表现为"敬天、尊祖、保民"，以后逐步拓展深化为"忧道"（真理正义能否弘扬）、"忧民"、"忧天下"，成为贯穿于中国数千年历史的一种基本的文化精神和道德修养的境界。

由忧患意识而上升为忧患精神，上升为一种刚健自强、不屈不挠的奋斗精神和担当精神，自神话以来的中国人就一直存有这种意识和精神，并成为中国文化传统的特质之一，也是中国道德修养理论和实践始终强调的主题之一。

因为忧患，时时感受责任之重大，所以强调谨言慎行，修德以致福。

因为忧患，时时存自发、自觉的恐惧心态，所以强调定期省思己过，因而会时有准备，能做到处变不惊，临危不乱。

因为忧患，时时存有人的认知与行动不可能完美之体验，所以强调"不远复，无祗悔"，只要真诚察觉错误或危机就立即回归正途，乃是修身的良方。

因为忧患，所以在有所得时，时时有所戒惕，在遇到危难或危急形势时，能够"独立"而"不惧"，"遁世"而"不忧"。因为不惧、不忧，所以能悠然自处，成就大事。

中国道德修养理论与实践传统对忧患的认识和超越，使人们在现实的社会生活中，不仅具有对挫折或失败的心理准备，而且具有一种通达无碍的对策。如孔子所说"道不行，乘桴浮于海"（《公冶长》），"天下有道则见，无道则隐"（《泰伯》），孟子所说"生于忧患，死于安乐"（《告子下》），"穷则独善其身，达则兼济天下"（《尽心上》），等等。正是因为这种修养精神和境界，才能使人们"知其不可而为之"，甚至舍生取义，杀身成仁，不断遭遇挫折、失败还能积极进取，而且永葆乐悦精神。

西方文化信仰和崇拜上帝，关注的重点是理性和思辨艺术，而超理性的人生命运、意义追求没有根源，没有存身之处，人活着难以掌握命运和探寻人生意义，只寄希望于上帝和宗教，正如维根斯坦所说："我们把上帝可以称之为

人生的意义,亦即世界的意义","祈祷就是思考人生的意义"。

中华民族既是一个善于忧患的民族,又是一个乐观的民族。在对待人生问题上,西方文化是生而有罪,佛教是生而悲苦,而中国文化是生而有趣有乐,以身、心幸福地生活在这个世界为目标、为理想。但同时强调,幸福的生活要在不懈的奋斗中才能获得。

所以,所谓忧患意识其实是人对自身生存、命运的一种自觉,它肯定生命的价值在于生命本身的奋斗和进取,在于时时体察我们所生存的环境,所面对的困难和挑战,并以乐观的态度去争取美好的未来。

我们因此可以说,中国文化传统是忧乐共存,忧乐圆融。因为忧,所以无虑而乐。由忧而思而学,人才有智、有德、有安,才有形而上的"至乐";说"至乐",也不是盲目乐观,乐还是源自于忧,是正视忧患又超越忧患的快乐,是与宇宙自然共生的"至乐"。

中国文化整体上是一种德,一种人生境界。其主要思想就是人生维艰,又不能仰仗上帝,只好自强不息,依靠自身的力量去创造生活。天行健,人也行健。是一种依靠自身力量,命运、忧乐全在于我的本体精神。

中国道德修养理论与实践传统中的忧患意识,不是一己之忧,而是家国之忧,民族、民众之忧,是一种"先天下之忧而忧,后天下之乐而乐"的伟大情怀。在今天,我们应当把它扩展到全球、宇宙之忧,通过全人类的共同努力,营造一种和谐有序、充满生命乐趣、欣欣向荣的自然、社会和人文环境。

二、伦理、政治相互包含,相得益彰的治国理政思想

人是社会性的动物,人类从一开始就是在秩序与法则中生存的。中国传统道德修养理论与实践认为,人的道德修养问题,表面看,是人格完善人性完

美问题，而实质是个社会秩序问题。因此，在中国传统文化与思想世界中，"人性"亦称"人道"，是与"天道"、"地道"并举，且以"人道"为中心的，所谓"人者，天地之心也"，而"人道政为大"。

所以，中国古代的诸多政治设计和主张同时包含有伦理道德的元素，反之，中国传统道德修养理论与实践也是和人们的政治主张结合在一起的，你很难分清它是道德修养的要求还是社会治理的学说。

我们以儒家核心理念之一的"孝悌"为例，"孝悌"从字面意思理解，就是子女对父母、弟（妹）对兄长的一种态度，扩大一点说，也就是一种家庭、家族关系，再扩大一点说，也不过就是社会生活中晚辈对长辈的一种态度，完全是一种个人行为，纯粹属于伦理道德范畴。但是，在儒家乃至中国传统文化当中，"孝悌"却是相当重要的治国理政的理念和原则。《论语·学而》中就有"君子务本，本立而道生。孝悌也者，其为仁之本与？"的命题，意思是说，有修养、有理想的人要致力于根本，只有树立了根本，道才会产生。而孝、悌是什么呢？它就是仁的根本吧。而仁是儒家、也是中国文化传统中政治主张的核心，是社会治理的最高目标。孔子自己也曾说道"古也有《志》：克己复礼，仁也"（《左传·昭公十二年》）。意思是说，只有恢复了周礼即实现了他心目中的理想，才能真正做到"仁者爱人"。《孟子》中也讲"尧舜之道，孝悌而已矣"。也就是说，古代最为贤明的君王尧和舜的治国安民之道，也无非就是孝、悌而已。

由此可见，中国文化传统是把一般的道德伦理问题与政治主张、社会治理之道问题紧密结合在一起的。

中国传统道德修养理论与实践将个体道德修养划分为相对独立而又有机统一的两个阶段，即"内圣"与"外王"。修养的第一步就是促成人的道德自觉，通过个人的"德性涵养"，争取"变化气质"以达到"内圣"的人格追求，然后推己及人，化民成俗，以达到"外王"境界。所以，政治社会秩序的整合、治理，一直是个体道德修养所追求的目标之一。而把个人道德修养与社会治理结合起来的路径就是儒家经典《大学》所讲"格物、致知、正心、诚意、修身、齐家、治国、平天下"这八个方面，其中，修身是核心，是人格理想的塑造。"格物、致知、正心、诚意"分别讲的就是修身的方法、途径，以及应持的态度，"齐家、治国、平天下"就是"外王",是修身的终极目的。

在这里,中国古代"家国同构"、"君父一体"的社会格局是个人道德人格修养由个体向社会转化的社会基础,而把一个人从自身修养出发而拓展到对他人、对社会的示范,由一个人的家庭内部做起再推展到国家、天下,这是中国文化传统"民胞物与"思想的具体实践。

中国传统道德修养理论与实践这种由"内圣"到"外王"的路径设计,反映在国家、社会治理方面,政治原则往往是从道德原则中引申出来,如西周初年周公旦制礼作乐,表面上是"一民心,齐民俗",节制人情,进德防乱,实质则是"周人为政之精髓",是"文武周公治天下之精义大法"(王国维《殷周制度论》),礼乐因此成为中国文化传统的核心理念之一。

早期政治家们整饬社会秩序,都是以礼乐为主导,而以刑政为辅翼。其具体路径和方法就是用礼来节制欲望,用乐来调和性情,由乐而和,由和而亲,由亲而爱,由爱而化;由礼而节,由节而序,由序而敬,由敬而顺,内与外顺,则民不与争。他们虽然也知道政治法律的重要性,但也深知政治法律具有很大的被动性和局限性,其作用远不如道德文化广泛深入而又长远,所以孔子才讲"道之以政,齐之以刑,民免而无耻;道之以德,齐之以礼,有耻且格"(《论语·为政》)。

中国传统道德修养理论与实践这种由"内圣"到"外王"的路径设计,反映在个体道德修养方面,就是个人要有责任感和使命感。中国传统道德修养理论与实践不仅强调道德主体个人的人格完善、人性完美,更重要的是一种责任感和担当意识。是救世济民,对国事民瘼有真诚的关怀,努力为国家、民族和人民建功立业。即使遭遇厄运,也还以深沉的忧患系念天下百姓的疾苦和国家兴亡,如苏东坡"用舍由时,行藏在我","不为外物之得失荣辱所累"的超旷精神;范仲淹"先天下之忧而忧,后天下之乐而乐"的胸怀;陆游的"王师北定中原日,家祭勿忘告乃翁"的爱国情怀,等等。

当然,中国传统道德修养理论与实践也讲究超越精神,如孔子、颜回、陆游、苏轼等等,虽穷居陋巷僻壤,仍然能够自得其乐,安贫乐道。"仰不愧于天,俯不怍于人","穷则独善其身,达则兼济天下",形成了既积极进取又达观豁达的人生态度。进退有节,仰俯皆宽,淡泊名利,安心为本,使复杂的人生问题简约化,不论在任何环境中都能够自由地选择自己的心态和处世之法、之道。

因此,在古代中国,自然世界人伦化,道德学说与文化知识、政治学说共融共通,道德文化是维系社会秩序的精神支柱,同时又是各类观念文化的核心。所以,黑格尔说:

> 中国纯粹建立在这一道德的结合上,国家的特性便是客观的家庭宗教。[①]

而斯宾格勒则把道德灵魂作为中国传统文化的基本象征符号。

三、多元一体,共存共荣的求同存异思想

中国文化在世界文明史上最早发明了道德这样的概念,用来约束人的动物性,并把它投射到天上,形成天命观念,以天意来催化文明。这种以道德为主体的天命文化,既具有吸纳其他任何文化或信仰的巨大弹性,又具有很强的同化和辐射功能。因此,就文化而言,中华文化是一个包容性、吸纳能力和辐射能力极强的文化。

作为中华文化原典的《论语》,开卷第一句就讲"有朋自远方来,不亦说乎?"此处之"远方",不仅指空间距离上的遥远,还指生活方式、思想观念等方面的差异。中国人从文化心理上说,不仅把来自远方的人作为可尊敬的朋友,而且还真诚地相信他们身上必有值得我们学习借鉴的东西。

历史上,无论是周边地区的各种民族的、地方的文化,还是诸如像佛教、

---

① 黑格尔《历史哲学》。

伊斯兰教和基督教文化，都能够被中华文化接纳和包容；无论何种民族进入中原甚或掌控政权，最终都被中华文化同化，中华文化从未失去文化的主导权；中华疆域的逐渐扩大乃至最后形成，都是各民族受中华文化影响、同化而内附形成的，是中华文化抚之以德的结果。

西方文化传统认为，上帝创造万物。从柏拉图、亚里士多德到黑格尔，都是讲一，讲绝对的、唯一的，犹如上帝的变种；中国文化传统则是多元的，中国传统文化虽然尊天为最大，但认为天不造万物，所以孔子就说：

天何言哉？四时行焉，百物生焉，天何言哉？

《周易·系辞》亦讲：

天地氤氲，万物化醇，男女构精，万物化生。

认为万物是由多种因素形成的，天地、男女、阴阳、五行融突、和合构成新生命和合体；中国传统文化虽然强调以人为本，是在天人合一大前提下的以人为本，不是人类中心论，更不主张人对自然的统治，而是一种与自然和谐、与天地融合为一、与宇宙秩序协调共在的境界。你观察中国的山水画，画中一定会有人在，但人不占主导地位，不统治自然，只是自然的一部分，是与自然和谐共在[①]。所以，中国的山水画，不仅是情感、美感的表现，还是人生道德境界的寄托和追求。

中国文化传统可以把各家的、外来的文化、宗教和思想都吸收、包容在自己的思想、文化中，所以在中国，佛、道、儒三教可以融合在一起，释迦牟尼、老子、孔子可以坐在一个庙里，一个家庭中老人信佛，年轻人信天主教或基督教，大家照常和谐相处，这在其他宗教或文化中是不可以的。

中国文化的主干是以出世为主的儒家文化，知识分子始终信奉的是立德、

---

① 这与西方是不同的，从古希腊到欧洲文艺复兴，西方都是以人为中心的自然观，他们崇拜人体，认为裸体是代表宇宙间最理想的美，"自然"几乎被逐出艺术和思想的领域之外。在米开朗基罗那幅最有名的《创世纪》画作中，只有人类、耶和华和他的创造物，完全没有"自然"的地位。

立功、立言，但这种文化心态难处逆境，不容易安身立命。所以在心灵无所依托安顿的时候，就转而以道家文化为指导，寻求淡泊、豁达，甚至还要到佛教那里寻求寄托。所以，我们今天所熟悉的中国人的性格，其实还是儒、道、佛混合为一体的性格。

当然，中国文化传统在主张开放吸纳、求同存异、包容创造的同时，还希望我们自己的文化要能够走出去，能够发挥它的辐射力和影响力，所以《论语》还讲"近者悦，远者来"，意思是要让你的近邻欢乐，远方的人仰慕、学习你的文化。

四、三省吾身、反求诸己的道德自律精神

中国传统道德修养理论与实践中的修、齐、治、平，修身是基础，是前提，目标是"修己以敬"、"修己以安人"、"修己以安百姓"（《论语·宪问》）。尤其在修己以成仁、成德方面，形成了许多"为仁由己"的修养方法，如"见贤思齐焉，见不贤而内自省也"、"吾日三省吾身"等，既是一种良好的修养方法，又是至高的修养境界。

道德，从人类社会发展的全过程看，它就是一种人类精神的自律，是以调节人与自然、人与社会、人与人相互关系问题为中心而展开的。道德在日常生活中，主要的表现为一系列的规则和规范，道德修养就是运用这些规则、规范来约束自己的行为，这种约束，就是自律。

当然，从每一个具体的人来讲，道德不是天赋的，无论是性善、性恶、性中立还是性三品，只有在经过一定的教育、学习、经验积累和修养，具有一定的道德自觉和道德智慧后，才能够逐步进入到自律境界。

中国道德修养理论与实践既强调道德自觉，也强调道德自省。

道德自觉，是对人之为人的价值的认识，认为人生最重要的就是以德修身，处世，在服务他人、造福社会的过程中实现自己的人生价值。

道德自省，是对修养的持之以恒，对修养过程的自我检视、自我批判和自我反省。

不断地解剖自己、反省自己，是一种勇气，更是一种思想解放，是纯洁灵魂的精神力量。道德修养追求人格完善、人性完美，但现实的人的内心世界是极其复杂矛盾的，不可以简单化。所以，道德修养还有一个要求，就是要面对现实，正视自己真实的心灵世界，经常认真分析、剖析自己，这种精神，就是我们所说的"自省"或"内省"。它强调一个有理想、有作为的人，一定要关注自身的德行，行己有耻，对自己的行为要有羞耻之心，所以每天都要多次省察自身"为人谋而不忠乎？与朋友交而不信乎"，"自其过而内自讼"，自觉地加以改进。认为"君子之过也，如日月之食焉。过也，人皆见之；更也，人皆仰之"。

严于律己，是中国文化传统，也是中华民族精神最基本的元素之一。中华文化原典《易经》开宗明义所推崇的"自强不息，厚德载物"精神，就是一种自尊自信、自立自强、严于律己、宽以待人的精神；孔子释仁，其中一项就是强调"克己复礼为仁"，就是要时时克制自己的私欲。并且认为，一个人经过长期修养而形成的道德能力，就是每个人心中的道德律。人格完善、德行完美的人，不是没有私欲，没有个人的缺陷，而是对自身原始自私的欲望拥有最完美的克制力。

自律精神的最重要的内容之一是耻感修养。耻感或羞耻感是自律的根据。

人是一个意义不断生成的过程，或者说是一个不断社会化的过程。意义生成过程中的人如何自律？人在社会化过程中自律的隐蔽机制是什么呢？有研究者认为就是耻感。

耻感是道德主体的一种积极的道德情感，它表明主体心中有善，自觉地以善作为自身存在的标准，并尽可能地趋向于善。由耻感而产生的发自内心的理性的命令，会使人在意义生成中有一个价值判断的依据，唯如此，方是人。不如此，耻为人。正是对做人的执著与对于耻的畏惧，才使人自律。它标志着主体具有两种自由能力，即自由选择能力和自我超越能力。

所以，耻感乃为善端。有耻感，至少表明一个人具有一定的反思能力和自我批判能力，拥有某种善的价值观念与行为规范；至少揭示一个人具有起码的良知，心中存有某种善良的种子，自觉负有一定的社会责任；至少象征着一个人有走向纯粹完满的可能，耻感存在本身就是人的希望。有耻感，才有自律精神和自律能力，才有向善而行的勇气与力量。

人的存在是一个开放性的自我追求与自我实现的创造性过程。在这个过程中永远存在着欠缺。人在克服一个个欠缺的过程中不断超越当下、超越自我而趋于完满、理想和本质。没有对这种欠缺的自觉意识，就无所谓生命本质、生命价值与存在意义。这种欠缺的自觉意识就是一种深层次的耻感。主体通过修养而内在生成的弃耻向善的自我超越冲动在两个方面展开，一是内在心灵世界的善，这是主体的精神自洁，是主体在心灵世界祛恶向善的一种努力。通过这种努力获得心灵世界的净化，并使心灵世界宁静无纷扰；二是外在行为的善，是主体在现实世界的善。通过这种外在行为的善，主体既将自己的心灵世界呈现于外，又使自身的本质与现象获得一致。

中国道德修养理论与实践关于三省吾身、反求诸己的思想经过世代丰富、提升、继承和发展，已经成为我国人民修德处世的优秀传统。中国共产党在把马克思主义中国化的过程中，将其继承、转化为批评与自我批评的优秀传统，在我们党的思想、作风建设中发挥了非常积极的作用，即便在今天，仍然闪烁着真理的光辉。

五、"积薄为厚、积卑为高、蘖蘖以成辉"的修养境界

道德修养的宗旨是引领人们不断超越当下，超越自身，追求卓越，止于至

善。但道德对人的塑造、提升，是一个非常复杂多变的过程。虽然从总体上说，人类接受知识、德性的能力是与生俱来的，但在接受之后，需要与接受者的经历、学识、性格等等各种因素相结合，经过如琢如磨的培养、涵育和深化，才能成为个人的德性素养；虽然总体上说每个人天生具有趋善向善、成圣成贤的潜在特质，但由于每个人的天然禀赋不同，对知识的拥有和理解不同，参与社会实践的程度不同，个人的努力程度不同等等，其所能达到的修养境界也是不同的。

所以，中国文化传统特别强调"君子以多识前言往行，以蓄其德"[①]，是说一个有志向、有道德自觉的人要广泛学习并记得古人的言行，以培养自己的深厚道德。认为自然界细水长流以聚成江河海洋，全在不舍昼夜，君子应择善而固执之，以变化气质，以成就不凡人生。

六、注重整体、直觉、辩证、和谐的思维方式

思维方式是人们认识和改造世界的工具和方法，是世界各文明系统中最深层的历史积淀，被广泛地认为是文化传统中最古老的化石，它决定文化传统的基本性格、精神气质、本质特征和发展趋势。世界各民族、各个国家正是由于思维方式的不同，才形成了人类发展史上绚丽多彩的各种文化传统。

思维方式主要包括思维模式和致思途径两个方面。人类思维方式的形成，源于远古时代人类在蒙昧时期的精神活动。原始初民没有抽象思维，只有具体的隐喻思维即神话思维。所以，人类在远古蒙昧时期，最重要的精神活动产物就是神话传说，这是原初先民借助想象力的思维创造。东西方文化传统思维方式差异的形成，是在以物我不分的原始神话思维分化以后，即在经历共同的神话阶段，继承各自的思维特点，又经过分化走上了不同的演化途径后，才逐渐形成了各自不同的思维结构。

今天我们看到的东西方思维方式的差异，就是在经历共同的神话阶段以

[①] 在中国传统文化文本中，大体把人分为两大类，即君子（大人）、小人，君子或大人，是指那些有志向并有道德自觉的人，他们注重自身内在修养，长期进德修业，而且努力彰显自己的德行，以示范、影响其他人，化成天下；而所谓小人，则是指那些无志而未自觉的人，因各方面的原因而无法谈及内在的修养，所以只能希望他们言行合乎规范，久之及于内心，以变化其社会风气。

中华文明还在神话时代就已否定了宗教倾向[①]，对所谓彼岸世界存而不论，而明确地追求此岸世界的人间现实生活。崇尚实用理性，颂扬创造进取、奋发有为。尤其是自轴心时代儒家先哲将生硬僵化的礼制改造成为具有浓郁人文内涵的、以仁爱为核心的礼乐制度以来，中华民族就逐渐进入活泼的现世主义时代。所以，中国人从整体上讲不相信生命永恒，承认生命必然消失。因为生命短暂，所以强调要自强不息、奋发有为，所以才注重生活的和谐安宁和心灵的愉悦；因为生命短暂，所以中国道德修养理论与实践很肯定地承认并保存了人性的活力，不但高扬人性伟大强健的一面，也肯定人性的弱点，明确承认"食色性也"，只是要求人们在满足方式方面，以不破坏社会规范为标准；承认世上没有完美的人，过失或错误不可避免，因此主张恕道，并推己及人，容忍错误，体谅弱点。就连以外王为修身终极目标的先贤圣哲孔子、孟子，都是把现实生活的和谐安宁和心灵的愉悦放在很重要的位置上的。

　　中国道德修养理论与实践，从一开始就是通过以"道"自任的知识分子个人的自重、自爱、自尊来表现和进行的，没有任何外在的凭借。他们对国家、社会的责任，外在的功业实践常常会遇到许多坎坷和挫折，所以往往要借助轻松闲适的、人性化的甚至艺术的生活，以保持轻松愉悦的心情，从而更加坚定前行奋斗的信念。所以《论语》开篇即讲："学而时习之，不亦说乎？有朋自远方来，不亦乐乎？人不知而不愠，不亦君子乎？"虽是讲的学习、交往及自身修养方面的问题，但却连续使用了"说"（悦）、"乐"、"不愠"三个表现情感愉悦的词语，表明古人对生命的热爱和珍视。认为内在心灵的轻松、愉悦是外在功业实践能够矢志不渝的重要因素；如果能在现实的政治、社会生活中顺利达致自己所追求的"外王"目标，那才是实现生命愉悦的最佳方式。

　　《论语》中有一段孔子与学生们聊天的记录，孔子请子路、曾点、冉求、公

[①] 神话是人类童年梦幻般的记忆，是道德文化乃至民族精神的源头活水。中华文明中的神话传说有两大特点：一是歌颂发明创造，如有巢氏筑室，少暤创造弓矢，燧人氏取火，神农氏种稼，嫘祖养蚕织丝，五峻创制牛车，庖牺氏画八卦，炎帝黄帝发明、创造文字、音乐、历数、舟车等等；二是注重以身为教，突出自强不息求生存的精神，如夸父逐日、女娲补天、精卫填海、大禹治水、愚公移山等等，奠定了中华民族以人为本，进取创造的基本生存方式。这一点与西方文明有明显的不同。西方从神话时代就直接进入对行为有约束力的宗教时代，崇拜神、荣耀神是最重要的，而人的生活是不重要的。"食色"在西方人那里是一种罪恶，所以西方文化是一种罪感文化，尤其是西方的悲剧，就是在对生老病死自然现象的无助和强烈欲念无法控制的双重压榨中产生的；所以西方的艺术不是神就是性，是在生死之间和爱欲之间寻找人生的意义，并希望在宗教世界中寻求永恒。

西华等弟子们畅谈各自的理想。子路、冉求、公西华等所言均局限于事功,唯曾点所言,突破事功而上升到精神境界的高度,得到孔子的肯定和好评。

"暮春者,春服既成,冠者五六人,童子六七人,浴乎沂,风乎舞雩,咏而归。"夫子喟然叹曰:"吾与点也!"(《论语·先进》)

"浴乎沂"、"风乎舞雩"、"咏而归",从表象看不到什么理想、伟业,有的只是对大自然的热爱和对情感愉悦的追求,但从深层次看,是一种突破事功之后的人格精神,也是一种人格修养的境界,甚至可以说是一种完善、完美的精神境界。

中国传统道德修养实践与理论中这种忧乐并重、乐以忘忧的特征,已经作为一种文化,渗透在道德修养的理论与实践之中,并与传统的人生观、价值观乃至审美观联系在一起,修养目的与修养方法有机统一。比如古人所反复强调的"仁者爱人"、"为政以德"、"克己复礼"等等,不光是要求人们在外在的形式上要坚守这些道德要求和道德理想,还要通过音乐、艺术、山水园林、自然风光的陶冶,为上述道德要求和理想建立牢固的内在心理基础,使人们像喜好美色那样喜好道德,把对道德原则、价值和理想的追求变成人们心向往之、情喜爱之的心理追求,使人们从审美的高度关怀道德,成就道德,在道德的认知上多一份审美的愉悦,在对道德的追求、践履上多一份超然的欣赏和情感动力。

与这种修养理论和实践相联系的,还有修养文化中的"比德"理念和审美情趣。

人类生活在大自然中,大自然中的一切景物、现象,是人类最早观察的对象。人们用理性方法观察、思考的结果,产生了科学、哲学及道德等等,用超理性的方法观察、思考的结果,产生了艺术。自然界中的景、物和现象,原本学"为主，主要是正德、利用、厚生之学，亦即兵、农、政事等经世致用之学。

通过这种以运用为目的的学习，道德上的内省、自觉，人格的完善与心性的修养，以一种完善的人格去解决社会与人生问题，从而把个人价值的提升、道德的完善与个人担当的社会责任统一起来，由此逐渐培育形成了中华民族注重社会实践、敢于担纲、负重致远、谦恭有礼、吃苦耐劳、求真务实、忠恕厚道、利群爱国、乐观向上等优秀的民族精神，成为中国人道德修养取之不尽用之不竭的优质资源。

在人、我、己、群关系上，中国传统道德修养理论及实践既主张有我并肯定道德化的自我，同时又主张个人是属于家族和群体的，个人无法个别地完成人格的修养与升华，而是必须在仁、义、忠、孝、勇、恭、俭、惠、诚、信等社会伦理关系中才能够实现个人的价值和人的本质规定性。

与西方人、群二分，并以个人为本位的价值取向不同，中国传统道德修养理论及实践强调群己合一，认为人是人的个体与群体相统一的产物，个人离不开群体，群体也离不开个人。在群、己合一的前提下，中国道德修养理论及实践传统更注重群体的利益和尊严，要求人们以群体利益为最高价值取向。如"民胞物与"命题，就是从哲学意义上凸显了天人之间、群己之间的连带性和相关性，使小我在大我之中获得温馨而充实的存在。因此，在中国，道德修养就成为人生的实践活动，成为整饬政治社会秩序和人心秩序的方式。中国道德修养理论及实践的这种优秀传统，有助于集中全社会的智慧与才能运用于国家、社会的治理，从而形成中国传统社会中发达的政治智慧和管理智慧，成为中华文明长期延续和持续发展的重要条件。

八、忧乐圆融的修养文化

有许多学者、论者都认为，世界上的文化（文明）形态，从地域上划分，可以分为西方文化和东方文化两大类型。以欧洲为代表的西方文化，是思辨型的理性文化，注重对自然规律的探索和认识，是一种科学文化。而以中国文化为代表的东方文化，是礼乐型的伦理文化，既注重个人道德人格的完善，又注重人生境界的不断提升，认为对于知识学问、道德修养等等，仅仅有思想上、理论上的认识还不够，有积极追求的愿望也不够，还必须达到一种悦乐的状态，那才是一种最高的境界。

中国文化传统礼乐（yuè）并重，忧乐（lè）圆融，礼乐并重的乐（yuè），虽然主要是指音乐，但又大于音乐，是一种哲学、历史、审美意义上的乐；忧乐圆融的乐（lè），是一种由人的长期修养带来的发自内心深处的精神悦乐，是一种高层次的审美感觉。由乐（yuè）而乐（lè），既有音乐自身对人的陶冶作用，又有人的修养、转化，才上升成为哲学、历史、审美意义上的乐，成为以追求现世幸福为目标、为理想的社会秩序整饬手段。表面看是乐，但其背景却是忧。因为忧而促使人思考、学习，使人有能力、有智慧达于形而上性的至乐。所以这种乐感文化，整体上还是一种德、一种修养境界。其主要思想是，人生艰难，又不能仰仗上帝，只好自强不息，依靠自身的智慧和能力去创造生活，天行健，人也行健，根本上说是一种主要依靠自身力量，承认忧乐全在于我的主体精神。

中国道德修养理论和实践传统，既注重人的内在的人格完善和人性的完美，也注重外在功业的实践，还注重人的生命的愉悦，视生命的愉悦为生活的意义、道德修养的一种境界；主张个人对社会的贡献（外在功业的实践或"外王"），要以个人的内在道德修养，即"内圣"为基础。"内圣"既包括德性、智能、品格的修养，也包括个人对自然、对真实生活的热爱和尊重，对心灵愉悦的追求。因此，注重礼乐修养，通过人性化的、多姿多彩的、审美的和艺术化的生活，以陶冶其性情，为道德人格的完善和人性的完美建立牢固的内在心理基础。

当然，东西方不同的思维方式，既源于不同的文化传统，更源于不同的社会生产、生活实践。从最深层看，地理的、社会的和经济的因素才是最根本的原因。中国文化传统建立在农耕文明之上，农耕社会是一种复杂的等级社会，现实生活中存在相当复杂的社会伦理关系，所以在关注外部世界和处理经济、社会问题时，都要注意从整体上、从长远的角度观察和处理问题，都会把注意力更多地用来调整人与人的关系；在认识方法上，习惯于把世界看成一个统一的整体，着重探索天与人、主体与客体、自然与社会之间的关系，以便从整体上把握其中的规律；在群体与个体的关系上，既重视群体又重视个体，在义利关系上，既重视义又重视利，等等。

中国道德修养理论与实践传统这种直观整体的思维特征所衍生出来的修养方法和表达方式，表现在认识方法上，侧重于用直观、直感来体会、领悟事物与人生，而不是用明晰、思辨和逻辑的概念来分析阐述。比如古人所说的"智者乐水，仁者乐山"，在这种寄托道德情感的比附关系中不存在逻辑关系，也没有逻辑推理，有的只是人们通过山水的视觉美、气质美而获得的对人生意义、信念，对道德理想的认同和追求；人们看到山的厚重挺拔，会产生高山仰止的崇敬之情；看到山的陡峭险峻，会激发人们勇往直前的进取心；山水至大至刚的阳刚之美，能唤起人们对生命积极意义和道德理想的追求；而山水柔和平缓的阴柔之美，又会带给人温婉宁静和自由自在的精神修炼。

我们在此所分析的东西方思维方式的差异，不是绝对的，并不是说西方文化就绝对没有直观具体的思维，东方文化就绝对没有逻辑分析思维，而是讲各自的侧重点不同而已，也没有孰优孰劣的问题。西方逻辑分析思维和近代兴起的科学实验活动促进了

近代科学技术的产生和发展；中国整体直觉的思维方式培育了中华民族注重义务、责任的文化传统和强调国家利益、集体利益高于个人利益的集体主义精神；西方逻辑分析、个体本位的思维方式培育了西方的人权观念、民主观念和政治自由观念，等等。

七、重践履，学以致用、修以致用的经世济民理念

与西方"知识即美德"、"智慧即至善"、"爱智慧、善思辨，学以致知"的传统不同，中国传统道德修养理论及实践讲究"内圣外王"、自强自立、奋发有为，注重个人的践履而不长于纯理念的思辨，重视人生理性思考的实用性和现实性，强调"践履即美德"，以身为教，以德导民，勇于担当，奉献社会，修养的最终目的是"安民"、"安百姓"。虽然对现实人生以外的纯思辨问题也有一定的关注，但总体上还是认为，道德始终是时代要求和社会需要的产物，修养的价值应该与世俗的人生和现实的社会需要发生紧密联系才能够显示出来。强调人们应当在现实世界中提升道德品格，达到理想境界，在人生实践中自强自立，奋发有为，成就理想人格。

在道德追求方面，与古希腊苏格拉底强调道德、德性来自人的理性有所不同，中国文化传统对于道德的追求，更看重"内省"、"感化"和"身教"，更看重道德人格力量的潜移默化与示范垂训。同样一个"知"，在古希腊苏格拉底那里，"知识即美德"，认为通过理性认知的努力，获得对宇宙和世界的认识和了解，既是实现完美认识的过程，又是一种人生的精神享受和美好境界，认识和获得真理本身就是认识的最高也是最基本的目标，是一种最高层次的精神享受和生命愉悦。但在中国传统道德修养理论及实践中，作为"知行合一"的"知"，是"良知"的"知"，是一种内心世界里的道德自觉，它不是抽象思辨的形而上之学，而是一种可以实际操作和运用的认识知识与智慧。

在知与行、修与行的关系上，中国传统道德修养理论与实践认为，学、修都只是手段，行才是目的。"诵诗三百，授之以政，不达；使于四方，不能专对；虽多，亦奚以为？"（《论语·子路》）所以，"学止于行而止矣，行之，明也，明为圣人。"（《荀子·儒效》）即便是学，也不能是抽象的思辨之学，而要以"实

后，由于不同的认识特点和发展轨迹而逐渐形成的。

以欧洲为代表的西方思维方式虽然与古希腊神话和文化传统有渊源关系，但早在苏格拉底、柏拉图时期就形成了"为知识而知识"的独立传统，使理智战胜诗歌与神话，从情感和直觉中分化出来，最终形成了以分析推理和抽象逻辑为主要特征的思维方式。

中国古代的八卦，就是直观思维方式的运用。

以中国为代表的东方思维方式则一直以中国神话和文化传统为基座，其哲学智慧一直以现世的人文关怀、人的道德人格完善为核心，理智没有完全从情感和直觉中分化出来取得独立的地位，最终形成了以整体观照和辩证思维为主要特征的思维方式。

所以，人们通常用整体思维或者辩证思维来描述东方人，尤其是中国人的思维方式；用逻辑思维或者分析思维来描述西方人，尤其是欧美人的思维方式。比如说伦理学中的"尾生之信"和"康德之诚"，基本上是西方逻辑分析思维方式的产物。因为他们在考虑问题时不像中国人那样追求折中与和谐，而是喜欢把一个事物或事物的一部分从整体中分离出来，进行逻辑分析。在中国主流的道德修养理论与实践中是不会存在这样的情况的，因为在中国人看来，世界上的万事万物都永远处于变化之中，道德观念也是处在变化之中的，是人们的一种选择，不存在一种 Universal 的、任何人任何情况下都适用的道德观念。

我们就以"尾生之信"和"康德之诚"中的"信"、"诚"来说，中国文化和道德修养理论是极其重视"信"和"诚"的，大多数情况下把"诚信"连用，还把"信"列为"五常"之一，认为"人而无信，不知其可也"（《论语·为政》），人若无信，不仅无以立身甚或危及生存。但同时又强调"好信不好学，其弊也贼"，认为讲"信"要同时做到两点，一是有学识、智慧，能分辨是非，适时适度地对待和把握"信"。二是"不可以为典要，唯变所适"（《易经系传·下》），即依

据具体的时间、地点和条件对待和运用诚信原则，不分善恶忠奸、行兵打仗还是日常生活，一律以诚信待之，就一定不合时宜，甚或招致失败。

东西方这种思维方式的差异，我们在文字、文学、绘画、建筑乃至生活的各个方面都能够看得到、体会得到。西方的文字，完全以声音的符号来代表意义，把文字与物形、物象完全分开而彻底抽象化，由文字到文章，从完全抽象的思考当中产生明确而确定的逻辑观念，形成一个抽象逻辑观念的世界；中国文字与中国文化一样，以象形为发端，又兼形意，一直没有脱离人们的直接经验，是中国人直观形象思维的结晶。中国文字的象形、形意富有构图语言艺术的特性，因此产生了富有视觉美感的书法艺术。

书法艺术家利用汉字形态的变化和线条的生动刻画，将人的主体意识、道德情感等融进书法作品，使文字具有了丰富的道德、文化内涵和审美效果，从而承载起陶冶人的性情，培养涵育人的德性的重任。西方的绘画无论是人物、景物，还是花鸟虫鱼，都非常注重结构的统一、尺度配比的严谨、光线透视的效果等等，完全是一种逻辑的、自然的记录或极端知性的活动。古希腊雅典的帕特农神庙各部分比例的配置，除了达到极端和谐之外甚至超过数学的精确性。欧洲哥特时代教堂设计与建造中的结构学和手工艺水平，到今天都还是难以逾越的纪念碑。这种完全知性的执著精神成为近代西方工业文化的精神基础。中国的绘画基本都是寓意的，可以没有自然的真实性，你看到有画家把水仙、竹子、灵芝跟一块石头画在一起，完全不符合逻辑的和自然的生态关系，但在中国人看来，却是一幅祈求幸福、长寿的祝寿图。

爱自己和自己的生命的，当自己的生命或身体受到危险或伤害时，都会有保护自己生命或身体的需要。正是从自己的生命开始，才能体验到别人也是和我一样的人，也有和我一样的情感，所以要尊重人、爱人。"己所不欲，勿施于人"，正是这种体验和"移情"的结果。与此相通，动物是有生命的，植物也是有生命的，甚至是有知觉、有情感的，也是值得同情、尊重和爱护的。由此类推，人与人、人与世间万物都是相通的，要像爱护自己的生命和身体一样爱护万物，这种体验也可以归类到中国传统文化的"感通"中去，而且，这种体验是中国文化创造人文价值的最重要的精神来源，是科学认识不能取代的。

　　审美情趣的产生发展也是一样的。因为人只有在自我体验中才能意识到、感受到自然界的生命之美，值得人们去欣赏、去享受；只有在自我体验中才能认识到自然界的生命价值值得我们去尊重、去热爱；只有在自我体验中才能认识到自然界的无私、伟大，才能产生一种敬畏之情和报本之心。这种体验就是从一个人的生命开始的，是从人自己的亲身感受中体验，经过反复的生产、生活实践和理性认识而不断深化的。

　　当然，人的情感虽然是丰富多彩、千变万化的，但人类最基本的情感是可以分析的，也是确定的，比如好恶之情、善恶之感等等。所以，情与理是不能截然分开的。人的情感体验还是具有理性精神的，绝对不能是私人的好恶与快感之类。人对于宇宙自然、社会人生的认识，人的审美意识和情趣，始于情感体验而成于理性认识和社会实践。如果只停留在情感体验层次，永远是不完整、不深刻的。只有将情感与理性统一起来，才能正确解决人对于宇宙自然、社会人生的认识、人的本质和价值等根本性问题，才能使人的道德修养由认识、修养阶段不断升华进入审美阶段。

蓝色天幕下的蓝色宫殿，表达的就是对天的敬畏和感恩，是中国人所追求的天人和谐的道德和审美境界。

与实践在强调行高于知,行对知的决定作用的同时,也重视知对行的指导作用,认为"知明而行无过","察,知道;行,体道",主张"致知力行,用功不可偏","知行兼举",才能收到"知之愈明,则行之愈笃;行之愈笃,则知之益明"的效果,才能实现"深省密察"与"笃行实践"的统一,使人们的认识能力和实践水平在知与行的互动中不断提高,从而做到"知能日新","日进于高明而不穷"。

实践的观点是马克思主义的首要的观点。以毛泽东为代表的中国共产党人,将中国文化传统知行相资以为用加以马克思主义的改造,形成了中国共产党的"实践、认识、再实践、再认识,循环往复以至无穷"的认识方法和"从群众中来,到群众中去"的认识路线。

十、情感体验与直觉整体相结合的修养方法

中国传统道德修养理论与实践,是一种整体的生命哲学,其基本的理论基础是天人合一,而主要的修养方法是情感体验与整体直觉的相互结合和有机统一。

道德既隶属于文化,又隶属于哲学。中国文化、哲学始终关心的是生命问题。生命现象是整体的现象,是在与"它(他)者"相互联系的整体中存在的,人是在与他人的互动中规定自己,在互助责任和道德关系中发现自己的价值的。所以,中国道德修养理论与实践注重从整体的角度观察和理解自然界,也喜欢从整体的观点认识人、理解人。自然界是一个生命整体,具有生命创造的功能,是在"生生不息"的过程中存在的。"生"或"生生"即生命创造,是自然界的最本质的功能,也是自然界的存在方式。人是自然界生命创造的结果,"天道"、"天德"、"天理"所表示的,正是人与自然之间的一种内在联系或价值,整体直觉的方法就是从宏观视角理解自然界和人的根本方法,这也是一种生命提升的方法。

当然,为了实现这种整体的直觉,传统的修养实践与理论也运用分析、逻辑推理等方法。比如将自然界、人区分为"形而上"和"形而下"两个层面,人与动物分属于不同的类,人又区分为个体与集体、部分等等,但这些分析、推

理等等都只是实现这种理解的一种具体方法或步骤。所谓的区分，并不是将它们截然分开，而是辩证统一在一起的。如说人有神与形而神在形中，有心与身而心在身中，有个体与集体而个体在集体之中，等等。所以，这种整体直觉的方法，既有理性的内容，也有经验的因素，甚至还有超理性的成分，不是线性思维的方法，而是一种打通了感性与理性、形而上与形而下的界限，从整体上服务于复杂体系、把握生命意义的方法。

需要强调的是，中国道德修养理论与实践传统虽然讲的是神在形中、心在身中、个体在集体之中，但都讲的是它们的有机统一，没有否定任何一部分的含义。就人而言，虽然说的是个体在集体或部分之中，但丝毫不否定个体的存在及其作用，而是非常重视个体存在的，尤其是在道德修养方面，人作为修养主体，每个人都是与天直接对话或沟通的。

与整体直觉密切相关的还有情感体验。中国传统道德修养理论与实践认为，人既是理性的存在，又是情感的存在。人对于宇宙自然、社会人生等等的认识，人的道德意识、审美情趣等等，既是通过实践、反思性的认识方法得到的，也是通过生命的自我体验得到的，而且首先是通过人的生命或情感体验得到的。比如说人的仁爱之心、审美情趣等等，首先是从人的生命开始的，是从人的切身感受中体验出来的，然后经过人的理性认识而不断深化、拓展，从而形成关于人的本质、人的价值、人在自然界中的地位与作用等等的系统的认识。

卢梭的棺木正面雕有一扇门，门微启，伸出一只手送出一枝花来。他是把灿烂和芬芳的精神献给人类的伟大思想家。

从最朴素的道理讲，人没有不

充满了阳光。

还有如千古圣人孔子的乐天知命，颜回的安贫乐道，曾点的自然之乐，范仲淹的"先天下之忧而忧，后天下之乐而乐"，等等，都是一种忧乐圆融，一种天地境界的忧乐圆融。

关于人生，西方文化传统是生而有罪，佛教是生而悲苦，中国文化传统是生而有趣有乐，以身心幸福地生活在这个世界为目标、为理想。这种生而有乐的人生观，肯定人生的价值，生而快乐；肯定生命的价值在于生命本身的奋斗和进取，在于用乐观的态度去争取未来，天行健，人亦行健；强调乐不是盲目乐观，乐来自忧。是一种正视忧患又超越忧患的快乐，是与宇宙自然和谐共生的快乐。

中国文化传统这种面向现世的礼乐文化所衍生出来的修养情趣、理性思维、中和观念、乐感意识、伦理规范和价值理想等等，使中华民族从整体上说成为一个注重情感修养和审美情趣的民族。寄情山水园林，欣赏文学艺术，艺术化地生活，成为中国人的生活方式之一。

这种面向现世的礼乐文化所衍生出的直观具体的思维特征、修养情趣和表达方式，使人们对道德修养目标和修养境界的把握、认识，基本上是在直觉顿悟中完成的，没有严格意义上的逻辑思辨和概念推理。所以，道德修养的概念只有在人们精神的发现中才存在；正因为如此，中国文化传统关于道德修养的理论大多只有三言两语，言简意赅，未形成系统完整的理论体系。即便是有较为系统的论述，也与西方注重理性思辨的逻辑分析不同，不是以条分缕析的逻辑思维来建立自己的理论体系，而是以一种直观顿悟的直觉思维方式来阐发他们道德修养的理论主张和对人的本质的认识。

道德修养在某些特定的人身上，或在特定的情况下，还是一种主观精神创造，比如儒家无美而乐的道德修养，就是一种纯粹的精神性修养，是一种超稳态心理结构下的"不因物喜，不以己悲"的人生态度的体现。按照朱熹的说法，是"胸次悠然，直与天地万物、上下同流"的境界，从而也是人的心理健康和精神境界的标志。具有这种修养境界的人极易形成处变不惊、知足常乐、积极乐观的胸襟，从而有利于人的自我实现和人生的相对完满。

九、知行相资、行高于知的道德实践精神

知行关系，是人类自身的认识和实践两种能动活动之间的关系问题。作为世界本源、事物发展规律的道，是通过人的知和行，即人的认识和实践活动才呈现出来的。

中国传统道德修养理论与实践在知行关系上，总的倾向是主张知行相资，知行合一，认为知和行乃人们认识客观道德规则和礼仪规范的两个主要环节，知而不行不可，行而不知也不可，知行不仅相须，而且相互为用。在具体的认识活动中，强调"知行始终不相离"。

当然，中国传统道德修养理论与实践，在总体上主张知行相资、合一的同时，还特别强调行高于并优于知，认为"士虽有学而以行为本"，"知之非艰，行之惟艰"，道德认识只是道德修养的手段和条件，而道德实践才是目的和旨归。

与西方文化传统"知识即美德"、"智慧即至善"不同，中国传统道德修养理论与实践强调"践履即美德"，认为道德行为和实践既是修养的目的，又是修养的归宿。一个人的道德修养所能达到的层次和境界，都要在人的思想和行为中表现出来，而且必须是在参与社会实践的过程中才能显示修养的真实水准和境界。

当然，中国传统道德修养理论

元代赵原《陆羽烹茶图》，中国人以茶表达敬意，以茶净化心灵，以茶体会生命的意义。

没有特别的含义，但在人类的、尤其是思想家、艺术家的视野中，却有着很强烈的象征性。旭日东升，会使人产生生命朝气蓬勃的愉悦；夕阳璀璨，既有生命达于辉煌、极限的感动，又有生命即将消逝的感伤；挺拔的高山，给人以饱满的自信，幽静婉转的溪山流水，给人以轻灵温婉的动感；春兰、秋菊，淡雅高洁；松、竹、腊梅，凌寒傲雪；所有这些自然之美，形象地显现了人的本质、本质力量和人生理想，再经艺术家、思想家们的抽象、提升和转化，赋予其审美、道德意涵，并将其与人生修养操守一一建立关联，自然的景、物和现象由此跨越到人生道德修养、审美的领域中来，实施了物言心说的精神世界的表达。在这种内在的天人对话当中，人生价值取向有了明确的精神参照系，内心境界得到了洗涤和提升。比如古人所讲的"仁者乐山，智者乐水"；"为政以德，譬如北辰，居其所而众星共之"；"子在川上曰：逝者如斯夫，不舍昼夜"；"岁寒，然后知松柏之后凋也"等等，这些短小而隽永的话语，都是以自然之物、自然之像、之理来比喻人的道德品质，既有形象，又有哲理；既有道德，又有情感，是审美的道德境界和修养方式的完美体现。

自然之景、之物、之理，先要经过艺术家们的转化和提升，才能进入人的道德修养领域，成为道德修养的思想、文化资源。所以，古代的文人雅士，其人生境界往往是源于道德修养而又高于道德修养，是一种审美的人生境界。正是从这种审美境界出发，通过诗歌、音乐、绘画、雕塑等艺术形式，不断发掘自然界中人格美的各种象征，以不断提升人的道德修养、审美的水平和境界。因此我们说，艺术，艺术创造与道德、审美修养是互为表里、相互促进的。所以古人说，道德修养"游于艺"、"成于乐"，因为能够从自然景象、物象中发现、发掘道德、审美象征的人，或者能够陶醉于自然、音乐和艺术中的人，与道德和功利均能保持一定的心理距离，从而达到"乐以忘忧"的人生境界；当然，古人还说过"士先器识，而后文艺"的话，是说要能成为从自然景象、物象中发现、发掘道德、审美象征的人，或者能成为陶醉于自然、音乐和艺术中的人，首先要有器度、涵养和见识，因为自然之景、之像，自然之美的价值，离不开审美主体的修养成就。我们仍以山水为例来看：

> 山水原本只是人类生存繁衍的物质家园，在人类漫长的发展演变历程中，山水由人类最初的敬畏、崇拜，到逐渐认识、开发和利用，再到山水欣赏、审美，又进一步升华到精神上、艺术上的再创造，从而形成独特的山水文化。山水至大至刚之美，唤起人们对生命积极意义的追求；山水至阴至柔之美，带给人们温婉宁静淡泊自在的心境。山水因此进入道德修养领域，成为人类精神家园的一部分。在中国文化传统中，山水因为其特殊的气质和神韵，往往寄托了人们、尤其是那些智士仁人对生命的珍视和对自身超越的美好愿望。譬如中国人特别喜欢高山流水，因为高山流水在中国人的文化视野中，总是与空间的辽阔、时间的永恒联系在一起的，正是因为这种景观或者意境可以使人的精神世界达到无限广阔和深邃的自由境界。智者适于事理而周流无滞，有似于水，所以乐水，因为他们明晰生命的意义和最终目的，正如水的轻盈灵动和生生不息；仁者安于文理而厚重不迁，有似于山，所以乐山，因为他们明晰如何实现生命的意义和目的。外在功业的实践虽然常有坎坷和曲折、挫折，但内心对人生目标、道德理想的追求，对生命快乐的执著，却如高山般厚重稳固、永不动摇。

仁者不忧，是礼乐文化的另一种表述，是说有修养、有理想、有担当的人也应当具有精神愉悦的胸怀和心境。

唐代大诗人杜甫一生关心民众疾苦，自己也是穷困潦倒，但他的《题桃树》诗，寓民胞物与之情于吟花观鸟之际，内心痛苦却光明幸福。

音乐家莫扎特据说因为买不起冬天取暖的煤，只能与夫人相拥跳舞来热身。他虽然长期在苦涩的逆境中创作，但他的作品总体风格都是明朗乐观、积极欢快的。他自己曾说，他的舌头已经尝到了死亡的滋味，但他的音乐仍然

中国传统道德修养理论与实践的基本精神

"精神"在汉语中有"宗旨"的含义，道德修养精神则是渗透在道德规范、道德要求、道德修养目标中的主要宗旨或主导思想。

"道德修养传统"概念属于事实判断，本身没有褒贬之义，但与"基本精神"或"民族精神"联系到一起时，在价值取向上就与"优秀"、"优良"等相联系了。我们在此所讲的中国传统道德修养理论及实践的基本精神，就是指渗透于中国道德修养传统中最本质、最精微的内涵，代表中国传统道德修养理论和实践发展的正确方向，体现中华民族蓬勃向上的精神风貌，推动中华民族不断向前发展的那些基本的价值观念、思维方式和人生追求。如天人合一，以人为本的人本主义精神；刚健自强、生生不息的奋斗精神；宽厚包容、厚德载物的凝聚精神；民胞物与、民为邦本的政治理性；鞠躬尽瘁、死而后已的从政风范；和而不同、执两用中的人生智慧；敬业乐群、公而忘私的奉献精神；崇尚自然、笃行务实、讲究和谐协调、追求中庸稳定的行为方式；注重直观顿悟、整体辩证的思维习惯和审美情趣，等等。我们在此选取一部分作了适度的展开讨论，以期有益于大家的思考和讨论。

一、天人合一，以人为本的人文情怀

中华文化从其起源处，就高度关注和重视人性自觉和理想人格的培育涵养。中华文化的原初定义就是以文化人。文就主要包括天文和人文两个方面。在作为中华文化原典的《易经》中就有"关乎天文，以察时变；关乎人文，以化成天下"的命题。所谓天文，一方面指宇宙、自然万物及其存在的根源，一方面又指宇宙、自然运行、变化和发展的规律等等；所谓人文，大体指人类精神生活的各种形式。我们平时所讲的人文精神或人文关怀，就是关于人的精神生活的方式、态度、思想和观念等等。

中国道德修养理论与实践所讲的人文精神、人文情怀，与西方文化中的人文主义、人本主义等思想或思潮，虽有很大的不同，但在以人为中心，关怀人、尊重人等方面是相通的。"天人合一"或"天人合德"，是中国道德修养理论与实践中最根本的命题之一，也是道德修养的至高要求和最高境界。"天人合一"思想认为，包括天、地、人在内的自然界是一个完整的生命存在体系，人是自然界之一部分，是组成自然系统不可或缺的要素之一；自然界之运行有普遍规律，人类只有融合于其中，遵循和服从于这个普遍规律，才能共存和受益；作为天、人共通契合点的"德"，实际是人对天、对自然界运行、发展规律的认识和把握。因此，人类社会的道德原则与自然规律是一致的，人类应以遵循自然法则为最高法则；人生的最高理想应该是天人之间的协调、和谐、和德；天之根本德性，含在人之心性之中；天道与人道，虽表现形式不同，其精神实质却是一贯的。天道运行，化生万物，人得天地之正气，所以能与之相通。作为宇宙根本的德，是人伦道德的根源，而人伦道德则是宇宙天道在人类社会生活中的具体体现，所以孟子说：

尽其心者，知其性也；知其性，则知天矣。（《孟子·尽心上》）

因为人道和天道有着相似的内涵，所以，中国古代道德修养传统中的"天人合一、天人合德思想，不仅是一种人与自然关系的学说，而且是一种关于人生理想、人的最高觉悟和道德修养最高境界的学说。它发源于周代，经过孟子的性天相通观点与董仲舒的人副天数说，到宋代的张载、程颢、程颐而达到成熟"[①]。这种天人合一思想，既是道德主体对天道、人道的一种把握和认同，又是对人类社会生活秩序合理性的一种论证，充分展示了中国古代思想家对于主客体之间，主观能动性和客观规律性之间的辩证思考，是一种人与自然之间的审美和谐思想。它告诉人们，一方面，我们不能违背自然、不能超越自然界的承受力来改造自然、征服自然和破坏自然，而只能与自然和平共处，做到"天地与我并生而万物与我为一"（《庄子》）；另一方面，自然界对于人类也不是一个超越的、异己的本体，不是主宰人类社会的神秘力量，而是可以认识和掌握的、与人类和平共处的客观对象。

中国传统道德修养理论与实践虽然总体上主张天人合一，但在天、地、人三者之间，却强调以人为中心，认为"人最为天下贵"，人禀天地之精气而生，人有生命、知识、智慧、道义，优于万物。所以，人是天地之心、万物的灵长、宇宙的精华，一贯坚持以人为本。人与天地并，但人比万物贵，一直是中国哲学价值论最根本的观点。这种"人贵"观念，始终支配着中国人以现实的理性态度对待社会人生问题。

中国的物质文化、精神文化都是以人为中心设计和创造出来的，孔子及其学生关于"敬鬼神而远之"，"不语怪、力、乱、神"等观点，与西方哲学中向

---

① 张岱年、程宜山《中国文化与文化争论》。

往天堂、崇拜上帝、诉诸宗教信仰的理念不同,中国哲学始终将现实的人事放在第一位,关注人的现实生命,始终以道德实践为第一要义,把人的个体的价值实现寄托于人与人、人与社会、人与自然关系的互动之中,从而形成了相信人的道德和力量以创造价值的优良传统。

中国道德修养理论与实践传统中的以人为本,不仅是一种思想和理论,更是一种人生和道德实践,渗透于社会生产、生活的各个方面。体现在社会生活方面是追求和谐有序;反映在人际关系方面,是文明的伦理秩序;而在个人生活与道德修养方面,则既注重个人对社会、对家庭、对他人的责任与担当,也注重现实生活的安逸、幸福和心灵的愉悦。就连以"外王"为修身终极目标的孔、孟,都把现实生活的安逸和心灵的愉悦放在很重要的位置。所以,中国人很重视一个实实在在的家(相当于外文中的 house),认为安居才能乐业,认为人生的真正目的就在于乐天知命以享受朴素的生活,尤其是家庭生活与和谐的社会关系;中国的读书人,不但要有一个实实在在的家,而且总是会构筑一个他自己喜欢的精神生活的环境;中国人既注重生活的严谨节制,也注重生活中的诗情画意,喜欢幸福、亮丽、圆满、长寿等等。所以在现实的生活环境中或生活中充满了表达或诠释这些特征的各种象征,代表社会秩序的一面与代表自我的一面并立存在。在正式的人际关系中,表现出极端的严谨与节制,而在非正式的生活中,则表现出极端的不受约束甚至放纵,两者可以同时被社会所称赏;一般人家里面的陈设、装饰,都喜欢色彩温润、亮丽,主题阳光、向上,充满幸福与圆满的感觉。

当然,中国道德修养理论与实践强调以人为中心或以人为本,但又不是人类中心主义,而是很尊重自然,追求的是与自然和谐、与天地融合为一、与宇宙秩序协调共在的思想和境界。

需要注意的是,中国传统道德修养理论与实践虽然总体上主张天人合一,但其中也存在天人两分或对立的观点和思想。如荀子及其受他影响的学说,就是主张天人两分或对立的,源于老子的修养胸怀论或修养态度说也属于天人两分或对立的学说。

但是,中国文化传统中的天人两分或对立,与西方文化传统中的天人两分或对立,在具体的认识和实践中又是有重要区别的。

西方文化传统强调天人两分或对立，认为自然界是人类征服的对象，人类存在的目的就是为了征服和改造自然，从而形成了带有强烈个人主义、对抗主义色彩的价值标准。优胜劣汰，弱肉强食，是自然界的法则，也是人类社会的法则。

中国文化传统中的天人两分或对立，只是表示人与世界或人与广义存在的关系，是发挥人的主观能动性的前提。所谓"制天命而用之"，就是以天人之分为前提的。而且，中国文化传统在肯定天人之分的同时，又提出人与天地参，人要"参赞天地之化育"。"参赞天地之化育"，并不是人帮助自然过程的完成，而是指通过人的活动，使自然合于人的需要，并获得价值的意义，将天地的演化与人的价值创造联系起来。所以，人与天地参的过程，也就是人按照一定的价值理想变革世界的过程。而价值理想本身，既体现了人的目的，又以显示所提供的可能为根据；价值理想的实现，既意味着赋予自然以价值意义，也在于化价值为具体存在。

其实，广义的存在，既包括自然界，也包括人本身。人在未经社会化、道德化过程时，他在相当程度上还是一种自然存在；自然的人化，相应地涉及人的社会化和道德化。人在认识、把握自然之道后，可以利用对道德的认识以实现自己的价值理想。这一过程，既是对自然的超越，也是自然过程的延续（所谓继之者善也）；就人自身的发展而言，实现善的理想的过程，同时也是德性的形成过程（所谓成之者性也）。

当然，在实际的理论阐述和修养实践中，天人对立与天人合一又往往是交互作用、对立统一在一起的。如老庄主张天人合一但又主张天人两分的修养胸怀或态度说；荀子主张"明于天人之分"，但对实际

的道德修养理论的概括却是符合天人合一精神的。这种交叉互渗、对立统一，到了宋代理学家及受理学影响的知识分子（思想家）那里表现得更为突出。但不管是天人合一还是天人对立，都强调人的主观能动性。尽管各家各派所倡导的修养方式和目的各不相同，如有的讲通过完善自己从而制天命而用之，有的讲通过修炼从而与天合而为一或与佛合而为一，有的是道德修养（儒），有的是心性修养（佛），有的是身心并养（道），但在强调人的主观能动性方面都是一致的。

中国古代道德修养理论中的天人两分、天人合一与修养实践中的天人合一、天人两分的对立统一，是中国古人道德修养心路历程的一大特色。如荀子一派的学说尽管主张天人对立，但它的内涵恰恰符合天人合一的修养实践。也就是说，不管主张如何对立，但在实际的修养实践中，都离不开天人合一。如庄子一边讲"天地与我并生，而万物与我为一"，一边又讲"乘天地之正，而驭云气之辩，以游无穷"，"乘云气，御飞龙，而游乎四海之外"。前者是天人合一的"无侍"，而后者是驾驭天的"有侍"。即一种气势磅礴的人天对立。

"天人合一"，作为一种世界观和思维模式，认为"知天"（认识自然，以便合理地利用自然）和"畏天"（对自然应有所敬畏，应把保护自然作为一种神圣的责任）是统一的，人们应当自觉地担当起合理利用自然，又负责任地保护自然的使命。这些思想理念和思维模式，为我们自觉地解决当代生态危机和环境问题提供了非常有意义的思想资源。

中国古代道德修养理论与实践传统中的天人合一思想不仅是一种学说、一种理论和修养境界，更是一种修养实践，它要求人要充分发挥道德修养主体自身的积极性和主动性。具体讲：

一是要积极主动地去"识天"、"知天"，充分发展和实现主体自身的本性。虽然说人性取自于天，是天赋本性，但那只是一种形式原则。什么是人性的真正内涵，还要靠人自己去认识和发展。一个人只有通过知其自身本性而认识和获得天道，所以才说"人能弘道，非道弘人"。只有这样，修养主体才能进入宇宙活动之中"参赞天地之化育"。

二是积极与自身所在的周边环境，与周边的人们相互沟通，以和睦方式共同发展。尤其是在当今全球化条件下，更应注重各国家、地区间，各民族、阶层、人群、人与人之间的沟通和交流，共同促进全球乃至宇宙间的和谐发展。

三是像"天地之无不持载，无不覆帱"一样，道德修养主体不仅自己要积极"识天"、"知天"，与周边环境，与周边的人们相互沟通，以和睦方式共同发展。更重要的是要在道德实践方面，不能仅限于独善其身，还要"以德导民"，即以自身的道德表率作用，帮助和带动其他的人们实现他们的本性，以影响、改变和提升民众的道德水平和综合素质。儒家所极力倡导的"明明德，亲民，止于至善"，就是以阐发光明的德性奠基，以改造民德为中介，将一个人的道德修养追求与社会政治治理目标整合到一个人人德性高尚、生活美满的理想社会状态之中。

二、刚健自强，生生不息的创造精神

文化源于、始于神话。神话的功用，就是以古人的认识水平来解决人民对宇宙自然、社会人生的疑难问题。随着人类的不断进化，社会生产、科学知识的逐渐丰富，神话再不能解决人类的思想需求之后，道德或哲学随之产生了。

世界各文明史前神话的核心内容，基本上都以阐述宇宙起源和人类的产生为主要线索。与世界上其他民族大多流行诸神创世的神话传说不同，中国史前神话流传下来的诸如盘古开天辟地、女娲补天造人、后羿射日、精卫填海、大禹治水、愚公移山等等，所塑造和强调的都是劳动创造世界、自强不息求生存的精神。中华先民还在人类文明的起源处就认识到，我们所生存的宇宙，从整体上说是一个生生不息的大生命。宇宙自然、人类社会都处于不断运动、发展的过程之中，并将对宇宙、生命基本规律的这种认识和把握上升到理性思维高度，提出了"天行健，君子以自强不息"的伟大命题。认为日月星辰等天体昼夜运行，永不停息，没有任何外力的凭借，完全靠天体自身的生命力。刚劲强健是天道的本质特点。人应当效法天道，奋发自强，奋斗不息。自强不息由此成为中国传统道德修养理论与实践的核心理念之一。

自强不息作为中国传统道德修养理论与实践的核心理念，不仅是每一个修养主体个人进德修业、有所作为、有所成就的精神源泉，也是我们中华民族生生不息、永续发展的思想基础和力量源泉；它要求人们在面对变化无穷、无限发展的宇宙自然、人类社会时，一要趋时应变、与时偕行。就是要顺应、尊重天道、自然发展规律，通过主动顺应环境的实践活动，不断创造出适合人类自身生存与发展的客观环境和社会关系，以便有效合理地生存和发展；二要积极创造、日新其德。就是要效法天道的生生之德，不断革故鼎新，做到"苟日新，日日新，又日新"（《周易·系辞上》）。

由此可见，中国传统道德修养精神，实际上是一种创造性的生命精神，是人对宇宙的一种根源感。

中国文化传统，尤其是传统原典，认为现世世界是唯一实在的世界，人是这个世界的创造者（不同于西方上帝创造世界），人的幸福，人的自我价值的实现，不在明日的天堂（区别于基督教），也不在于精神的解脱（不同于佛教），而在于此生此世自强不息的奋斗中。这种积极进取、生生不息的创生、创造精神，把人的地位提得很高，与天地并称为"三才"。

中国神话传说中的伏羲在没有文字的远古时代，用一长横（—）两短横（--），把当时人们对宇宙自然规律和自然力量的认识成果记录了下来，这是何等伟大的创造！后来的圣哲先贤又进一步创造生发，从而形成了作为中华文化总源头的《易经》；《易经》自身更是生生不息的典范，由《易经》而生出诸子百家，生出经、史、子、集，生出泱泱中华文明。自《易经》开创的中华文明特别强调生，强调生生不息，日新又新，创造又创造；《易经》将宇宙初始之时混沌一片的状态称之为"太极"，将原来的一长横（—）两短横（--）称之为阴、阳，"易有太极，是生两仪"，两仪（阴、阳）一动一静互相循环创生宇宙万物。

《易经》认为大自然中最主要的三种元素就是天、地、人，它以"乾元"代表"天"及其天生之德，"天行健，君子以自强不息"；以"坤元"代表"地"及其"广生之德"，"地势坤，君子以厚德载物"；天地之间，人为万物之灵，天地把前述广大悉备的生命创造精神赋予人类，人的责任就是整合天地特性促进自然进化、人类发展。孔子及其

以后的先贤圣哲们更是极大地张扬了人的自强不息、积极有为的创造精神,将其归纳为"士不可以不弘毅,任重而道远。仁以为己任,不亦重乎?死而后已,不亦远乎?"的弘毅自强精神和"富贵不能淫,贫贱不能移,威武不能屈"的"大丈夫"精神。

中国传统道德精神所注重和弘扬的创造性的生命精神,是一种常变常新、与时俱进的有机生命,中国文化重"时",强调人的一切活动,包括修德、敬业等等,都要"因时而变"、"随时制宜"、"与时偕行"、"与日俱新",所有这些,已经或正在转化为当代中国开拓进取的创新精神。

君子以自强不息,包含有三层意思,一是进德修己,自明明德;二是居业安人,亲民新民;三是参赞化育,止于至善。三层意思实际也代表了个人修养的三个层次,三种境界。

三、宽厚包容,厚德载物的精神境界

中国传统道德精神是一种关于天道、性命、修身、治国的学说,它所关注的中心是提高人的素质和境界,其核心内容是讲如何做人。西方文化传统强调"认识你自己",中国文化传统强调如何做人。

中国文化传统对人的认识,是从对宇宙自然的认识而来的。中华先民在很早的时候就观察到,宇宙自然在其运行发展过程中,有时候刚健劲,积极向上,犹如旭日东升,呈现出朝气蓬勃,一往无前的无限生机和伟大力量;有时候又柔顺恬静,休养生息,犹如冬日之沉静,呈现出雍容厚重、德合无疆的超凡气度和博大胸怀;中国人由此对宇宙自然的一个基本认识就是"天行健,地势坤",从"天行健"体悟到人应当自强不息,从"地势坤"体悟到人要有良好的道德来承担重任。地势坤乃取像于地,大地以其广大无际的宽阔胸怀生育、承载万物,培育形成了中华民族敦厚、宽容、虚怀若谷的高尚品德和海纳百川的伟大精神。

由此可以看到,中国文化传统强调如何做人,主要有两个方面,一是自强不息,二是厚德载物,自强不息是立身之本、修己之纲;厚德载物是治人之本、待人接物之方。

自强不息是一种奋斗拼搏的精神，就是通过不断地立志、学习、实践、锻炼、修养，即古人常说的进德修业来提高完善自己。

自强不息历来被视为修己之纲，是一种自尊、自信、自立、自进的精神，是对价值理想的坚定信念和不懈追求。就是通过内化天道的"刚健中正"以不断提高自身的德行、智能和能力。德行、智能和能力是一个人最重要的三个方面的资源，你要成为一个有作为、对社会有用的人，就要及时进德修业，高尚的道德情操显示你远大的理想、坚定的信念立场和深刻的社会关怀，杰出的智能觉悟显示你整体而根本的视野，卓越的能力会使你随时体认变化的微妙，不断提升自己的价值。

厚德载物，是一种海纳百川、容载万物的精神，就是通过不断地修德、厚德、明德，筑牢人生和事业的基础。厚德载物历来被视为治人之本，是一种严于律己、宽以待人、与人为善、以德报怨的精神。就是通过内化大地"普载万物"的精神，以不断涵养和培育自身的敦厚、宽容、虚怀若谷的高尚品德。你要奋发有为，自强不息，必然要涉及人际关系，处理好人际关系，不仅是社会合作和社会发展的需要，而且是个人成就自我道德人格的重要环节，这就要求人们在现实人生的人际关系中，要立身以德，修身为本，敦厚宽容。厚德因此成为事业成功和人格完善的核心要素之一。

严于律己才能自立、自强，宽以待人才能容众、得众，德厚则人服，胸宽则人和。中国文化传统这种修养要求和修养境界长期影响中国人的人生实践，"自天子以至庶人，皆是以修身为本"；做人做事当以修身为先，反求诸己为要；富有知识而谦虚请教，富有财富而周急济穷，富有权势而从善如流，等等，社会评价体系和民众对人的评价都是以道德和人品作为首要条件。我们在现实生活中也常常说某某人"德厚"、为人"敦厚"，值得信赖，可堪大用，等等；现实生活中，厚德宽容往往会受到人们的尊重和信服，可以彰显"道德也是力量"的真理；严于律己、宽以待人、与人为善、礼让为先，有恩必报、以德报怨等美德，作为为人之道运用于人际关系之中，既能够化解矛盾，化干戈为玉帛，还能产生巨大的道德感召力。

厚德载物的人文精神，不仅是中国人道德修养的要求和境界，它还渗透于中国社会生活的各个方面。如反映在人与人的关系上，要求人们以容载万物的气度，虚怀若谷，宽以待人，设身处地地去理解人、关心人、爱护人；反映在社会生活中，倡导淳朴敦厚、善良热忱、胸襟宽广、宽容大度的民风民俗和富有人情味的道德文明境界；反映在国家民族关系上，倡导"协和万邦"（《尚书·尧典》），主张各国各民族互相团结，和睦共处，反对侵略；反映在文化发展方面，倡导百花齐放，百家争鸣，兼容并蓄，相辅相成；反映在政治社会生活中，倡导和谐有序，安定团结，等等。这种博大宽容的精神力量，表现出无穷的涵容性和持久的承受力，不但"仁民"，而且"爱物"，体现了先民们对人类所关心的各种重大问题，诸如对自然、社会、人生的深刻思考，具有积极的理论原创性，从而形成中华民族认识世界和把握世界的思维方式。这种崇尚道德、厚生利用的立世精神，对于当今人类保护自然环境，维护生态平衡促进人类与自然和谐共处仍然具有潜移默化的影响和独特的价值。

四、以和为贵，中庸和谐的人生智慧

"礼之用，和为贵，先王之道，斯为美。"和，是中国文化传统的核心价值理念之一。和的本义是乐器，由不同的乐器合奏产生美妙的音乐，是为和谐。重和合，致中和，天人合一，人我和谐，灵肉和谐，情感与理性有机统一，是中国传统道德修养理论与实践追求的核心价值目标和境界。

中国传统道德修养理论和实践中的和合、中和思想，在很多情况下也被称之为中性思维或智慧，是中国人独具特色的生存智慧和处世态度。这种中性思维或智慧源于古人整体有机、天人合一的宇宙观，经长期的理论思考和修养实践，与伦理道德、人生观、价值观相结合，逐步转化、形成中国人的一种有弹性的、动态统一的、中庸平衡的世界观和方法论；这种中性思

印度泰姬陵

维或智慧的精义，就是克服两极对立思维，达致天与人和谐，人与人感应，人与物协调。不论是内在的思想理论，还是外在的道德实践，都崇尚含蓄、适度、克制、自律、宽容、雅趣、淡泊、宁静，强调情感与理性的合理调节，以取得社会存在与个体身心的均衡稳定，在现实的此岸世界中达致个体人格的完善。这已经成为中华文明几千年延续下来的道德修养心理特征。

中性思维或智慧在修养实践中的具体表现就是和，认为和会产生新的生命，新的元素。人与自然和合，可达致天人合一境界；人的灵与肉、情感与理性的和合，可达致平淡自然、和谐安宁境界。以和为贵，就是以和的理念和心态处理人与自然、人与人、人与自身的相互关系，以和的标准处世、生活，从而形成融通的人际交往，有序的社会秩序，和谐的社会关系。

从中国道德修养理论与实践的价值关怀和处世宗旨看，和谐的最终目标，是要落实在社会政治层面上。因为自然是一个和谐的整体，人与人、人与自身的和谐，源于人与自然的和谐。人际关系、人我关系和谐的关键，在于个人德性的修养与完善。所以和谐的最高境界是社会政治层面的和谐。

中国传统道德修养讲和谐，第一要义是和。所以古人反复强调：

天时不如地利，地利不如人和。(《孟子·公孙丑下》)
和也者，天下之达道也。致中和，天地位焉，万物育焉。(《大学·中庸》)

认为只要达到中和这种至善至美的境界，天地由此而运转不息，万物由此而生生不已。因此，和是天道与人道的根本，是社会生活与群体生活的价值基础和目标。

中国传统道德修养讲和谐，本质要求是和而不同，正如孔子所说：

君子和而不同，小人同而不和。(《论语·子路》)

"和"在这里是与"同"相对应的一个哲学范畴，其含义就是包含着差异、矛盾、互为"他"物的对立面在内的事物多样性的统一。和就是不同的事物，彼此和谐组成一个有机的整体；"同"则是指无差别的同一，是同一类事物的简单相加或集合。和谐是指不同事物之间的和谐、协调统一，不是无原则的附和、同一。

中国以和为贵、以和为善、以和为美的和谐文化，其理论基础、哲学根据就是和而不同，即包含着不同、差异、矛盾在内的多样性的统一。它始终贯穿两点重要原则，一是在多种评价判断标准之中必然有一种标准处于主导地位；二是在坚持主导标准一致的前提下，承认和允许其他判断标准的存在。这是因为世间万物是千差万别的，正是千差万别的事物之间的多样性的统一与和谐，才造就了生机勃勃的大千世界。也正因为如此，才有中国文化传统中的儒道互补、儒释相融和外儒内法的基本格局。

中国传统道德修养讲和谐，最高境界是"中庸"，是"执两用中"。

中庸，是中西文化"轴心时代"的先贤哲人们集中阐述的核心理念之一。中庸概念的中国提出者是儒家创始人孔子，它的古希腊启示者是柏拉图。

中庸作为德性，与中国道德修养传统中的仁、义、礼、智、信、勇，西方文化传统中的智慧、勇敢、节制、正义等具体德性不同，它是中国传统道德修养理论和实践中一以贯之的价值观和方法论，是道德修养达致审美阶段的一种至高境界。

什么是"中庸"？"喜怒哀乐之未发，谓之中；发而皆中节，谓之和；中也者，天下之大本也。和也者，天下之达道也。"中庸，就是通过"执中"而达到"中和"，即把人的感情、欲望、思想及行为都控制在自然规律、社会发展要求和道德规范的范围之内，并使之表现、发挥得恰到好处。在这里，"中"就是适度、适宜、恰当，是道德行为的价值标准；"庸"就是对"中"的固守，有"用"和"常"两种意思。因此，中庸也可以解释为"用中"，就是道德行为的无过无不及。所以孔子说：

> 中庸之为德也，其至矣乎！

是说中庸是最好的、最高的一种德性。它要求我们在道德修养的实践过程中，做人做事尽量不要走极端，避免过度和不及；要在任何时间、任何地点，时时、处处、事事做到适宜、恰当，从而逐步达致理想的道德境界。

中庸到了孟子，演变为执中，传为尧告诫舜的话，"允执其中"。孟子不仅主张执中守礼，同时又强调，执中须懂得权变：

> 男女授受不亲、礼也；嫂溺，援之以手，权也。

中庸不仅强调"执两用中"，执中守礼，同时还强调择善而从。

与古代农耕社会不同，现代社会人与自然、人与社会以及人与人之间的关系纷繁复杂，处理好这些复杂的矛盾，必须有高度的道德自觉。古代文化传统中的中庸、中和理念，不仅应当是现代人普遍拥有的一种美德，更应当是现代人处理各种社会矛盾和人际关系的人生智慧。作为一种人生智慧，它要求我们，一是要承认并尊重差别和差异；二是要忍让妥协，彼此有益；三是要有修养和品格。这三项中，前两项是认识问题，只有认识到位了，才有道德的自觉性。因为要做到适度与和谐，不仅仅是个认识问题，还与人的品格、修养有关。所以，致力于和谐社会建设，必须致力于以道德素质为核心的国民整体素质的提高。

和德修养也是现时代和谐社会建设的重要基础。人与自然、人与社会、人与人之间及人自身的心身和谐是社会和谐的至关重要的因素。和谐形态的形成和提高离不开和谐文化的建设与道德的修养，道德和道德修养的终极目标是社

骏马凌虚入空、激昂蹈厉的精神，使人产生与天同行，让生命飞舞的豪迈进取精神。

会秩序与人心秩序的整饬，中国道德修养传统中的和谐思想正是人与社会生存、发展的最高的价值目标。人类社会发展的历史经验反复证明，一个国家、一种社会在经济、政治和文化上的进步，必须以一个稳定祥和的社会、人心秩序为基础。同时，社会利益分配中的公平正义，人际关系中的诚信友爱，社会风俗祥和淳美，人与自然万物和谐相处，也是人们世代追求的价值目标和社会理想。

五、民胞物与、经世济民的责任意识

"民胞物与"命题的提出，导致了中国知识阶层强烈的道德责任感和庄严的历史使命感，并将个体人格的完成融入到大众群体人格的共同完成之中。

中国的知识阶层，从最初的士到现代的知识分子，从来都是以天下兴亡、人民安康为己任；在中国知识阶层的济世理想中，始终洋溢着一种伟大的居安思危、忧国忧民的忧患意识。中国传统道德修养理论与实践，是把治国者（君子）和一般民众区别开来对待的，对治国者（君子），主张要重视民情民意，认为"人无于水监，当于民监"，"民之所欲，天必从之"。所以，政治上要"为政以德"，"敬德保民"；经济方面，应当以义为利，而不以利为利，"养民也惠"、"使民也义"、"因民之所利而利之"；社会管理方面，主张"道之以德，齐之以礼"，使民众知礼而"无讼"；文化方面，应当"有教无类"，以文化人。作为统治者，君子、贤人等等，还要注重自身修养，"正己正人，成己成物"，把自己良好的品格推及社会，诉诸政治，使"修己"与"安人"、"安百姓"结合起来。但对一般民众，认为人的物质欲望亦为天之所生，"饮食男女，人之大欲存焉"，有其正当存在的理由，所以倡导"利用厚生"。

中国道德修养理论与实践传统在分配经济资源，在财产与权力的再分配方面，很注重满足民众的一个基本公正合理的要求，强调民生，主张惠民、富民、教民，缩小贫富差距，对老弱病残、鳏寡孤独和灾民予以保护，所主张的"创生"、"尊生"、"变通"、"制宜"、"和谐"、"中庸"、"诚信"、"敬业"、"见利思义"、"以义制利"等思想和智慧，已经或正在转化为现代社会管理、企业管理的宝贵资源。

六、德高于力，善统真美的修养境界

中国文化传统，常常以德、力并称或对言，德是精神上的卓越，力是才智和能力。德、力并称或对言，但又不是德、力并重或并存，而是德高于力，德是才智和能力的灵魂。

中国文化传统所讲的德，主要的不是指外在的行为规范和准则，而是内在的高尚的精神、卓越的人格和品格。任何一种德，如果不反映精神上的卓越，就可能走向反面。如仁如果走向溺爱，就成为对恶的容忍或纵容；义如果成为不讲原则的义气，就会与不义等同流合污；忠如果成为奴仆式的顺从，就是"愚忠"。"骥不称其力，称其德也"（《论语·宪问》），这里称颂的不是马日行千里的能力，而是那种不畏险阻、不怕疲劳、坚忍不拔、勇往直前的卓越精神。对于人类来讲，更是这样。许多人身上表现出来的那些非凡的才能、品格和行为，之所以值得称颂，不是这些才能、品格和行为本身，而是形成这些美好品质，并由它们所显示出来的那种卓越的精神。所谓"君子怀德"，就是说德永远具有高于权力、地位、财富、才能和名誉等等的价值。一个有理想、信仰，有志于贡献社会的人，在任何时候都要把精神的卓越放在首位。如果你是一个为政者，要靠卓越的精神来取得民众的信赖、拥护和支持，靠自己的表率作用、人格力量引导整个社会，形成全社会的凝聚力。

中国传统道德修养理论与实践主张德高于力，就是引导人们要尚志养气，自强不息，刚健有为，严守节操，坚忍不拔，知耻自励，以卓越的精神提升人的道德境界，造成独立、高尚、完美的人格。

中国传统道德修养理论与实践在德与力的关系上主张德高于力，在真、善、美的关系中主张善统真美。

真、善、美是人类在一切领域都力争追求的至高境界。

作为人类社会实践和理论思维所追求的一种境界，真、善、美在大多情况下，都是相提并论的。但在不同的领域或语境中，它们的具体含义是不同的。比如在哲学或伦理学研究中，它们是三种不同的价值评判标准。真是科学活动的评价尺度，科学活动的本质是探索和获得真理，所以我们经常说科学求

真;善是道德活动的评价尺度,道德活动的本质是追求价值和意义,所以说道德求善;美是艺术活动的评价尺度,艺术活动的本质是激情,所以说艺术求美;而在道德的、艺术的、审美的活动中,真、善、美既是一种修养要求,又是人们所追求的一种境界。真、善、美在现实的修养活动实践中,应当是高度地融合在一起的,道德修养的至高境界或完美境界,也是一种科学的、审美的境界,是真、善、美融为一体的一种境界。

当然,中国文化传统在肯定真、善、美融合统一的同时,是有侧重的,是善统真美。善,是中国文化传统的首要价值目标和伦理基础。中国文化传统内容宏富,博大精深,其中关于人伦、品德、修身、养性、审美等等方面的见解,尽管见仁见智,但在总体上反映的还是中国人的善的要求、智慧互为境界。《诗经·卫风·淇奥》以淇园绿竹赞美卫武公,不仅仅是赞美其形体服饰等外在美,更是赞美其内在道德美;据说孔子当年"在齐闻《韶》,三月不知肉味"。孔子对《韶》乐的称赞,不是缘于纯粹的音乐美,而是缘于它的善美兼备,而且达到极致。因为这里蕴含着政治伦理判断。舜以禅让得天下,《韶》就是表现这一文德的音乐,所以孔子说《韶》"尽美矣,又尽善也"。

善在中国文化中具有吉、美、良、好等含义,是一切美德的总汇,是一种完全的美德,是人的生存与发展的完满实现。比如我们常说的诚信、勤奋、勇敢、节俭、克制、恭敬等等,它们都是保证人与人之间真诚相待、正常交往的道德规范,是人们应当具备的道德品质,但这些品质只有与人

米开朗基罗《大卫》,他的体姿和目光,显示出战胜一切困难和挫折的智慧、信心和力量。

的生存与发展的完美实现,即与善的总原则联系起来,它们才算是高尚或优良的道德品质,才是美德。离开了善的总原则,各种具体的、特殊的品德会迷失方向,无法取舍,比如伦理学中的所谓"尾生之信"、"康德之诚",就是离开了善的总原则以后才会产生的伦理学难题。

中国文化,总体上说是一种提升人生道德境界的文化,其内核就是关于道德、人生的哲学。作为德性文化,它的根本出发点是"仁者爱人"的人文精神,价值取向是现世的人文关怀,社会治理方面主张"仁政",强调"德治",认为只有"敬德"、"明德",才能达于"至治",使社会安宁,民众康乐;个体道德修养方面,重视人生价值,强调"崇德像贤"、"佑贤辅德"和人格独立,追求"中庸之道"、"天人合一"的精神境界和社会理想;作为人生哲学,它把真、善、美的统一作为道德修养的至高境界,正如孟子所说:

居天下之广居,立天下之正位,行天下之大道。得志与民由之,不得志,独行其道。富贵不能淫,贫贱不能移,威武不能屈,此之谓大丈夫。(《孟子·滕文公下》)

其中既有对真理的执著追求(如居广居,立正位,行大道,得志与民由之,不得志独行其道),又有善良品格和优雅高尚道德的体现(如富贵不淫,贫贱不移,威武不屈)。它主张一个有理想、有使命感的人,要以"修身、齐家、治国、平天下"为己任,在任何艰难困苦和挫折失败面前都不悲观、不气馁,为了真理和正义,"知其不可而为之";要以"达则兼济天下,穷则独善其身"的人生信念策励自己,自尊自信,慎独自励,养浩然正气,承天下大任;主张一个致力于道德修养的人应当在社会政治生活、伦理生活之外,关注诗、词、山、水、礼、乐等方面的修养,以构成日常生活之外的审美品格。认为人生总要有一定的时间仰望星空,有一种超脱于现实琐碎生活之外的向往,一种宠辱皆忘、与世相遗而独立地观照千秋万世的向往。认为一个注重道德、精神修养的人应当可以神游于宇宙天地之间,神游于古人与来者的世界,静观过去、现在与未来,以达到精神上的无我和超越,达到一种宇宙自然与我合一的美感。

由此可见,道德不是宗教,但能予人以信仰;不是科学,但能启迪人以真理；不是艺术，但能赋予人以美感。中国道德修养理论与实践传统中的人生智慧，是对人生之道、人格理想和人生境界所作的哲学追问，是人类赖以安身立命的精神家园。

其实，人类社会及人类自身的发展，人类的实践活动，离不开对客观世界及其规律的认识和利用，从而使客观世界的真不断为人们所掌握；同时，人类在认识和实践活动中追求有用的或有益于人类的功利价值，从而实现善的目的；而人类在实践活动中所显示出来的战胜各种困难的勇气、智慧和力量，在符合规律、符合人类实践目的和社会发展目标基础上得到确证和肯定的时候，会带来精神上的愉悦而产生美感。所以，真、善、美在人类总体的认识和实践活动中是统一的，统一的灵魂和根本是善，即人类认识和实践活动的目的，或者说价值目标，而真只是工具，美则是结果。

我们以人类对世界的科学认识为例来看，人类的科学认识活动，人类对客观世界的真理性认识，是人类认识和改造世界的基本途径和伟大力量。存在于客观世界中的真理性知识，在真理自身来说，是自然天成的，但对于每一个个体来讲，不是先验的，需要每一个人去不懈地探索。这种探索本身既需要有严谨的科学精神，更需要有道德精神的激励和引领；对真理的认识本身，需要每个人从个人经验出发去提炼、去求证，从而使真理能够走进人的灵魂深处，属于每一个自我，又与人类共享；人类对客观世界的真理性认识，既可用之于为善，也可用之于为恶，人们从科学知识中可以学到光明正大和各种美德，也可以从中学到阴谋诡计和权术。科学知识作为一种中性力量，其本身不具备道德属性，也不能保证其运用的价值取向。所以科学知识的学习只有与道德修养相结合，科学真理的发现和运用只有与社会发展的根本利益和要求相一致，才能真正成为人类认识和改造世界的伟大力量。

人类的审美活动也具有相同或相似的情况。

爱美，是人类与生俱来的本能。美在现实生活中的作用，就是陶冶人的情感，协调社会生活，达到人与生活环境、人与人之间和人自身心灵之间的友好和协调。

审美，是人类的一种精神活动，是人对物质生产、生活活动，实用功利活动的一种超越，也是对个体审美有限存在和有限意义的超越。

《雪溪图》

人对自然的、艺术的、音乐的、建筑等等美的欣赏，不仅可以陶冶人的性情，更能够提升人的生命境界。自然界雄伟壮丽的景色，能激发人豪放振奋的热情；艺术作品的精致华丽，能给人以高贵典雅的感受；自由匀称、空灵开敞的山水园林，给人以轻快活泼、优雅崇高的感受。持续深入的审美感受与审美者的经历、学识、性格、修养等相结合，会进一步升华为道德情怀。

当然，审美作为一种高度个性化的精神活动，人们对美的欣赏和追求不可避免地带有个人的爱好和主观性，在社会历史中形成的个人审美感受不可避免地具有时代性、民族性、阶级性，因此离不开道德生活的引领和浸润。人性自身的美丽与尊严，因为有丰富的道德内涵，才会呈现出崇高与伟大。人的审美情趣是经培育涵养而形成而提高的，但只有与德行相联系时，才是可以改善、可以提高的。庸俗的美感或享乐不需要培养或修养，只有高级的美，具有丰富道德意涵的、更高境界的美，才需要涵育或修养。牛顿发现万有引力定律，开普勒发现行星运动定律，爱因斯坦发现广义相对论，从而感受到宇宙之神秘的和谐那种欣喜，那是只有具有高度的科学修养和道德修养境界才能期望达到的人性的美丽和尊严。

审美作为人类在一切领域追求的至高境界，对于不同的人，或同样的人在不同的语境中，其体验和要求是不一样的。一个体育运动员的审美观念可能是速度、弹跳力等等，而一个农民的审美观念则蕴含对力气的需要；对一匹赛马的审美要求是它的速度，而对一匹拉车的马的审美要求则是它的力量和耐力；对堤坝、围栏等等的审美要求是坚固耐用，而对鲜花、美景的审美要求则是美丽和愉悦；单纯的观景、赏花、观看赛马、体育比赛等等，那只是一种审美行为，但如果这些活动是为了身心健康、精神愉快，是为了修身养性，那就是一种更有意义的提升人的情趣、德性的活动了。道德修养就是把认知、激情和信仰统一于道德智慧之中，统一于善行之中的高层次修养活动。尤其是中国文化传统中的审美或审美修养，就是让音乐、书法、绘画、园林建筑乃至山水欣赏等艺术审美活动，和合到士人的道德修养以及民众的礼俗生活当中，担负起移风易俗、德风德草、美教化、厚人伦的道德政治任务。

人类正是在智慧和善行之光的烛照之中洞察自然、社会与人生的奥蕴，在与时俱进的历史发展进程中造就人类自身真、善、美的理想人生的。

由此可见，真、善、美既各有其相对独立的意义，又相互联系。科学求真，但善赋予其意义和价值导向。艺术欣赏求美，但善能提升审美的道德意义。所以，最高的善是与真、与美相结合、相统一的善。

需要强调的是，中国文化传统所说的善统真美，不是用善的价值标准和原则统摄真与美的价值标准和原则，也不是用善的价值判断代替真与美的价值判断，而主要是强调它们之间的渗透、互动和协调（犹如阴阳、有无、形神之间的互动、渗透等等）。作为修养的要求和境界，强调的是真、善、美的和谐统一，道德中蕴含着真理之光和审美情趣，真理、审美中蕴含着道德的规范和引领。比如中国文化传统中的"天人合一"思想，它是中国古代哲人们对天道、人道的一种把握和认同，是对人类社会生活秩序合理性的一种论证，是一种人与自然、社会关系的学说。毫无疑问，是对真理的一种探索和追求。但这种天人合一的思想和理论，也同时是中国人的一种人生和道德实践。它所追求的人与自然和谐、与天地融合为一、与宇宙秩序协调共在的目标和境界，既是科学的、道德的，也是审美的，是真、善、美的相互渗透和完美统一。

《人权宣言》碑文：自由是属于所有的人做一切不损害他人权利之事的权利；其原则为自然，其规则为正义，其保障为法律；其道德界限则在下述格言之中：己所不欲，勿施于人。

需要特别注意的是，真与假、善与恶、美与丑既泾渭分明，又秘密交集。泾渭分明，使人疾恶如仇；而对两者间交集的发现和承认，则是对自然、社会、人生更高的认识境界，也是对自己更有价值的宽容。同样是爱和恨，有些美好，有些丑陋，它们都能使人保存必要的个性与力量；谬误和邪恶中都有智慧，需要人们以非凡的胆识和能力去提取；妥协和宽容可以维护品德的亮度与处世和谐；纯洁则意味着容易失去质地的稳定性。

真假、美丑的悖论无所不在，远比二元论复杂多变，一缕明亮的光线，既照亮我们，也会映衬出周围的黑暗。太多的东西，不能绝对地依靠理念和理性来简洁地判断、方便地取舍。

现实生活中，有很多的人很淳朴、纯真，但那是未经社会生活磨砺、修炼的天真，他们既容易塑造，也容易污染，尤其是在进入现实的社会生活中，最容易成为利益世界的牺牲品。所以清纯天真只有经历现实生活的磨砺、修炼，经过长期的道德的修养和磨炼，才可以达致至真、至美。具有丰富道德和智慧内涵的至真、至美可以再造童真、淳朴世界，但脆弱的淳朴、童真一旦被污染，就会立即损毁至真、至美。

因此，人对真善美的追求，不会永远是单一、纯粹的，具有无与伦比的丰富性和复杂性。

七、"己所不欲，勿施于人"的普世伦理原则

"己所不欲，勿施于人"，在中国传统道德修养理论与实践中又被称之为"忠恕"之道。"忠"在中国传统文化中的基本含义，就是真心实意、诚恳老实。从道德修养角度理解，主要是指人与人之间进行正常交往所必须遵循的行为准则，是"尽己"、"为人"的由内向外的道德情操和高尚行为；"恕"在中国传统文化中的基本含义就是宽恕、容人，从道德修养角度理解就是推己及人，就是要求在处理人际关系时要设身处地地为他人着想和考虑。"己所不欲，勿施于人"，这也是道德修养的最低要求，或者说是消极维度的要求。与此相对应的更高要求或者说积极维度的要求，就是"己欲立而立人，己欲达而达人"。这是相互联系的两个方面，前者保证人际关系发生时的起点的正当性，后者保

障人际关系发生结果上的公平性和可欲性。这两个方面被国内外学者称誉为中国传统文化处理人际关系的道德黄金律。

"己所不欲，勿施于人"，从源头上说，是由儒家"仁爱"思想推展而形成的一种行为方式和做人的基本原则，就是通过将心比心的体验去亲爱他人、尊重他人，从而营造一种友好协调的人际关系，创造和谐的人文环境。这种做人基本原则和行为方式的积极因素，在中华文明数千年发展历程中，产生了长久而广泛的积极影响。它使每一个民族群体中的成员，都能够自觉地加强自身的修养，以将心比心的仁爱之心保持自己与他人、与外部世界的和谐统一；它影响着每一个人在实际社会生活中的行为方式，并正确认识、履行自身在维护社会群体和谐中应该承担的责任与义务，做到各司其职，各尽其责，形成一种亲和力。这些思想和理念，经过历史的不断选择、丰富和重塑，逐步形成为全民族广大成员普遍接受的思想和精神观念，比世界上任何民族都成功地把几亿民众从政治上、文化上、观念上团结起来，为中华民族的生存和发展提供了强大的精神动力。

我们之所以在这里把"己所不欲，勿施于人"作为普世伦理来对待，一是因为它在当代人类社会道德修养理论与实践中具有超越历史阶段、文化传统的特质，具有面对全人类生活的大视野；二是在当今经济全球化、科技现代化、思想文化多元化条件下，在各种伦理道德文化相互碰撞交流的情况下，它既有利于凸显传统伦理道德共同性，又有利于调整当下伦理道德生活状态，也可以为将来的世界提供一种共同生存的亲和力和凝聚力。

八、博学、慎思、笃行并重的修养方法

道德修养的方法问题，是道德修养理论与实践的一个重要问题。古人所讲的"工欲善其事，必先利其器"（《论语·卫灵公》），就是强调的方法问题。中国道德修养理论与实践传统对这个问题有非常丰富的思考和讨论，但重点主要是集中在学、思、行三个方面，用古人的话说，就是"博学、慎思，笃行"。

首先是博学，这是人们自觉加强道德修养，实现人生理想的必由之路、不竭动力。

中国文化传统中的学习，和现代意义上的以了解掌握各种专门知识为目的的学习是有区别的。中国传统文化中的学习，从其起源处，就被赋予道德的意涵。学习虽然也有求取知识的任务和目的，但主要的目的还是为了修身；学习的基本路径，是通过文字的中介，开发心灵的智慧，激发道德的潜能，将文字中所包含的旨意化为行动，以提升人的价值和道德品质。学习的本义乃是觉悟，所以，学习有时候也被称作学养。学习和道德修养是相互渗透或重叠的。

道德修养作为高层次的自我教育和自我改造活动，必然是以雄厚的科学文化知识为基础，在一定的理论指导之下进行的。学习有助于人们了解和掌握自然、社会和人类自身发展的规律，帮助人们树立高尚的道德理想和信念，提高人们的道德判断、评价和选择能力，还有助于人们提高道德修养的自觉性。中国传统文化非常重视学习对于道德修养的重要作用，认为学习乃是以己之劳美己之德，是不断提高人的认识水平，通晓世事洞悉人心，理性管理自身修养，使自身聪明才智、忠勇诚信等各种美德达致中庸、闪烁真理之光的必由之路；是不断提升自身价值，不断超越自己，通向自由王国达于至高境界的不竭动力。

中国文化传统关于学习与道德修养相互关系的理论与实践，对于今天全球化现代化条件下人们的道德修养，仍然具有十分重要的启发意义。

其次是慎思，即人们通过道德上的自我反省（内省）和自我检查（自讼），不断提高道德评价和道德选择能力，从而不断提升道德修养水平的重要方法。

中国传统道德修养理论与实践反复强调，要"见贤思齐"、"见不贤而内自省"，特别注重道德上的自我反省和自我检查，提倡"吾日三省吾身：为人谋而不忠乎？与朋友交而不信乎？传不习乎？"（《论语·学而》）"内省不疚，夫何忧何惧？"（《论语·颜渊》）认为在进行道德上的自我反省、自我检查时，如果没有发现什么过失，也就没有什么可忧愁和恐惧的了。而在发现自己的过失或过错后，又能够进行自我批判、自我责备，则更加难能可贵。因为一个人在现实的社会生产、生活实践中出现过失、过错是难免的，"君子之过也，如日月之食焉。过也，人皆见之；更也，人皆仰之。"（《论语·子张》）"过则不改，是谓过矣。"（《论语·卫灵公》）认为人人都可能出现过失，就像天体运行中的日食月食一样，但只要正视并及时改正，就会受到人们的尊重和敬仰。

·中国传统道德修养理论与实践的基本精神·

以毛泽东为代表的中国共产党人在领导中国革命和建设的伟大实践中,继承了中国道德修养理论与实践中关于"内省"和"自讼"的优秀传统,并与中国革命和建设的实践相结合,为其注入马克思主义的科学内涵,从而形成了我们党的"批评和自我批评"的优良传统和作风。正如毛泽东所说:

> 一个人总有缺点,君子只是能改过,断无生而无过。①

人有缺点,有过失,就需要进行思想上、道德上的自我教育、自我斗争和自我改造。中国革命和建设的实践,我们党的建设的实践反复证明,我们党所一贯倡导的批评和自我批评,不仅是提高人们政治觉悟、政治素质的有效方法,也是培养人们的道德品质,提高人们的道德境界的有效方法。亦如周总理所讲:

> 一个人的反省功夫,能时时这样,而且做错了就改,不足的就加,那这个人的修养一定成功。②

第三是笃行,亦即躬行实践。这是道德修养的出发点,也是落脚点。

中国传统道德修养理论与实践不但特别重视"学",也特别重视"行",强调言行一致、知行统一。主张观察人、认识人,要"听其言而观其行"(《论语·公冶长》),而对自己,则要"讷于言而敏于行"(《论语·里仁》),"先行其言而后从之"(《论语·为政》)。

以毛泽东为代表的中国共产党人将笃行,或躬行实践的道德修养传统方法,加以马克思主义的改造,并运用于中国革命和建设的实践,运用于党的建设的实践,形成了我们党的理论联系实际的优良传统和作风。它要求我们要时刻注意做到理论与实践相结合,自觉地运用已经掌握的理论指导自己的实践活动,做到说和做、知和行的统一。正如毛泽东所讲:

---

① 《毛泽东选集》第五卷,人民出版社1977年版,第28页。
② 《延安时期的毛泽东哲学思想》,第312页。

219

我们的结论是主观和客观、理论和实践、知和行的具体的、历史的统一。①

强调理论与实践相结合，知与行、说和做的统一，也是无产阶级政党道德修养的基本方法和要求。刘少奇同志就曾指出：

革命者要改造和提高自己，必须参加革命的实践，绝不能离开革命的实践。要在革命实践中修养和锻炼，这种修养和锻炼的唯一目的又是为了人民，为了革命的实践。

道德修养的过程，就是积极参加社会实践，并在实践中不断地进行自我教育和自我改造的过程。

在今天全球化现代化条件下的道德修养，更要强调理论与实践结合，要把学习现代的科学理论，学习社会主义的、共产主义的道德理论、原则、规范，和积极参与现代化建设的各种实践结合起来，和学习现代化建设中的各种模范人物的先进思想、优秀品德结合起来，和道德上的自我教育、自我改造结合起来，自觉地规范自己的道德行为，提升自己的道德修养水平和境界。

---

① 《毛泽东选集》第一卷，人民出版社1991年版，第296页。

道德修养与社会变迁

从本质上说，道德修养与社会结构变迁、社会发展和社会生活的演变是密切联系的。一般地说，任何比较显著的社会结构变迁和社会生活变化都可能引起观念上的反映，形成观点、理论，引发某种思想倾向或情绪。当然，这里说的社会变迁，不仅指政治变革，也包括经济发展、科技革命、国际关系格局的变动等等。

当代中国社会变迁的核心问题就是中国的现代化。中国的现代化面对经济全球化、科技现代化和文化多元化等多重挑战，中华民族如何在不脱离世界文明大道的基础上完成自己的现代化，并屹立于世界民族之林，是时代给我们提出的重大课题。新时代的挑战，呼唤着弘扬和培育我们自己的道德精神，共建我们这个多民族国家的共有的精神家园。如果没有我们自己的道德精神和时代精神，我们就会丧失精神支柱。面对中国社会现代化，并促使其健康发展，我们不能不深刻反省传统道德修养理论、实践与时代精神之间的关系。

《时代》2006年度人物封面,"you"指网民,即每个改变信息时代的人,每个创造和消费网络的人,正如图中所说:"没错,(年度人物)就是你,你操作了信息时代,欢迎来到你的世界。"从石器时代、农耕时代到工业时代、信息化时代,人们工作、生活的内容和方式都发生了翻天覆地的变化。"

一、社会现代化对道德修养理论和实践的影响

社会现代化（social modernization），最直观的定义就是人类社会从传统到现代的转变。具体讲，它是一种受人们价值观念指导的、有目的有计划的、涉及整个社会物质层面、制度层面和精神文化层面的持续不断的进步过程。中国的社会主义现代化，就是在中国特色社会主义制度下，实现工业、农业、科学技术及文化的现代化。

全球化和信息化，是当今现代化过程中涉及广泛的社会领域的发展趋势和潮流，在政治、经济、文化、技术等各个方面都有具体体现。它们作为重大的社会变迁，也会对当代道德修养理论与实践产生深刻而广泛的影响。当然，这种影响是双向的、互动的，道德修养理论和实践一方面会受到全球化和信息化的冲击，另一方面也会从全球化、信息化变迁中得到充实和继续前进发展的动力。

现代社会，社会结构表现为几个大的特征，一是分化进程加快，即一个系统或单元分解成两个或更多的系统或单元，其结构与功能亦随之变化，如当代社会生产从家庭制度中分化出来形成新的独立的制度等等；二是适应能力提高，即一个社会单元克服环境和种种困难而达到目标的能力提高，如生产制度从家庭制度分化之后，使家庭和工厂都能更有效地发挥其功能；三是容纳

能力增强，即把以个人地位、背景为标准的社会组织扩大为接纳各种各样的人的社会组织，一个组织或社会单元若能容纳新的单元与系统，则其基础更稳固、效率会更高；四是价值通则化倾向不断强化，即社会对新分化出来的单元或系统加以承认与肯定，使其具有"合法性"。

由于社会的分化加快，促使社会整合的程度相应提高。因为分化出来的社会单元更加不能自足和必须进行交换，因此，各种社会资源（如人才、知识、技能、资本、商品等等）必须成为普遍化的、抽象化的和可以交换的（如学历证书、职称、凭证、工资和薪水、资本、商品等等），只有这种提高了的普遍性和可交换性，才能为社会系统的、完全和真正的成员资格容纳外部群体创造条件。因此，现代化打破了旧的身份界限（如家族传统、种族和性别等），政治参与越来越趋向于以个人天赋、优点和业绩为根据。由于社会化，还使现代社会的价值体系趋向普遍化和抽象化，从而使社会更加具有包容性，使更高级的社会系统中的各种各样的目标和活动合法化。

在西方现代化研究中，把由"传统社会"向"现代社会"过渡的这种过程称之为现代化。在美国，著名社会学家塔尔科斯·帕森关于人类行动和人们之间互动关系的五个模式变量，被现代化理论家广泛用于分析传统社会与现代社会的区别，它们是：

（1）情感中立性和情感性，是指社会的行动者互动各方以情感为适当还是以情感相对分离的关系为适当。他认为，在传统社会中，社会关系通常具有某种情感要素，如企业雇主对待雇员像家庭成员一样，即使生意亏本也不解雇。而现代社会，社会关系通常具有情感中立性，雇主必须以情感中立的方式对待雇员，必要时就得解雇，否则即会影响生产效率甚至亏本。

（2）自我取向与集体取向，是允许追求个人利益，还是从有利于顾及作为一个整体的群体利益的意义上规定这种追求。认为在传统社会，人们为了履行集体义务，必须牺牲个人利益，而在现代社会，强调个体的利益，鼓励发展自我，开创自己的事业。

（3）普遍主义与特殊主义，是指通过抽象的、非人格的标准来评判行动者，还是通过他们与具体的人的关系和他们在特定社会群体中的归属性（imbeddatss）来评判。认为，在传统社会，人们通常与同一社会圈子的人发生联系，他们常常以特殊的或约定俗成的方式如口头协议、人格承诺等互动。在现代社会，人们不得不经常与陌生人互动，所以，通常利用普遍性的规范来互动，如在银行兑现支票时，工作人员必须要你出示身份证，在商业交易中，用普遍运用的书面规范来规范各方的权利与责任等等。所以，规则理念的修养就非常必要。

（4）自致性和先赋性。是强调鼓励、允许个人的社会努力作为角色的标准，还是强调个人出生时的社会地位作为这种业绩的基础。认为在传统社会，人们往往根据一个人的先赋状况如家族、家庭背景等对他进行评价，而在现代社会，人们则是根据一个人自身已经获得的地位如受教育状况、技术资格、工作经验等来评价的。

（5）专一性和扩散性，是指一个人的社会角色是只吸纳某个个人的认同（idemtity）的一部分，还是吸纳该个人认同的全部或大部分。认为，在传统社会、角色从功能上看通常是扩散性的，如雇主同时兼顾雇员生活、家庭，充当雇员保护人，企业办社会等，因而缺乏效率；而在现代社会，角色则具有功能上的专一性，企业对员工只承担有限义务，通常不超出工作领域，因而能专心提高效率和生产率。

我们把现代化理论的这些研究成果，用来分析现代化条件下的道德修养，也能受到很有意义的启发。

当今世界正在发生广泛而深刻的变化，当代中国也正在发生广泛而深刻的变化。今天的道德修养，必须放在全球化背景下来考虑。在全球化背景下，所谓道德修养，当然不是封闭的修养，而是世界范围内各种文化、观念兼容并蓄的修养，是在包容、吸收、弘扬各种文化观念基础上的道德修养。

因此，今天的道德修养，已经是全球化时代的人类共同的话语。其实，道德及道德修养从它产生时候起，就秉持开放性的品格，即在充分汲取人类文明资源的前提下，面对人类文明发展的共同问题，不断提出富有建设性的解决方案，从而促进了它的丰富和发展。因此，对于经济全球化条件下的道德修养，仍然必须立足于世界视野，冷静地反思和面对当代人类的共同问题来思考。

二、全球化发展对道德修养理论与实践的影响

"全球化"作为一个重要概念，是最近这些年才广泛使用的，但作为一种历史进程，应该说是从工业革命以后就开始了。正如马克思、恩格斯在《共产党宣言》中所说：

> 资产阶级，由于开拓了世界市场，使一切国家的生产和消费都成为世界性的了。……资产阶级挖掉了工业脚下的民族基础。……过去那种地方的和民族的自给自足和闭关自守状态，被各民族的各方面的互相往来和互相依赖所代替了。……资产阶级，由于一切生产工具的迅速改进，由于交通工具的极其便利，把一切民族甚至最野蛮的民族都卷到文明中来了。……一句话，它按照自己的面貌为自己创造出一个世界。[1]

这是马克思、恩格斯对人类历史上的第一轮全球化所作的科学判断。人类社会在进入近、当代以来，以蒸汽机的使用为标志的第一轮全球化浪潮，催生了马克思主义和世界范围内的共产主义运动；以电力、内燃机、化工技术为代表的第二轮全球化浪潮，引发了世界范围内的种种复杂矛盾，导致了两次世界大战的爆发，催生了苏俄、东欧、中国等一系列社会主义国家和遍及全球的民族独立和解放运动；20世纪70年代以来，以电子计算机和微电子技术为中心，以信息技术、新材料技术、生物技术等技术群为标志的第三轮全球化浪潮，通过信息革命和知识经济，强有力地促进了交通、通讯和国际金融运转的高速化发展，使世界市场不断扩大，国际经济、政治、文化联系日益紧密。因此，我们讨论道德修养问题，也必须与时俱进，这样才能掌握应有的历史高

---

[1]《马克思恩格斯选集》第一卷，第276页。

度和时代精神，才能够应乎天理，顺乎人情。

像全球化这样长时期、大规模，十分复杂的多维度的社会变迁过程，其根源虽然主要是经济方面的，如"新自由主义"势力的粉墨登场，促使跨国公司在世界范围内寻求投资，促使国际资本在全球范围内自由流动等等，但科技的发展，特别是交往领域技术（信息通讯、快速空中交通、空间技术）的飞速发展，还有一些全球性问题，尤其是地球生态系统遭受破坏的问题日益严重等，也是推动全球化加速到来的重要原因。

随着经济、科技等的进一步发展，全球化推进的方式会更加多样化，会以更强大的渗透性和普遍性，触及到社会的经济、政治、科技和文化生活的各个方面。所以，我们面对的、生活在其中的，是"一个崭新的地球村世界"[①]。正因为如此，我们必须要在全球范围内重新建构对话（比如与美国、欧洲等建立战略伙伴关系）。我们要树立社会的、经济的和政治的全球观念、世界眼光和现代意识。我们必须适应时空普遍性规定，能够积极参与跨越遥远时空距离的人类活动。我们必须要有高度诚信意识和高度风险意识。由于风险无时不在，我们必须经常观察、了解和思考货币的价值和专门知识的有效性。

现代社会从性质上说是反思性（neflexivty）的，这种反思性会大大延伸社会关系的时空距离，从而使我们经常身处复杂的全球关系网络之中，使"世界范围性社会关系"强化。所以，我们必须强化全球意识、现代意识和整合意识的修养，在全球范围的开放环境中，积极借鉴、吸收和重新阐释、创新传统文化中优秀的道德修养资源，认真学习、借鉴和吸收世界各个国家、各个民族文明发展、进步的最新优秀成果，并将各种不同的道德修养资源通过科学合理地整合、创新，从而形成一种理论上相对完整，具有较强的现实解释、说服力和辩护力的、内在和谐的修养理论。这样的理论，与现代化、全球化条

---

① 台湾《社会趋势丛书》1990年版，第23页。

件下的现实生活也能够保持一种和谐的关系，并能够引导和帮助人们正确地处理和应对人生问题，能很好地服务于社会主义现代化建设，使道德自身的和谐与社会的发展、和谐保持同步。

三、走向现代化、多样化的道德修养

现代化是一种特殊的社会变迁，在当代中国现代化建设的进程中，中国社会的道德修养正在向多元化的方向发展。道德修养的多元化，是已有的道德修养资源对改革开放和经济全球化条件下社会中出现的所谓"道德失范"现象作出的回应，是现代人为了克服道德危机、恢复道德权威所做的一种努力。因此，道德修养的多样化，是发展了的社会生活的要求，是社会变迁在道德修养方面的反映。

道德修养的多样化具有多方面的含义，其中最为突出的应当是道德修养主体多元化和道德修养主旨多元化。道德修养主体多元化是指社会成员的自我独立意识和个人自由、权利要求的增强；道德修养主旨多元化，是指社会成员道德修养的价值取向、价值选择呈现多样化趋势。

在传统社会中不存在上述情况，一方面，作为个人的社会成员都是把国家（皇帝）、政府作为个人必须服从的权威，视为一种最高的权力主体，是个人尽义务、作贡献的对象。他们不认为自己有权利要求国家（皇帝）、政府应该如何，也不认为自己有能力如此；另一方面，传统社会中凸现的是国家主导道德的支配性话语，人们的道德自觉、个人良心的机制是对社会主导道德的尊重，对传统道德内容的因袭。因此，国家的意志和道德要求、规约是一致的，人们进行道德修养的价值取向、目标与国家主导道德的要求也是一致的，这就使社会成员的价值取向、道德修养目标往往表现出高度的一致性。

现代社会的情况则完全不同。一方面，由于社会生产、交换的高度发展、社会的高度开放性，使人们的职业分工日益深化和多样化。这种开放的社会结构、高度流动的人口、人口的高度异质性，使社会成员表现出多样性的生活方式和行为方式；另一方面，由于现代社会结构所具有的开放性对多元文化、多元价值观念的包容，使一种道德主导社会道德，社会道德高度一致的状况

已经发生了变化,道德和价值观念的多元化已经成为社会的现实。

这里需要着重说一说价值观念和价值观念的变化问题。

价值是什么?从学术上说,是主体与客体之间的一种关系,通俗地讲,是指人们所希冀和追求的好生活、好理想等,反映人的存在的目的性。中华文明早在上古时代就逐步树立了道德是最重要、最基本价值观念的思想。

价值的基础是利益,是人基于生存和发展的需要,对事物和目标的利弊权衡。人生价值观念的实质虽然是利益,但它同时具有理想性和超越性。因此,道德价值观念是人的社会生存的内在精神根基,是人的思想与行为的基本价值趋向,也是道德修养的首要目标。在现代社会经济、文化、科技高度全球化的条件下,人们的价值选择有很多很多种,如诚信、善良、仁爱、勇敢、坚强、快乐、民主、自由、公平、正义、创造、平等、勤奋、慷慨、正直等等,这些价值观念(或称美德)人人赞同,但哪一项或几项才是一个人安身立命的所在呢?有人向往健康的生活和美满的家庭,"健康"和"爱"便是他们价值观中最重要的核心价值;年轻人总喜欢做有创造力的事情,总想突破已有的框框,发现全新的天地,创造、活力就是他们最为珍视的核心价值。

由此可见,道德是传统的,也具有时代性。任何道德思考、道德修养和道德践履都植根于社会实践,都是社会生活的反映。现代化是一种深刻而复杂的社会变迁,现代化深化的结果之一,是个人主体性的提高,这是时代发展的要求,也是道德修养的目标要求。因此,个人主体性的提升,是有道德内涵在其中的。

随着现代化、全球化趋势的深入发展,人们思想活动的独立性、选择性、多变性和差异性会不断增强。特别是在改革开放和社会主义市场经济条件下,社会现实生活中会存在各种反映不同利益诉求的道德价值观念和要求。从一定意义上说,道德和价值观念的多元化有利于人们解放思想,促进人们在社会实践中突破陈规,大胆创新,不断增强社会的创造活力。

马克思曾说,每个时代总有属于它自己的问题,准确地把握并解决这些问题,就会把理论、思想,把人类社会大大地向前推进一步。今天,我们正处在一个社会政治、经济、文化等各方面全面变革剧烈变化的时代,市场经济要求自我独立的主体,要求人们从依附走向独立,充分发挥个人的创造力和生产力。社会的进步也允许和提倡个人追求自己的自由和幸福。正如马克思在《1844年经济学哲学手稿》中所说，人类的真正追求乃是人的本质力量的对象化；人在自己意识和意愿的支配下进行某种活动，在活动中，使得多样的全面的本质对象化得以实现或变为现实，从而使人在对象世界中得到肯定和确认，给人带来真正的自由和幸福。通俗地说，就是追求自我实现。

现在，一个伟大而复杂的个人时代正在向我们走来，这一切反映在道德修养方面，就是"人是主体"的思想必须得到确立。

四、道德修养与社会经济、政治、文化发展的互动

道德修养作为"社会个人的自主活动和全面自由发展"的实践活动，自古以来都是在一定的社会生产力发展和人的劳动实践活动中进行的。马克思、恩格斯就是从对人类命运的深切关注和终极关怀，使他们站在崇高的"人类社会和社会化的人类"的基点上，对生产力发展和人的发展的关系进行审视的。他们在生产力是人类社会和社会个人发展的物质基础和决定因素的总的命题下，指出：

第一，从需要和满足需要的角度看，生产力的发展是人类社会和社会个人生存和发展的"绝对必要的实际前提"，"一切历史的一种基本条件"。"当人们还不能使自己的吃喝穿住在质和量方面得到充分保证的时候，人们就根本不能获得解放"，当然也就谈不上真正意义上的道德方面的修养。

第二，人在物质生产中不断发展着的本质力量，是人的自我创造和升华。因此，"发展人类的生产力，也就是发展人类天性的财富这种目的本身"，"工业的历史和工业的已经产生的对象性存在，是一本打开了的关于人的本质力量的书，——人们至今还没有从它同人的本质的联系上，

而总是仅从外表的效用方面来理解。"

马克思经济学中对生产力发展与人的发展的关系的分析更清楚地表明了这一点。他在他的第二个"伟大发现"剩余价值理论中，区分了人类劳动中的必要劳动和剩余劳动，用生产力发展不同阶段上必要劳动和剩余劳动的比例变化及剩余劳动在不同阶级间的分配方式，说明所谓必要劳动、自由时间是否充分，将成为人类社会和社会个人能否充分发展的决定性因素之一。

随着当代科学技术的飞速发展，人类社会延续了几千年的、以人的直接劳动为基础的人类劳动的基本状态正在发生着质的变化，生产过程正在从简单劳动向科学过程转化。劳动者表现为不再像以前那种被包括在直接生产过程中，而是站在生产过程旁边，以生产过程的监督者和调节者的身份同生产过程发生联系。现实财富的创造较少地取决于劳动时间和已耗费的劳动量，而较多地取决于科学水平和技术进步；衡量财富的尺度也在发生变化，即不是劳动时间而是供个人充分发展的自由时间；表现为生产和财富的宏大基础的，将是"社会个人的发展"。

因此，通过积极的工作，推动中国特色社会主义现代化建设健康、快速、可持续地发展，推动和完成劳动方式的根本变革，加快完成只有商品经济的自然历史进程才能完成的人的发展方式的任务，自觉地为每个人的全面自由发展创造现实条件。如科技革命所推动的生产力的巨大发展，由这种发展所引起的工作时间的缩短，劳动职能的变换，城乡差别的缩小甚至消失，体力劳动和脑力劳动的日益结合等等，给所有的人腾出了时间和创造手段，使每个人在科学、艺术等方面得到发展，从而为每个人的全面自由发展创造充分的现实条件。

在经济全球化、技术社会化条件下，人类的活动范围和效应大大扩展，人类的创造性空前增强，但也面临许多危及生存和发展的全球性问题，如环境污染、生态平衡、种族冲突、地区战争、恐怖主义、热核威胁、文化矛盾、贫富差距等等，给21世纪的人类生存与发展蒙上了浓厚的阴影。因此，在科技高度发达，风险日益增长的社会，人类比任何时期都更需要对话、沟通、协商，以形成共识，比任何时间都更需要生态伦理、生物伦理、网络伦理，体现社会公正的政治伦理和人文精神方面的修养，适应时代要求，构建新的道德修养文化,也是一项具有重大理论和实践意义的课题。

在当今社会经济、科技全球化背景下,有很多问题是世界性的,通过继承、弘扬道德修养精神,对世界现代病进行批判和反思,从而弥补现代市场、科技的偏弊,与自然、与社会和谐,以求得人文与科技、与市场、与自然调适上的健康发展。

道德修养与现代社会

　　道德修养既是传统的，更是现代的。与时俱进，是时代发展对道德修养理论与实践的基本要求，以时代精神为指导，是道德修养理论与实践不断发展、丰富和完善的重要保证。

《雪景图》：平淡悠远的白雪世界，使人的心境有一种平静、恬淡的自由感。

一、现代道德修养的新趋势——现代化和全球视野

我们把道德修养问题放到现代化、全球化条件下来考察，是因为社会现代化与全球化在现时代是一致的。全球化必然促进全球社会转型和社会的现代化；社会现代化必然是一个全球化的过程，必然涉及人类生活所有方面的变化，包括社会成员价值观、行为习惯、生活方式和社会心理的震荡与嬗变。

道德是人类文明进步的结晶，与每一时代的现实社会生活有着密切的关系。道德是一种文化上的确定目标以及指导这些目标实现的准则，人们的道德实践活动会随着社会现实生活的发展、变化而不断进步和完善。道德修养作为人类最古老的思维和实践活动，永远是一种历史性的、实践性的存在，是一种开放性的创造性思维和实践活动。道德修养活动的这种历史性和实践性，需要我们每一时代的人们依据各自时代的特点和社会实践赋予它以新的时代内容。

当代中国道德修养理论与实践的发展，必然以历史底蕴深厚、中华民族赖以凝聚和发展的纽带——中华文明为特色，在与世界各国、各民族文明的交流、碰撞中，汲取世界各国、各民族文明的优秀精华，特别是现代文明的优秀精华，在共同的发展过程中展现博大精深的中华文化，在迈向现代化的征途中向全世界辐射充满魅力的中华文明。

社会的现代化，同时也是世界化，就是要使民族社会的发展与大工业、信息化开创的世界历史相接轨。社会现代化的起点和归宿都是人的现代化，就是要使传统社会的狭隘地域性的个人转变为世界历史性的、真正普遍的个人。面向现代和未来，有助于我们丰富、发展道德修养的理论和观念，增强道德修养的时代气息。任何有生命力的理论、观念和社会实践活动，如马克思主义、毛泽东思想、世界范围内的社会主义、共产主义运动，都是在与同时代的各种理论、思潮、学派的对话与论辩中，在回应各种思潮、理论、运动的挑战中成长和发展起来的，它们的生命力就在于不断地吸收人类文明的优秀成果。

现代是一个崇尚理性、科学和人性自由、解放的时代，又是一个政治民主的时代。现代人喜欢独立思考和富有批判精神，肯定人的尊严、自由和能力，能够依靠现代科技揭示宇宙的秘密，能够认识自然的规律，以知识为力量谋求人间的幸福。现代化和全球化条件下的中国现代道德修养的基本要素，当然要突出和凸显民主、自由、公正、平等这些基本的现代价值观，最后实现如马克思所说的"人类的幸福和我们自身的完美"。

社会现代化是从传统社会到现代社会的转变。社会是人的社会，"历史不过是追求着自己目的的人的活动而已"[①]，社会现代化最终还是为了最大限度地满足人的需要，提高人的自由度和主体性，使人得到更加全面地发展。人的现代化，从最广泛的意义上讲，是一个有既定目标、多层次、多元素、开放型的动态发展过程。它以传统为起点，以现代社会更新进步为互动性背景，以人的价值观念为导向，以人的素质提高、个性全面自由发展为最终目的。人的现代化的动力机制、目标要求与道德修养的动力机制、目标要求是一致的，而且更具超越性。

当然，无论是社会的现代化还是人的现代化，都是一个历史的、动态的概念，每一时代的人的现代化都有其独特的内涵。根据现当代国内外社会学家们的研究，在现在和未来的全球化和知识经济时代，人的现代化的特征主要包括自主意识、创新精神、个人效能感、竞争意识、求知欲、科学精神、公民意识、开放意识、协作精神、可持续发展意识等若干方面。这些具有共性标准的特征在不同社会制度、不同民族国家、不同发展水平的社会又有不同的表

---

① 《马克思恩格斯全集》第2卷，人民出版社1957年版，第118-119页。

现。在当代中国，就是要实现"中国人的社会主义的现代化"，其根本目标就是不断提高"有理想、有道德、有文化、有纪律"的社会主义新人的整体的素质水平。

全球化和知识经济时代人的现代化的特征，也就是全球化和知识经济条件下对人或人才的素质要求。如学习新知识的好奇心和探索精神，终身学习的能力，学以致用的能力，对各种事物的质疑精神，创新、创造的精神和能力，广泛联系实际解决问题的能力，善于沟通协调和进行广泛交往的能力，对人类、对社会的责任感、使命感，面向全球的战略眼光、现代意识，理解各种不同文化的意识和能力，丰富多彩的健康个性等等。这些能力和素质，既需要家庭、学校和社会的教育、培养，更需要个人的学习和修养，尤其是长期艰苦的自我修养。比如在当下的国人或国民，就是要坚持不懈地加强马克思主义科学理论的修养，牢固树立建设中国特色社会主义的共同理想；坚持不懈地用先进的科学技术文化知识武装自己，使自己始终适应知识经济时代对人的能力和素质的要求；坚持以社会主义道德和严格的纪律要求自己，做一个有道德、有纪律，适应社会主义现代化建设要求的人；坚持不懈地加强自主意识、公民意识的修养，创新意识、创新精神的修养，竞争意识和协作精神的修养，科学精神和开放意识的修养，沟通能力和团队合作精神的修养等等。

二、现代道德修养的新任务——知识学习与理论武装

道德修养是一种高级的思想和实践活动，需要知识、理论的孵化和滋养。

知识是人类认识自然、改造和驾驭自然的力量源泉，是深化和拓展人类自由的有效手段。对于我们每个人来讲，知识是提升人的价值和意义的最基础的元素。

加强对知识，尤其是新知识、新理论的学习与思考，既是进行道德修养的前提和基础，又是进行道德修养的基本功。有健康科学的文化知识的支撑，道德修养才是光明的，优雅而丰厚的。

还在人类早期阶段，人们就很重视学习对人的素质的提高，对人格完善和德性修养的重要意义，就是中国传统道德修养理论与实践的重要主张。

中国传统道德修养理论与实践有一根本倾向，即注重致知与道德修养的关联，甚或认为两者不可分，乃是一事。关于修身，有两个关键环节，格物致知和诚意正心。其中格物是修身的起点，即广泛地探求事物的道理，包括读书、论学、迎接事物、反省内心等多种活动；致知是对格物的综合思考、管理加工等，是体会天道人伦的思想过程；正心是锻炼专心的过程，要求在学习过程中养成一种虚心、专一、宁静的精神状态；诚意就是锻炼谨慎，独处时仍然克诚克谨。

中国传统道德修养理论与实践非常强调学习、认知对道德修养的重要意义，认为学习是人类认识、反思自身，形成自我意识的主要手段；学习是人生自我实现的桥梁，是人完成社会化的基本途径，是人修身养性的不二法门；学习还是人生获得更大自由，人类获得精神解放，走向自由王国的强大动力。具体到每一个个人，学习对人的作用主要集中在三个方面：

一是塑造人格，完善人性。人的社会化或自我意识的形成，一方面需要人通过学习人类已经积累形成的知识不断提高完善自己，另一方面就是通过学习，不断克服和祛除人自身与生俱来的动物性本能和其他不符合人类社会生存发展的个性，使每一个个体的人都能够融于人类社会的普遍性要求之中。"夫学，殖也。不学将落"（《左传·庄公十八年》），学习的根本目的就是使人性不断发扬光大而不能倒退回去。

人是追求价值和意义的动物。所谓价值和意义，虽然其含义非常宽泛丰富，但最主要的不外乎两个方面：即希望和追求美好幸福的生活，对他人、对社会有用。前者要求人要有理想、信念和追求，后者要求人要有使命感、责任感和奉献精神。人之所以为人，应当有个体意志，人生信念，宽阔的精神胸怀，丰富的心灵想象力，充分的反思意识，等等。人生意义的个体发生层面，是人的精神的自主和完善、完美，在日常生活中能够活出意义，古人用"贤贤易色"来说明，为人学习的第一步，就是通过自己的勤奋学习增益自己的美德，改变自己的人生态度，形成正确的人生观、价值观；并且强调，学习、正确的人生态度（或人生观、价值观）的形成，一定是在与人生密切关联的时间、空间中进行的，而且要将其置换成与人的生产、生活密切关联的具体行为。而人生最基础的时间、空间，就是家庭、工作岗位和与朋友的交往，与个人生产、生活最为密切关联的具体行为，就是"事父母能竭其力，事君能致其身，与朋友交言而有信"。如此，则"虽曰未学，吾必谓之学矣"。

二是拓展人的聪明才智，展示人的人生价值。人生的价值和意义，人对于国家、社会的作用，是在个人自我价值的实现过程中逐步完成的。人要想过有意义的生活，必须要有学问、知识和智慧，而且必须是与生命相结合的知识与学问。只有与生命相结合的知识与学问，才可以称之为智慧，才能够成为充实、提升自我生命价值和意义的源泉。人的学习能力越强，拥有的知识、学问越多，道德修养的境界越高，其思想解放、精神自由的程度就越大，人生的价值和意义也就越大。古人讲"木受绳则直，金就砺则利"，说明绳可使曲木而成材，砺可使钝金而为利。只有学习才可以使人由自发而自觉，由愚笨而聪明，由无用而有用，人生的价值和意义就体现在这有用之中。实际上，人生不学则无用，小学有小用，大学有大用，有大用才有光彩人生。

三是突破人的自身局限，不断达到新的境界。宇宙自然中最主要的三种元素就是天、地、人，天的最大特性就是刚健有为，生生不息；地的最大特性就是接纳包容，滋养万物；人类是自然之子，天地之间，人为万物之灵，人类的责任就是整合天地万物，促进自然进化，人类发展；认识真理，把握规律，不断提高自由的能力，扩大自由的领域，是人类追求的最高目标。但人类不是神灵，神灵的活动只存在于人们的想象之中，是绝对自由不受限制的。而人类因为要受到社会历史条件、科技发展水平、人类自身的认识能力和手段等各种因素的限制而不可能绝对自由，而只能不断接近真理和规律。学习的任务就是不断提高我们的知识和水平，不断改善我们自身的生存状态，不断扩大自由的领域，创造使人不断完善、完美和超越的社会条件或者生存状态。

儒家创始人孔子曾以其自身经历，阐述了人或人类如何由无知到有知再到自由境界的基本途径，即"十有五而志于学，三十而立，四十而不惑，五十而知天命，六十而耳顺，七十而从心所欲，不逾矩"。用现在的话来讲就是，十五岁就要树立起终身学习的志向，要打好基础，要

真理究竟在天上还是在人间，至今仍在争论，但"吾爱吾师，吾更爱真理"，却成为照亮人类精神的伟大真理。

坚持不懈；三十岁时就要有能力解决人生所面对的各种困难和问题，能够独立地生存和发展；四十岁的时候对自然、对人生、对人类社会中的复杂关系有清楚的认识，能够达到主动人生、自觉人生境界；五十岁时，可以达到对自然界、人类社会和人类自身发展规律有一定的认识和把握；七十岁时，就可以使人的所思所想、所行所止均能够符合规律，达于自由王国的境界。

孔圣人在此所说十五至七十的年龄划分，尽可以认为是一种修辞手法，但他所阐述的道理告诉我们，学习是人的认识能力、认识水平不断提高，人格完善，人性完美的根本动力；学习贯穿于人的生命的全过程，是一个人（或人类）不断地突破自身局限、超越自我，最后达到思想解放、精神自由的基本途径；学习是一种点点滴滴日积月累渐行渐远不懈追求的过程，需要长期艰苦的努力，只有永不停息，才能不断达到更高境界，获得更大自由；所谓自由，实际是人对自然、社会及人类自身发展规律的认识和把握，是在对规律认识、把握基础上的按客观规律办事。

当然，各个时代对学习的要求以及学习的内容等等都有不同的要求。在

中国古代，所谓学习，大多是对"明人伦"的道德礼仪、规范的学习，与我们今天所说的学习具有完全不同的内涵。

在当今全球化和知识经济时代，学习的概念或观念将面临着时间与空间上的突破。时间上将延长为终身学习，空间上学习会借助互联网、虚拟大学等新的手段，在"地球村"的背景下呈现出跨越地理局限的国际化趋势，人们足不出户就可以获取全球资源，从世界各地的图书馆学习知识，与世界各地的人们交朋友；知识经济的核心是加工、处理信息，创造并运用新的知识，其实质是创造"新组合"、"新处方"的创新。知识经济已经为我们重塑了学习和修养的新内涵。

面向现代化、全球化和知识经济，我们需要新的学习观、修养观，新的学习理念、学习内容、学习目标和学习方式。具体讲：

一是从人的可持续发展需要出发，切实树立终身学习理念，形成终身学习习惯，发展终身学习的能力，以适应社会不断发展和个人职业变换、素质提高、人格完善的需要；适应知识经济时代注重获取新知识能力和创新能力的要求，切实树立在实践中学习，从生活中学习的理念，使学习成为一种生活方式、工作方式和休闲方式，成为贯穿生命全过程的自觉意识和生活需求。通过持续不断地学习，不断开发个人潜能，完善个人人格、素质，形成个人独到的思维和创新能力并在社会实践中最大限度地实现自己的价值。

二是从增强人的竞争能力需要出发，切实锻炼和培养自己的创造性思维和创新能力，使学习不仅仅是获取知识和信息，更重要的是启迪智慧，培养善于将分散、零碎的知识融会贯通、组合集成、创造出新的知识并付诸应用的能力。

三是以获取和提高工作、生活、生存等综合能力为目标，最大限度地开发个人潜在的智慧和分析、判断、思辨能力，使学习成为不断深化对事物的认识并力求创新知识的富有生命力的过程。

面向现代化、全球化和知识经济，我们需要开发、培养、涵育的能力和素质太多太多，所以我们需要依据自身实际进行选择，选择那些现代社会特别需要而我们又比较欠缺的方面，有重点地开发、培养和涵育。比如我们经常会碰到的信仰、智慧和思辨能力问题等等。

信仰包括人的宇宙观、人生观和价值观，是人们对某种价值或价值观的坚信和敬仰，是人的精神支柱，并与人生修养的其他要素存在复杂的互动关系。

一个人的信仰，尤其是健康的、进步的信仰，是在长期的学习、实践中逐步开发、培养、涵育而形成的。一个人内心有进步的、健康的信仰、价值观的支撑，远方有科学的理想之光的照耀和引领，他的现实生活才是有价值、有追求、有意义的。

人类的信仰最初都是从对自然现象的观察思考中学习和建立起来的。早期人类看到日出日落昼夜交替，花开花落四季循环，因而从大自然中学到了秩序，也逐步建立起了人类的信仰。知道不知道这种秩序，有没有信仰，人生的态度和质地是不一样的。

古往今来，人类从来没有间断或放弃对信仰的寻找和追求。人们渴望信仰，是因为很多人希望对生命状态中的困惑、无助有更多的认识。信仰能够满足人们对终极关怀的渴望，给人以无限地把握未来的精神满足。一个有信仰的社会，而且是有着健康信仰的社会，必然是一个充满朝气的社会。如果一个人从小就开始有信仰，让他知道头顶上有一个不可思议的力量在引导他，让他有目标、有智慧，让他学会诚实、谦卑等等，对他一生的成长会产生很重要的正面的影响。

信仰里面有个很可贵的东西是自我反省，即时时对照自己的信仰反省检讨自己。

信仰作为一种价值观念或意识，是一个生活气息非常浓郁的概念。是现实的人对自己所处价值关系的意识和感觉，是人关于自己和世界的关系，自己在世界中的地位以及自身存在的意义和价值的自我意识，存在于人们日常生活实践的方方面面。

信仰有的时候是一种谦卑。爱因斯坦、冯·卡门等大科学家完全可以运用科学知识来理解人生和世界,但他们仍然信仰上帝,因为他们知道自己还有不足,还面对许多许多未知的世界。

信仰当然是有层次的,既有诸如共产主义、社会主义的信仰,又有诸如立德、立功、立言这样的人生的、生活的信仰;信仰是复合型的,可以是哲学,也可以是道德的实践力量等等。只有单一的某种信仰,是不健全、不健康的信仰。

信仰是一种漫长的探索过程,是与人类面对的困惑、无助不断对话的过程。所以,信仰还是人类对自己智慧和力量的认识。

最崇高、最纯洁的信仰,当然是对于高尚理想的信仰。因为有了崇高理想的引领,道德的力量才会找到正确的方向。

马克思把共产主义理想确立为全人类的信仰和奋斗目标,认为"这种共产主义,作为完成了的自然主义,等于人道主义。而作为完成了的人道主义,等于自然主义。它是人和自然之间、人和人之间的矛盾的真正解决,是存在和本质、对象化和自我确证、自由和必然、个体和类之间的斗争的真正解决"[①]。这是一个真正实现了人的个性、自由与尊严的人道主义社会。

马克思主义是当今社会时代精神的象征,对马克思主义、共产主义的信仰,是一百多年来中国革命和建设不断取得胜利的精神动力,也是今天我们进行现代化建设,实现民族伟大复兴的精神动力,是我们当今时代最崇高、最进步的信仰。

道德修养倡导和追求德性与理性相统一的智慧人生,当道德智慧面向人的现实生活时,现实人生才向理想人生转化和提升。

智慧是中西方文化传统公认的人的一种德性或卓越品质。西方文化传统把一切知、教养、能力和机智统称为智慧,视智慧为一种生活的艺术,一种让生活尽可能舒适和幸福的艺术;中国文化传统则视智慧为一种如何生活,要怎样生活的根本性洞见和判断,是一种与人的整个生活方式和生活态度有关的道德认识和道德实践能力,是人的美德中最为重要的一项。

智慧的基础就是丰富的知识,尤其是那些能够融入生命的知识。所以古人讲"读书使人明智",就是因为读书能够启发人们思考,激活人的思想,增长人的知识和才干,拓展人的视野,可以使人站在宏观境界来观察、认识和处理

---

① 《1844年经济学哲学手稿》。

我们面对的各种人生的、发展的问题。

思辨能力是现代社会需要注重培养、涵育的一种能力。

长于思辨是西方文化传统的特点。西方文化传统中的民主制度、自由思想、思辨艺术等等，是在古代工商文明和游牧文明，尤其是在古代城邦工商文明社会背景下成长起来的。所以，西方文化传统中的理性logos①即逻辑思维，就是一种思辨性的思维。它所关注和思索的重点是宇宙如何生成、如何构成和改变，驱动对宇宙探究的是理智上的好奇而非实践需要，重点是逻辑推理的思辨艺术。古希腊亚里士多德的思辨理论在很大程度上就是这种精神和艺术的最佳表达。

中国文化是在古代农耕文明社会背景下成长和发展起来的，家国同构、一体，从未形成平等普适的国民社会。中国文化传统中的理性是"道"，是一种以社会实践为基础的生存智慧。它所关注的重点是生命、生活、道德和情感。理性只是工具，是为生命、为生活、为道德修养服务的工具。所以，中国传统道德修养理论与实践缺乏思辨精神和艺术的培育。中国古代虽然也有所谓"濠梁之辩"、"白马非马"之辩，也有五德始终、三统三世、文质彬彬、义先利后、治乱分合等等的论辩，但总体上说，还是没有达到严格意义上的思辨高度，关键是没有形成全民族的思维方式。

---

① 逻各斯，古希腊时期的哲学家认为，就现象来说，物质世界是杂乱无章、变动不居的，但就其内在本质和规律而言，却是单纯的、稳定的。他们将这种单纯的、稳定的本质和规律称之为 logos. 在古希腊讲哲学，就包括物理学、伦理学和逻各斯，其中，研究形式的哲学称逻各斯，即逻辑学；研究自然规律的学问称为物理学；研究人类自身发展规律的学说就是伦理学，也就是道德学说。古希腊哲学家毕达哥拉斯、赫拉克利特、柏拉图、亚里士多德等人都曾将揭示逻各斯作为自己研究的重要使命。

哲学在西方还有一个名称叫 mataphysics，中文译为"形而上"，这是因为在亚里士多德的著作中，讲"第一哲学"的部分就编在物理学的后面，文字上则是在 physics 的前面加了一个前缀 mata，从字面理解，就是在 physics 之后，但这个 mata，除了之后的意思之外，还有超过、超越的意思，超越 physics，即 mataphysics，就是哲学。

中国现代社会的道德修养应当补上这一课。因为在一个平等的，思想、价值观念多元的社会中，必须靠一种为人们所公认的、普遍化的思维方式和推论方式才能说服别人；现代社会所有的理论、观点和理念，要经得起所有人的怀疑和质疑，才能发展，才能为社会实践所接纳。轴心时代的许多重大理论、道德和哲学问题，都是在思考和辩论中完成的。孔子与其弟子们的对话和辩论，古希腊哲人们的辩论，基督教中耶稣与法利塞人的辩论，佛教经典中维摩诘居士与文殊菩萨的辩论，都为人类思想文化的发展作出过巨大的贡献。

我们长期在应试教育中成长起来的一代或几代人，要成为会独立思考的国民或世界公民，要能够和世界各国、各民族、各文明系统的人们对话，要能够在现代化的、市场经济的大潮中博弈，就要注重这种思辨能力的修养，从而为我们自己的事业、人生准备扎实的分析、判断和选择能力。就好比你在狂风下的汪洋大海中看见漂来的很多浮木，你要有能力迅速判断出哪一根能够承载你、拯救你。你的分析、判断能力强、稳固，你才能自信、自立，一旦面临紧急情况时，不至于惊慌失措、迷失自我。

学习，首先当然是读书，因为千百年来人类认识、改造自然、社会的成果结晶都包含在书籍当中。读书，就等于是站在古人的肩膀上来观察、认识世界，所以才说"书籍是人类进步的阶梯"。

在以信息化为标志的知识经济时代，人们有太多太多获取信息、知识的途径和渠道，但不管有多少途径和渠道，都

不可能替代读书,所以不要淡化甚至忘记读书,尤其是那些人类创造的不朽的文化著述;信息时代,我们有太多获取知识的便捷途径和科学方法,我们都要运用好,但要真正于智慧、德性修养有益的学习,还需要高水平的阅读,尤其是对古今中外名著、经典的阅读或诵读。

其实,在古人和今天的许多人看来,读书也是一种修养方法和生活方式。一卷在手,可在安宁幽静之中,使人摆脱金钱世界的各种诱惑干扰,使思绪穿越有限的时空,与名人齐步天地之间,尽情享受那一份清静和寂寞!

当然会有人说,现在是信息化、快节奏时代,谁还有闲时间闲工夫去享受那份闲情逸致呀!这其实是我们很多人对现实社会、对读书的一种误解误读。实际上,大家知道,在传统的、生产力相当落后的时代,如西方工业革命以前,中国改革开放以前,绝大多数的民众基本上将自己的一生全部投身于谋生,确实还就没有闲暇去读书、去追求有教养,没有闲时间闲工夫享受那份闲情逸致;而在现代社会,由于科技和生产力的高度发展,绝大多数的民众都可以从谋生的辛勤劳作中和贫困的经济状况中解放出来,有大量的闲暇来读书。有条件、有时间来追求有知识、有教养。不仅仅是一般民众有时间,就是那些各方面的精英也一样有时间。快节奏当然包含挤出一定时间来读书的意思在内,工作快节奏,人际交往快节奏,生活快节奏,节约出的大量时间自然就可以慢节奏地来读书了。

现代社会,因为科技和生产力的高度发展,人类生产、生活实践规模的空前巨大,人们的时空观念在朝着爱因斯坦相对论所描述的方向发生深刻的变化。空间的概念在缩小,地球已经变成了一个"村子",人们在向茫茫宇宙深空进发;时间的概念在变慢,单位时间的效率在成千万倍地增加,过去时代人们一月、一年甚或数年走完的路程,现在几十分钟、几小时就可以到达。

空间缩小,使人们交往机会增多,并越来越超出民族的或地域的狭小范围而趋向国际化、全球化。交往机会增多,交流增加,意味着人们需要不断了解、掌握更多的知识和信息。

时间变慢,意味着效率的提高和由此带来的物质文明、政治文明和精神文明的改善,意味着我们会有优裕的生活和充裕的闲暇来学习、思考问题,全社会将会有自由探求问题的物质条件和思想环境,珍爱生命、热爱生活、崇尚理性、追求真理、注重修养、追求卓越将成为人们基本的生活方式。

读书作为一种修养要求和生活方式，要有选择。要选好书读，选择那些能够启迪智慧、陶冶性情、引领人生的经典名著、文章、诗篇、词作等等，读后会成为你生活、性格、品质的一部分，会永远留存于你心中，并在你的生活、成长经历中发挥长久而强大的作用。

中国古代所谓的六艺之教，即"温柔敦厚，诗教也；广博易良，乐教也；絜静精微，易教也；恭俭庄敬，礼教也；属辞比事，春秋教也"（《礼记·经解》）。从形式上看，是知识学习，但实质和重点还是身心的教养和修养。尤其是对于经典，不光是学习和研究，主要还是经常地诵读。中国古代的很多孩子，他可能没条件、没机会去专门学习、读书，但他们会从小诵习经典或经典中的名句、名篇，就像西方社会的小孩到教堂去唱圣诗、听布道一样，时间长了，会在他的生命里有一种东西积淀下来，等他在现实生活里遇到有关的问题、经历具体的事情时，就可能会豁然开朗，啊！人生的道理原来是这样！这就是所谓的人生阅历，人生的智慧不就是这样慢慢地积累起来的吗？

因此，读书作为一种修养要求和生活方式，要结合自己对人生的体验，结合自己对社会实践的理解，结合自己的使命和责任去读，才会有针对性，读的书才会入心、入脑。真理要用实践去领会，领会后才会成为自己的素质、智慧或者说德性。

读书作为一种修养要求和生活方式，还要善于思考，通过读书思考进一步拓展思想、情感新境界，开阔新视野。

人类在长期的社会生产、生活实践中逐渐探索、总结和概括形成了许多美德，经过长期积淀，许多美德又以知识形态存在并表达出来，如中国文化传统中的仁、义、礼、智、信，温、良、恭、俭、让，恭、宽、敬、惠、敏，

刚、直、慎、忠、勇等美德，西方文化传统中的勇敢、节制、慷慨、诚实、机智，现代道德修养所要求的民主、自由、公平、正义、诚信、互利、开拓创新等等。所以，苏格拉底说，"美德即知识"。

不过，美德作为知识，需要明确三点，一是美德作为知识，是人类在长期的社会生产、生活实践中通过理性的探索、总结、概括获得并经长期积淀而形成的，是具有普适价值的、绝对的知识；二是美德作为知识，是"关于心灵的知识"，"是让人们做出是非、善恶判断的知识"，而不是关于自然、社会和人类的客观知识。三是美德的内涵会随着时代的发展而不断变化。

三、现代道德修养的新主体——企业和企业家道德修养

1. 企业家道德修养的必要性——使市场经济内在的道德原则变为企业家的自觉的理念、意识和行动

市场经济的主体是现代企业，现代企业是由现代企业家来组织和管理的。现代社会任何国家的国力或竞争力都出自于企业和产业，把企业的各种生产要素整合、组织起来以产生好的经济效益，促进经济、社会发展的关键因素是企业家和企业家才能。在经济、科技高速发展的时代，至关重要的是能够开发新技术的知识和能够根据新技术开办企业的企业家才能。因此，现代社会，是企业家才能比什么都重要的社会。

完善成熟的市场经济体制、高质量的教育、稳定开放的社会政治秩序是企业和企业家之花盛开的沃土。当今时代，美国就是全世界企业家才能这一资源最丰富的国家。如果我们具有创造培育一流企业家和企业家群体的社会环境和条件，整个国家都充满企业家精神，那么就会出现大批有能力的企业家，我们的根本经济问题，根本的社会政治、民生等问题就会相应地更容易解决。

什么是企业家？企业家是一类专门从事企业判断性决策和管理的复杂劳动者。在现代企业制度下，企业家是具有一系列特有素质和能力的经营者。企业家道德修养是对企业家行为目标的选择产生修正和导向作用的因素。

在西方，经济学家大都是把企业和企业家作为"经济人"来看待的，认为作

为"经济人"的企业和企业家,其追求的目标就是经济利益,就是企业利益的最大化。对自身利益最大化的追求,既是企业活力的不竭源泉,又是企业家积极参与市场竞争和经济运行的内在动力,正如马克思所说,"人们为之奋斗的一切,都同他们的利益有关。"①

但是,从企业形成的意义上讲,它不只是一个经济实体,还是一个伦理实体,经济利益只是企业和企业家生产与经营的直接目的,而不是唯一的、最高的目的。最高或最终目的依然是服务社会、利民厚生。否则,企业家这个"经济人"就有蜕变为"经济动物"的可能。人与动物都有本能的欲望和冲动,但人的欲望的实现方式、人的经济活动与动物的谋生活动的根本不同,在于人受道德的规范和调节。人的崇高与伟大,不在于没有动物性,而在于以道德性规范动物性,从而凸显出人性的尊严。因此,经济学家关于"经济人"的抽象概括和假设,自然暗含着关于"经济人"是理性的假定。正如赫伯特·西蒙所说:"传统经济理论假定了一种'经济人',这种人在行动过程中既具有'经济'特征,同时也具有'理性'特征。"②这里所讲的理性,就是指企业家能够根据市场情况、自身处境及利益之所在,通过成本——收益或趋利避害原则来对其所面对的一切机会和目标以及实现目标的手段进行优化选择。

企业家对自身利益最大化的追求通过动机的机制,构成他们积极性的源泉。但是企业家的这种追求和欲望并不是无限的,由此而形成的积极性、创造性更不是无限的。从企业形成的机制上讲,企业不只是一个经济实体,也

---

① 《马克思恩格斯全集》第一卷,第187页。
② 赫伯特·西蒙《现代决策理论的基石》,北京经济管理学院出版社1989年版,第24页。

是一个道德实体。企业生产和经营的目的除了经济利益之外更重要的还是服务社会、利民厚生。

对于企业和企业家来说，不仅存在利益的绝对性问题，更存在一个相对利益问题。存在着对自身利益的认识，对自身利益与社会利益、对自身利益与他人利益、自身利益与整体利益的认识与调节问题。这些问题靠利益本身不能解决，还需要借助人们的伦理价值、道德原则进行导向和调节。因为在实际的经济活动中，每一个企业或企业家都会追求自身利益的最大化，但每一个企业或企业家的行为都是直接或间接地联系在一起的，所以会产生严重的利益矛盾和冲突，这种矛盾和冲突的存在当然又会严重影响和阻碍每一个企业或企业家利益的实现。按照"经济人"的本性，这种情况是不允许存在的。因此形成一定的规范，以约束和协调各自的行为，最终达到各自利益的最大化，这才是"经济人"的最佳选择。在这里，"经济人"理性和利己性的双重本性，是"经济人"采取道德行为的根源，"经济人"由此具有了"道德人"的双重性质。"道德人"的本性折射出市场主体作为"经济人"的素质和信誉。这样，道德规范就凭借其作为意识形态的力量，把企业或企业家作为"经济人"不愿承担的社会责任纳入企业的经营管理之中。

综观古往今来的大企业家、大商人，没有一个是靠投机、欺诈等不道德手段而发展起来的。他们主要的是靠实力、信誉，在市场中树立起良好的形象从而赢得更多的伙伴、客户和市场，促使经济快速扩张，在获取巨额经济效

益的同时也实现了企业家的自我价值。由此可见，不论是市场经济的整体需要，还是市场经济中各经济主体的利益需要都要在市场经济中建立良好的道德秩序，因为道德价值本身蕴含着经济价值。

"经济人"如何做到与"道德人"的有效整合和有机统一，使企业或企业家逐步摆脱功利性的道德观念和行为的局限性，自觉地把自己的"经济人"本性限制在经济领域，自觉地使他们追求自身利益的行为，客观上有助于社会整体目标的实现。而且在自身利益与社会利益、他人利益发生矛盾冲突的情况下，能够以社会与他人利益为重。

市场经济与其他社会经济形态一样，也有它自己的一套内在的道德原则，如公平交易、平等竞争、诚实守信、遵守规则和法律等等。与这些道德原则相适应，要求企业或企业家也应具备一系列的道德品质，如强烈的社会责任感、克勤克俭的工作与生活作风、竞争与合作的意识、契约神圣的观念、勇于进取的冒险精神、对自由民主的崇尚等等。但这只是一种"应然"，由"应然"过渡到"实然"，成为企业或企业家的一种自觉的理念、意识和行动，则需要通过长期的道德修养过程。

2. 企业家道德修养的努力方向——使企业家的经济活动与道德修养有机地、内在地结合、互动，实现企业家人格的完善

德国有一位叫科斯夫斯基的学者曾认为，追求经济利益和追求道德完善，是人类两个最伟大的动力。追求经济利益使人获得感性幸福，追求道德完善使人具有高尚德行。在人类历史的很长时期，这两个方面是以对立的、甚至非此即彼的形式存在着。历史上中外许多的哲学家、思想家都曾经努力寻求幸福与德行的统一，因为现实中的人既需要幸福，也需要德行。只有结合幸福与德行的人，才是具有完善人格的人。这些哲学家、思想家们的努力因为受时代条件的限制，都无法得到实现。如康德就曾提出一个"至善"的概念，力求实现这种德行和幸福的统一，由于在理论上、实践上都无法找到统一它们的根据，最后只能交给上帝去完成。

随着现代市场经济的发展，终于使这种追求经济利益和追求道德完善的统一具备了客观的现实条件。首先是生产的高度现代化和社会化，使每一个

具体的商品生产者都成为整体经济活动中的一个环节，全国乃至全球的商品生产者都形成一个完整的经济关系链，从而使生产、交换关系与自然经济时代相比高度透明化；其次是相对全面的竞争所蕴含的等价和公平使市场供求关系日益敏感和明确；再次是高科技手段的普及，如现代化的交通、现代化的通讯和传播手段、现代计算机网络技术等等，可以使经济信息的收集、整理、传输和交易速度进一步加快，过程进一步透明。所有这些新的变化，客观上会使经济主体——企业或企业家形成一种普遍的经营理性，即在经济活动和经济行为中必须进行等价交换或公平交易，为了自己的利益必须尊重或满足交易者对方的利益，必须要诚实守信、遵守规则，从而使经济活动和经济行为由利己转向利己与利他相统一，追求经济利益与遵守道德原则相一致。

当然，这种经营理性的形成，还是经济主体迫于利益压力不能不确立的理性，完全是一种他律。完全依赖他律的经济活动和经济行为还不是完善的、理性的经济活动和经济行为。企业家的道德修养就是把经济活动和经济行为中符合道德的他律行为转变为自律行为，转化为企业家的自觉意识、理念和自觉行为，从而实现真正意义上的追求经济利益与追求道德完善的统一。

企业家要实现上述转变，即把被迫的符合道德要求的经济行为由他律变为自律，是要经过艰苦的修养努力的。作为经济主体的企业家，首先要树立一种人是目的的哲学观点，一方面不能只把自己当做目的而忽视了他人的目的，不能为了自己的经济利益而长期牺牲他人的经济利益，也不能只把他人当做目的而忽视了自己也是目的，即不能为了他人的经济利益而长期牺牲自己的经济利益；另一方面不应该把人看做是经济活动和道德活动的奴隶，而应把经济活动和道德活动看做是人的自我发展和完善的工具；其次要加强经济伦理修养，涵养良好的经济伦理习惯和经营理性；三是要努力把经济伦理习惯通过修养上升为一种信念、意识，并自觉运用于经济活动的实践中去。要突出强调经济伦理的实践特点，它不是不顾经济利益而要求人们追求虚无缥缈的道德理想，追求神圣的崇高性，而只是要使企业家在经济活动中自觉运用伦理原则调整自己的经济行为，使其不违背市场经济中的游戏规则，使经济活动处在和谐的运行之中，使资源得到有效合理的配置，使经济在有序状态下得到发展。

3.企业家道德修养的主要内容——公平、自由、诚信、互利和开拓创新

企业家的道德修养是对企业家天赋、能力、潜力的充分开发和拓展。企业家通过长期的修养，会使他们成为不断发展的人，充分发挥潜力的人，充分人性的人。全球化条件下的现代市场经济经过长期的发育而形成了自己的一套内在的道德原则，如公平、自由、诚信、互利等现代价值观。"企业经营是一种流动的、变化无常的、活生生的东西，有时登峰造极，有时土崩瓦解。"[①]企业经营是在一个极其广阔、开放而复杂的经济、社会环境中进行的经营管理活动，对企业家德行、智能、能力具有很高的要求。因此，企业家的道德修养是在很高层次上的、围绕企业经济效率和效益而进行的修养，必须与现代市场经济内在的道德原则相适应，主要应突出以下几个方面：

一是公平理念的修养。公平，即公正和平等，也称社会公平，它是社会组织或个人均衡、协调地处理人与人、人与社会关系的一种态度和方式，其核心要义是均衡和合理，并以此保持社会应有的稳定、规范和秩序状态。实现公平要求人们在处理政治、法律和道德关系时要讲权利和义务的统一，在处理人们的经济物质利益关系时要做到起点、过程（规则）和结果的均衡和合理。

社会公平问题是社会的个人、团体、阶层乃至阶级之间就经济收入、政治地位、权利、权力等状况进行比较、分析、衡量、评价时产生的问题，涉及社会生活的各个领域、各个方面，其直接目的就是以人们之间关系某种程度的均衡合理来保持社会的稳定和秩序。所以古希腊思想家们就把公平规定为和

---

① 哈罗德·吉宁《谈管理》，湖南科技出版社1984年版，第33页。

谐与秩序。

公平是全人类千百年来倾心向往和执著追求的社会理想，也是古今中外思想家们悉心探究的重要理想价值目标。中国古代的老子就曾提出过"损有余而补不足"的社会主张，孔子也有过"不患寡惟患不均"的忧患意识；西方的思想家们，从柏拉图、亚里士多德到边沁、穆勒和罗尔斯，都对社会公平问题进行过深入的研究。而在现实生活中，人们之所以普遍关注和呼唤公平，是因为公平对人具有重要的经济利益价值、政治利益价值、荣誉价值、机会价值和人格尊严价值。

公平原则是现代市场经济的基础。市场经济是充分竞争的经济，只有竞争才能最有效地配置资源，才能最有效地调动企业和个人的积极性和创造性，但这种充分的竞争必须是在平等的市场主体之间的竞争。所有市场主体不分大小、贵贱，个个享受平等的机会，才会产生真正的公平竞争。因此，作为企业家，在追求自身经济利益最大化的过程中，应当始终注意关注、尊重和兼顾他人和社会的正当利益，应当始终注意以公平与否作为处理企业与社会、企业与企业、企业与个人之间相互关系的基本原则，应当始终注意企业和个人追求自身经济利益的途径必须合理、正当，不能不择手段，违背社会公平原则。现代市场经济是法制经济，更是道德经济，任何人的经济活动既要遵循经济规律、遵守法律法规，又必须遵守基本的道德原则，才能使经济、社会全面可持续发展。

二是自由理念的修养。市场经济要求自我独立的主体，要求人们从依附走向独立，充分发挥个人的创造力和生产力。社会的进步也提倡和鼓励个人追求自己的自由和幸福。自由思想和理念是现代化条件下所有社会成员都应当具备的基本道德素质之一，这在后面将有所论及。作为现代社会经济活动参与者和组织者的企业家，同时应当是自由思想和理念的坚守者和践履者。这是因为经济活动中的自由，是实现资源最优配置的基本条件，而自由思想和理念又是适应自由资本主义时期资产阶级对经济自由、竞争自由和契约自由的需要提出的，已经成为现代市场经济运行发展的基本理念。

三是诚信理念的修养。诚信在现代市场经济条件下，已经不仅仅是一种道德原则和要求，同时也是企业与社会、企业与企业、企业与个人之间相互交流合作的基础。诚信对于企业的作用也不仅仅在于降低企业经济活动的交易费用，提高企业的经济效益，同时也直接关系企业的生死存亡。

众所周知，曾经位列世界500强企业第七位的能源巨人安然（Enron）公司，全盛时期一年的营业收入曾高达1000多亿美元，就因为其执行董事与财务总监在财务报表上作假，隐藏债务，公司因此失去大众信任而顷刻瓦解；1995年，巴林银行（Barings Bank）因新加坡分行期货交易员尼克·里森（Nick lesson）的不正当交易而失信于大众，结果使这家具有200多年历史的著名银行顷刻倒闭。

四是互利理念的修养。现代市场经济内在要求不同的市场主体或资源拥有者能够充分发挥各自的比较优势，使各种资源投入形成互补优势，创造最佳的社会总效益。但不同的资源拥有者比较优势的发挥依赖于社会的分工和交换，而有效分工和交换实现的前提是合作。因此，合作是现代社会经济协调、可持续发展的基本条件。而合作的达成则需要合作者之间具有一种互利意识，如果合作只对一方有利而使另一方受损或无利可图，合作就不可能进行下去。所以，互利原则既是不同资源实现优势互补，创造最佳社会总效益的必要条件，又是企业家道德修养的基本要求和修养境界。

其实，互利不仅是人类经济领域的道德要求，也是其他一切方面的道德要求。因为任何道德能够成立的基本前提之一，就是对他人、对社会是有利

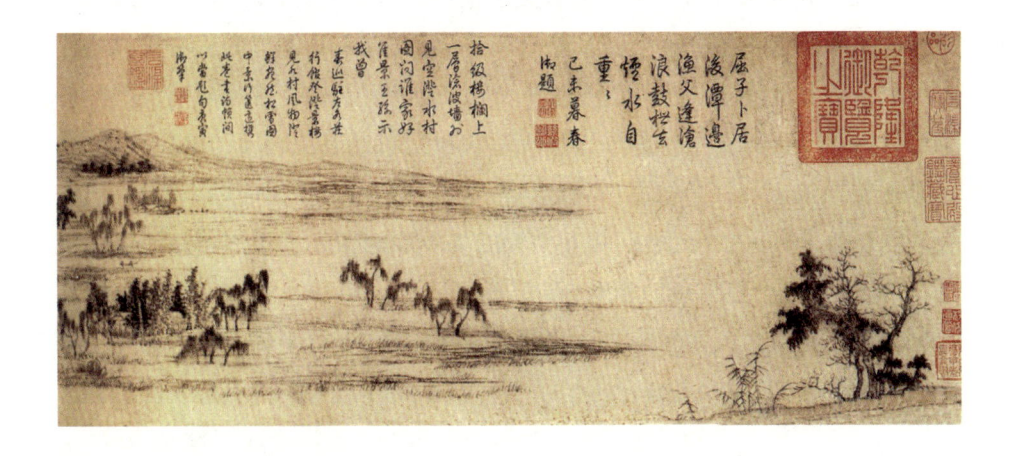

的。只是对于企业家来讲,互利理念的修养不仅体现在各经济主体之间的互利互惠,还需要体现在社会责任方面。因为有的社会产品或社会问题是不能够依靠市场来解决的,如公共卫生、生态环境保护等等。这些问题都是经济学中所说的"外部性"问题,其责、权、利是模糊的、难以划分的。一个企业或一部分企业做出的努力或投入,他们不可能独享,可以惠及他人或社会;相反,一个企业或一部分企业造成的危害,也会殃及他人或社会。如果企业只是按照自身的成本效益来考虑,就不会有任何动力和积极性去做这些事情的。这些问题的解决,要靠政府的管理和投入,更要靠企业和企业家具有超越自身利益考虑的、与自然环境、与社会互利互惠共同发展的大局意识和修养境界。此外,像扶贫济困、助学助医等社会慈善事业,也需要企业家的这种大局意识和修养境界。美国企业的捐赠文化不仅促进了社会的稳定,还养育了像哈佛、斯坦福等一批著名大学,促进了全社会教育、卫生事业的繁荣和发展。

企业家道德修养的内容绝不仅限于这几个方面,之所以在这里作特别的强调,是因为这几个方面是现代市场经济实现资源最优配置的基本条件,自然也是企业家必须具备的基本的道德要求和修养境界。

4. 企业家道德修养的重要目标——经济理想和道德理想、"经济人"和"道德人"的有机统一

企业家首先是一个"经济人",作为经济人,他的直接目的就是追求自身最大的经济效益。但作为"经济人"的企业家,其本质特征是理性的。比如,企业家要实现其经济目标,必须具有关于企业经营及其所处环境的完备知识,必须具有根据市场各种经济信号随时调整自己经济行为的能力,必须具有依据市场状态和自己意愿进行经济选择和经济决策的自由,必须具有与其他各种经济主体广泛交流充分合作的诚信理念和互利意识,必须始终注意关注、尊重和兼顾他人和社会的正当利益,注意以公平与否作为处理企业与社会、企业与企业、企业与个人之间相互关系的基本原则,注意承担相应的社会责任,使企业与社会整体利益相融合,等等。

这些知识、能力、意识、理念如果仅仅是外律,是企业家被动地必须去遵守的东西的话,它就只是理性。但一个有作为、有使命感、有社会责任感和远大理想的企业家，一定是能够通过艰苦的学习和磨砺，把它们内化为自觉的意识和理念，并贯穿于经济活动的实践当中，那它就是道德，是道德的自觉。企业家的经济理想与道德理想在这种自觉的经济活动实践中相互依托，互相促进，逐步趋于统一。

四、现代道德修养的新课题——沟通与对话

文化是在相互交流和对话中发展的。马克思认为，人的本质在其现实性上，是一切社会关系的总和。而将人类社会一切社会关系联结、沟通起来的，就是相互间的对话和交流。因此，人类生活本身就是对话性的，人性及人类的文明，也正是在持续不断的理解性对话与交流中推进并发展的。

纵观人类历史，有许多非常精彩、睿智的对话，给人类留下了丰富的遗产，从孔子、曾点到弘忍、惠能，从柏拉图、苏格拉底到德里达、伽尔默尔，还有庄子与惠施的那段著名的"子非鱼"的"濠梁之辩"[①]。当然，历史上的对话，因其时代和理念等等局限，多以辩论为主。认为真理越辩越明，但历史上的许多深远影响和有意义的辩论，作为对话的一种，也只能使辩者和受众对某些话题的理解更为深入、更为明晰，而离真正的真理还有很大的距离，而更多的

---

① 或称"濠上之辩"，出自《庄子·秋水》篇。庄子与惠子游于濠梁之上，庄子从天人合一、物我合一角度出发，看到鱼在水中自由自在地游，非常快乐。但他不说是自己快乐，而说是鱼在乐。庄子在此运用的是一种整体直观的思维方式，通过灵感、直觉、顿悟来效法自然之道，认为鱼与己皆为自然（之道）中之一物，故从"己乐"即可推知"鱼乐"。但惠施是一位彻底的知性主义者，重视逻辑推理。他从主客二分的立场出发，认为庄子是庄子，鱼是鱼，所以庄子当然无法知道鱼之乐。正是经过庄、惠两人相互之间层层的逻辑推证和相互驳难，人们才明白，作为世界本源的道是超越名、言和主、客二分原则的。这段辩论所以有名，是因为它从哲学角度向人们说明了真理越辩越明的道理。所以冯友兰先生曾说，人必须说过许多话，然后才能沉默。

辩论，则因为以说服对方为主要目的者居多，带有强烈的自我中心意识，往往导致"非此即彼"二元对立的思维陷阱，进而发展为盲目和偏见，有的还导向了暴力和纷争。

人类自进入21世纪以来，由于科学技术的现代化和经济的全球化，人类面临许多需要共同努力解决的问题。人们相互之间，不同的阶层之间，不同的种族、民族乃至不同的国家、文明之间的广泛而深入的对话与沟通比以往任何时候都更加必要和紧迫，世界多极化、思想文化多元化，标志着我们这个以信息化为主要特征的时代已经进入"多声部"的"地球村"时代，我们需要从世界的、全球的观念，甚至宇宙的观念来理解、认识道德和文化的相互交流和对话问题。

首先是科学技术的现代化，使越来越多的革命性的新知识、新技术渗透于人类生活的各个方面和每一个细节。它在促进经济发展、社会进步的同时，也带来了对资源的空前消耗和争夺，带来了环境的破坏，还有普通民众的失业和贫困等等；软件和计算机革命、全球互联网、移动通讯革命使人们相互之间的随时沟通极其方便；网络信息平台的出现和发展，实现了不分民族、国家、地位、宗教信仰、知识、政治立场等等的信息平面流动，道德、文化观念等等在一定程度上脱离了继往开来的代际传承模式，人们对待时间和空间的方式、对世界的感知和自我观念等等都发生了根本的改变；网络虚拟社会关系，如虚拟国家、军队、团体，虚拟的友谊甚至爱情等等的出现和形成，使人际关系发生了重大变化，从而导致人性的内涵也可能会发生某种变化；由于生物工程技术的开发和利用，如转基因、干细胞、克隆等，有可能通过人为的手段对人类生命本身进行复制、改写和优选，这些新的变化要求人们要重新定义人类状况，重新考虑人类的生存意义和生存方式。

其次是经济的全球化，促使世界市场不断扩展和深化，经济资源更加广泛地跨国流动，各国、各经济体之间的合作更加深入，竞争亦更加激烈，从而使整个世界的联系日益紧密，同时也使国家之间、地区之间、民族之间、宗教之间、各个阶层、族群之间的碰撞日益频繁；因为科学技术手段的日益发展，无论是友好交往还是摩擦龃龉，都比以往更加便捷。世界不同国家、不同文明间的对话和交流，同一文明条件下的不同教育、思想背景的人们之间的对话和交流会更加频繁、更加必要。因为人类文明的多样性，思想认识的不平衡性等等，所以存在差异。正是这些差异，一方面使对话和交流显示出渴望、必要和价值，另一方面也使对话和交流成为一个艰苦的过程，对对话本身和对话者都提出了与时代同步的新要求。

真正有效的交流和对话，既要有尊重对方和容纳百川的心态，又要有优异的理解力和表达力。对话不同于辩论，辩论求奇异、求控制、求霸权。对话求认同、求和解、求共赢。好的、有效的对话，目的在于倾听不同的声音，了解别人，增加反思的能力，学到未知的东西；目的还在于相互不断提出问题，不断寻求答案，碰撞出智慧的火花，发人深思，启迪人的心灵。

今天的中国，经济已经起飞，已经成为仅次于美国的第二大经济实体。世界各国、各民族、各文明系统的人们都会到中国来寻求发展机会，世界五百强企业，大部分已经进驻中国；中国人也会大量地走出去，到世界各国、各地区去寻求发展机会。如何与世界各国、各不同信仰、不同文化背景的人们沟通、交往和相处，是现时代的中国人急需思考解决的问题。

现代社会，道德修养实践与理论还要关注领导者与被领导者、管理者与被管理者、普通民众相互之间的道德互动关系。对话、交流、沟通等行为在道德修养活动中发挥着非常重要的作用，通过上述各种现代信息交换途径，促

进道德要素与各种社会要素的健康互动，有利于营造一种改进现存社会物化状态和精神构成的开放系统。

在特定的宗教、文化、族群和民族的背景下，固执自我或无视他人，都是造成傲慢、偏见和仇恨的主要根源。

孔子曾把"忠恕"说成是自己全部学说"一以贯之"的精髓，后世解释"忠"是对自己信念的认真信奉，而"恕"则是对他人信念、立场的宽容与理解。这种解释表达出一种富有智慧的人生境界，使我们学会最大限度地欣赏他人的独特性，从而也使得我们自己的信念上升到一个更高更自觉的层次。对话双方如何才能上升到更高层次，这要靠长期的修养和锻炼。如何修养呢？答案在于一是要有广博的知识，二是要有仁者的胸怀。广博的知识可以使对话者摆脱因无知而产生的傲慢和偏见；仁者的胸怀可以使对话在温暖的阳光下和徐徐的和风中进行。

五、现代道德修养的新要求——科学精神的修养

科学与道德在今天看来，是完全不同的两种文化或精神。

科学作为人们在认知意义上认识和把握世界的方式，是关于客观世界的知识体系、认识体系，是逻辑的、实证的、一元的。它所追求的目标或所要解决的问题是研究和认识客观世界及其规律，揭示事物本来的面目，是求真。科学活动虽然也是人类有目的的活动，但科学活动的价值性内容是服从于理性原则的，体现的是价值中立的理性精神。

道德作为人们在价值意义上认识和把握世界的方式，是关于人与自然、人与社会、人与自身相互关系的，是直觉的、顿悟的、多元的。它所追求的目标或所要解决的问题是满足个人与社会需要的终极关怀，是求善。经济的、文化的、科学的、艺术的活动，越符合国家的、社会的和民众的利益，就越是道德的、善的。

科学及其技术在一般情况下，在一般人的概念中，主要的还是表现为一种或几种知识与技术，如规律、原理、定律、定义和公式等等，在有些情况下又表现为一种或几种方法，如实验、推理、归纳、演绎等等。但这些，都是科学

外显层次的内容,是工具、功能层次的内容。科学的真正本质或内核,在于它的科学精神和科学理性,在于它的深厚的哲学思维、科学理念,在于它帮助人类追求精神自由解放,追求真、善、美和理想生活方面的重要作用。

科学精神亦称科学理性精神,有时又被称为科学合理性。它是一种思维方式,也是一种文化观念与心理状态。科学理性精神逐渐形成并成为社会文化基本特征,是现代社会的一个突出标志,它是在近代时期反对宗教神学的蒙昧主义和封建特权统治中完成的,并成为现代社会区别于传统社会的重要尺度之一。这种科学理性精神和理性意识是科学家们通过自身的科学实践活动,并借鉴、学习前人认识世界的基本方法和获得正确知识的思维特征,而逐渐形成的一种新的世界观和认识论;是科学家们在科学认识和科学实践活动中逐渐形成并普遍遵循的一些认识事物、理解事物的思维方式、精神信念、心理态度以及表现出来的科学气质。它要求科学家们在认识、分析事物时必须实事求是;对传统的、先验的观念采取分析的与理智的怀疑态度;在科学争论与科学交往中允许不同理论与观点的存在;对不同的理论与观点采取宽容、平等的态度;判断一种理论或观点是正确还是错误、是真理还是谬论,只能由科学家们通过平等、自由的探讨争论来解决,等等。

由此我们可以对科学精神作一个简要的概括。

科学精神是一种对世界持理智的分析态度,对未知世界作不断探索的求知精神,是一种以客观事实为依据,尊重客观规律的实事求是的精神。

科学精神是一种民主、平等、宽容的精神。它提倡对科学真理的探讨与

研究可以采取多种方式，可以存在和发表不同的观点。它主张思想自由、学术平等，尊重人格的独立、精神的自由等等。

科学精神是一种求真、求善、求美的精神。许多科学家都非常重视和强调科学在构造人类精神世界方面所具有的真、善、美内涵，认为"科学与艺术是一个硬币的两面"（李政道语），"科学家的知识结构中应该有艺术，因为科学里面有美学"（钱学森语）。而且认为科学世界里的美是一种更高层次的人类审美活动，是建立在求真求实基础上的善与美，具有更为普遍与高尚的本质，是人类走向精神完善、人性完美的巨大推进力量。

科学精神是一种乐观向上的进步精神，相信人类的认识能力是可以通过科学理性的成长、人对科学认识方法和工具的掌握和不断改进而不断提高的。这些科学认识的方法和工具包括认识事物、判断事物和积累知识的新方法和新思维，实验的方法与逻辑的方法等等。借助于这些普遍性的科学认识方法和科学工具，人类能够逐渐获得越来越多的正确认识，然后在这些正确认识的基础上建立起科学的体系和结构。

科学精神还是一种人文道德精神，它相信人类可以通过自身的努力而一步步地超越环境对人的限制而认识和掌握环境，并使人类自身逐步走向完善和全面地发展。

科学的这种求知精神、民主平等精神、求真求善求美精神，总体上说也是一种寻求智慧的精神。真理是独立的，智慧是神圣的，科学是和谐统一的。科学的价值更多地是体现在对人的精神和心灵的扩展上，它要唤起的是人类精神的崇高与伟大。不适当地夸大科学的功利背景和科学的工具性，是科学和科学精神的异化。降低了科学的独立性和精神意义，是对科学的不尊重，从而也是对人的不尊重。

科学精神从不放弃对自身的诘难，科学因此而长期保持着理性的光辉。科学与理性都是人类文明和精神的象征，解决当代及未来世界发展中的许多问题，还要运用和依靠科学和理性，但这不是唯一的依靠，我们还必须借助道德。

科学精神和科学理智所具有的这些优秀品质和道德精神力量，也正是人之所以为人的基本精神与品质，是道德精神的内在组成部分。

其实，科学精神与道德精神在人类早期的文化母体中，是完全内在地融为一体的。无论是中国、欧洲还是其他文明系统，在其文化发展的早期阶段，哲学、伦理、科学、艺术都是一体化的①，只是后来随着文化分工的逐步深化，科学与道德、伦理、哲学、艺术等等才分别走向不同的道路，并且相互异己或外化。

科学和科学技术是与人类"与生俱来"的思维和社会实践活动，人类自脱离动物界以来便一直在追求科学与科学技术的进步，科学与科学技术进步史与人类文明史、文化发展史是同步或重叠的、互渗的。以近代机器的发明和使用为界，在此之前的传统社会和之后的近现代社会，科学与科学技术的发展对人们的影响具有显著的区别。

在传统社会，科学技术的进步十分缓慢，中国以二牛抬杠为特征的农耕文明（技术）延续了数千年之久，其耕作技术只有极其微小的改进，数千年中没有人来研究这种技术的改进和提高。在中国古代，儒家经世之学才是重要学问，科学技术被贬为"奇技淫巧"；在西方中世纪，神学才是最重要的学问。

当然，古代科学技术简单，进步也缓慢，并且只是联结人与自然的纽带，所以总体上人们始终保持着与大自然的亲近关系。而在现代社会，科学技术发展速度呈加快趋势，可谓日新月异。学习掌握科学技术在现代经济、社会发展中的地位举足轻重。崇尚科学和技术，已经是现代人最重视的价值之一。

---

① 据考证，"技术"一词的英文单词 technology 源自希腊语 techne，而 techne 与两个词有关，一是表示科学和知识的 episteme，一是表示创造、写诗及艺术技能的 poiesis。间接说明当时的人们在科学、艺术和技术几方面是不能作出区分的。而在中国，庄子"庖丁解牛"的寓言故事所显示的"因其固然"、"依乎天理"的价值取向和道德境界，也充分体现了技术达到至境后所透露出来的诗意和道德教化意涵。

集中大量的人力物力从事科学技术的研究和创新，促进科技进步，是现代经济社会发展的核心内涵之一。

经过近代以来几百年的快速发展，科学及其将科学转化为生产能力的技术已经高度发达。今天的科学及其技术已经发展成为一种职业活动，一种社会建制，一种社会工具，一种知识体系，一套研究方法。今天的科学和科学技术像那些充满生命力和智慧的鸟一样，它的特征、行为和规律极具动态性、发展性和创造性。科学技术已经成为第一生产力，大力发展科学技术已经成为绝大多数国家的基本国策。

科学技术是第一生产力。在当今以经济建设为中心的社会里，科学技术的发展必定受到社会各方面的高度重视。现代科学技术发展的这种特性，已经使科学技术本身产生了强有力的价值导向作用，并成为渗透于人类生活各个层面的重要力量，促使人的生产方式、工作方式以及生活方式都在不断发生变化，使现代人在毫不懈怠的繁忙中逐渐失去了内心的宁静，逸思的悠远，恬静的闲适，境界的超越。

因此，科学技术的健康发展，必须要有价值观念和精神信念方面的支持，必须考虑到社会的期望和焦虑，以确保所有科学技术进步的终极目标都是为了增加知识的积累，促进社会的发展进步，提高人类的福祉。道德修养所具有的人文精神和价值理想，可以为科学技术注入文化精神和人性情感，使科学技术始终沿着符合人性需要、推动人类社会健康有序发展的道路前进。

科学与科学技术，说到底还是人类对他所面对的自然物质世界和人类精神世界进行探索、认识、理解和改造而形成的系统化的知识体系。科学的目的是探索与获得真理，达到对认识对象的正确认识与把握，达到对现实生活的更全面更完整的理解。因此，科学从本质上来说，也是一种体现人之本质和精神的道德活动，正如科学史学者萨顿·乔治所说："无论科学可能会变得多么抽象，它的起源和发展的本性都是人性的。每一个科学的结果都是人性的果实，都是对它的价值的一次证实。"

人类对科学的探索，在丰富了人类心灵的同时，也一点点解除了人类的自卑感，扩展了人类的自由程度。"科学通过作用于人类的心灵，克服了人类在面对自己及面对自然时的不安全感。"（爱因斯坦）科学的这种影响，体现的正是科学精神。所以萨顿·乔治就认为："科学研究的主要目的不是通常意义上的那种有益于人类，而是使其对真理的沉思更容易、更完美。"

在古今中外历史上，许多伟大的科学家，尤其许多伟大的自然科学家，他们在各自领域所做出的许多重大发明与发现，都具有超出科学之外的更加广泛而深刻的道德和人文意义。如牛顿的自然观、达尔文的进化论、爱因斯坦的现代物理学等，对于传统观念的冲击，对人类道德精神体系的创新重建都产生过重大的作用。这些伟大的科学发明发现，作为人类道德修养的资源，至今乃至很久的将来，都是人们关注和阐释的对象。这些科学家之所以伟大，之所以能在他们各自生活的那个时代做出伟大的发现和发明，一个主要的原因，就是他们也是具有至高道德境界的人。他们对自然物质世界，对人类历史文化，对他们所处的时代与社会，都能持一种具有科学理性精神和批判精神的认识态度，对待传统观念、神学权威等，能够保持一种合理的审视批判态度。

其实，作为科学研究、科学发现、发明基础的科学精神、理性意识、独立自主意识，求实、宽容、民主、平等、自由等行为和价值规范，实际上也是现代人类文化体系和道德精神生活的核心理念。道德修养也正是在这些科学精神、科学理性价值规范基础上来关注人、关怀人的存在、发展和完善的。从根本上说，只有科学技术的高度发展，物质生产、生活资料的极大丰富，科学精神和科学理性的广泛普及，人的独立、自主、民主、平等意识的普遍增强，才能奠定人的精神自由和人格完善、人性完美的基础。因此，从全面把握自然物质世界、人类社会、人类自身精神世界的规律，追求人的自由和全面发展为终极目标的意义上说，道德修养与科学，与科学发明、发现是一致的，是同质同构的。

道德的终极目标是求真、求实，是探索客观世界、人类社会和人类自身之

"未知"，寻找客观世界、人类社会和人类自身发展之"规律"。这一点与科学的本质要求是一致的。但要真正地去求真、求实，需要养成一种实事求是、锲而不舍、求实、宽容、民主、平等、自由的素养，而且往往需要把这些素养平移到求生存和做人做事的方方面面。

　　道德修养与科学，与科学发明和发现在本质上的统一性，促使人们会更加重视科学技术的发展，使其为人类经济、社会的发展提供不断进步的物质技术，使人类的物质生活更加优裕舒适，精神生活更加便捷科学。科学技术不仅是第一生产力，同时还是使人得到全面发展和完善的精神力量。人们学习掌握科学知识和技能，接受科学和技术的教育，不仅仅是为了获得谋生的资本与工具，使自己具有更大的生产性，更重要的是通过科学精神的修养而获得人生的智慧和思维能力，获得理性与情感完美发展的精神气质和个性品格。

　　当然，我们在肯定科学精神与道德精神一致性的同时，还应当注意到，科学精神并非道德精神本身，它们二者关注的重点和发挥作用的途径方式还是有差异的。相比较而言，道德精神的核心是人类自身的精神与情感世界，它直接关注、关怀人格的完善和人性的完美状态，直接涉及人的价值与意义；而科学精神的核心是人对世界的理性态度与合理的思维方式，是人对待世界的原则与方法。它是通过人对待世界的态度，通过人对待世界的方式来间接地

反映人的精神、情感世界，间接地反映人对人性完善、完美理想状态的追求。在这里，科学精神与科学理性成为道德修养的人性理智与知识合理性的基础，有知识和理性的人，才可能是一种精神完美，心智健全的人，两者在这个结合点上构成了完整人性的对立统一关系。

当然，科学理论、知识中蕴含的科学精神，科学探索实践活动中所应当遵循的求实、宽容、自由、平等的规范，在没有成为人的道德力量和自觉行动以前，它们都是自在的。科学与科学技术本身并不具备善恶价值取向及性质，它既可以为善，也可以为恶，对此取舍的还是人类自己。只有当我们把科学理论、知识中所包含的这些人文精神理想和道德力量发掘出来，通过社会教育和自我教育即修养，成为全体科学工作者乃至全体国民的一种态度、一种素质，才能成为促进人类精神世界和道德生活进步的推动力量和基础。道德修养对于现代人类科学与知识体系的发展所具有的特殊意义，在于它可以为科学和科学本身提供某种经济意义和目标方面的支持，使科学由技术、工具层面进入到价值、精神层面，使科学技术与人的终极关怀建立起某种联系，真正成为促进人类进步发展的力量。

科学精神的修养，从修养主体角度讲，应当重点注意两个方面的群体：

一是科学家和科学工作者群体，其道德修养应侧重于强调尊重人的尊严，尊重各种形态的生命的道德义务，注重科学精神和人文道德精神的融汇、统一。古往今来中外杰出的科学家和科学工作者所具有的人格魅力反复证明，科学与人文道德精神完全可以在现实的人身上达到完美的统一。作为

楷模，优秀科学家和科学工作者的人格力量和道德境界，足以构成其他科学家、科学工作者和公众的判断尺度，可以帮助人们在科学理性、科学求真中向善的信心和责任感，可以帮助人们确立理解自然、利用自然和改造自然的高度自觉的主体意识，对于人格独立、人性完美和心灵宁静的执著追求。

二是对广大公众来讲，他们的道德修养，要有科学知识和精神的内容，使每一个人都能对科学和技术所带来的积极效果有一个充分的了解，从而创建一个对科学和技术的进步、创新和发展既充满热情又清醒理智的知识型社会。再具体一些讲，就是要注重提高全社会、全体国民的科学知识水平。

道德修养可以看成是关于人的存在意义和生命价值的形而上思考，但这种思考的动力和基础来自于人的心智的完善与提高。一个国家科技知识普及的程度，国民对科技知识的掌握程度，是全体国民得以判断善恶并进而使自我向善、向美的前提。科学知识水平的普遍提高，科学理性的大面积普及，会使人们自觉自主地去提高自我的道德认识水平与价值判断能力，自觉自主地提高自我的自主性、责任感和使命感，自觉自主地承担起自己对于社会、对于自我的责任与义务，成为有现代人意识的、心灵健康开放的、乐观向上的合格公民。

要注重发挥科学家和科技工作者的示范带头作用。

在当今科学技术成为第一生产力的时代，科学家和科技工作者享有很高的社会地位，受到民众极大地尊重，对社会的塑造具有巨大的影响。

科学活动本身是人的一种主体性有意识有目的的活动。科学家们和科技工作者对客观物质世界、人类社会和人类自身发展规律的认识活动及由此产生的科学真理，形成的一系列科学活动应当遵循的行为规范、行为准则塑造了这一群体的职业道德特征。由于科学和科学技术本身对现代社会的广泛影响力，社会中大量优秀的科学家、科学工作者成为社会尊重的对象，成为广大青少年人生的楷模。他们所遵循的这些行为规范和行为准则因此会转化为一种具有示范效应的精神和力量，影响塑造着现代社会文化价值体系和道德精神的修养。

科学家和科技工作者对于社会和广大社会民众的影响力和示范作用，是以他们掌握的正确的知识、思想和真理为前提的，是一种建立在真理与知识基础上的道德影响力。所以，科学对于人类精神文化与道德生活的影响是一种自由的、平等的、民主的方式，而这也正是一个文明社会、民主社会道德精神生活的基本特征。

现代社会之所以崇尚科学，追求真理，是因为科学不仅可以作为一种工具和手段以满足人类在物质生活方面的需要，而且可以提高人类的精神文化生活水平，可以提高人类社会关系中的道德文明水平。作为科学本质的科学精神，它提倡和教育人们立足于现世的生活与创造，以人的本性和天性来选择生活的方式和道德的原则，解放人的个性，释放出人的创造能力和自由精神，以人的能力去认识自然、利用自然；提倡和鼓励人们通过不断增长的知识与理性，建设更加合理完善的精神生活和道德生活。

自由是人类生存奋斗的最基本的价值目标之一。

科学不涉及人的终极关怀，但科学家有责任关注人的终极关怀。大凡对人类命运有深切责任感的科学家，都应当深切关注和思考如何能让科学和平地、积极地造福人类。对科学家来讲，道德与良知是比专业知识、技能更高一层次的人生智慧。

现代科学技术自身并不具有向善、向恶的价值选择能力，它既可以为善，亦可以为恶，但究竟是为善还是为恶，毕竟是由人来选择的。道德修养就是赋予人，赋予有选择权利的人以"道德地、理性地、符合人类发展背景地"选择的能力，从而使科学技术成为为善的事业，成为服务于人生、有益于社会发展的事业，成为推进人类全面发展和进步的积极力量。

六、现代道德修养的新要素 —— 自由思想和理念的修养

追求自由，既是群体的人类生存奋斗的最基本的价值目标之一，又是个体的人奋斗、祈求的人生至高境界。

自由是什么？有的人讲，自由是人格的本质。也有人说，行为合乎自己期待的信仰或理想，就是自由。比如说，人们对真善美的追求，作为一种理想，真的自由是一种理性的自由，一种能够自由地思考和探讨问题的自由；善的自由是一种理想的自由；美的自由是一种自我表达、表现的自由。有能力，而且可以自由地选择自己的理想，有能力，而且可以自由地思考、探讨问题，还有能力，而且可以自由地表达意见、表现自己。如果真的能够做到这样，那可真就是人的一种自由、全面发展的状态，一种至高的人生的境界。

但实际的情况并不完全是这样。自由，依照现代的解释，虽然是人的一种天赋的权利，但人的自由能力的取得，如同一粒种子发芽需要一定的土壤、阳光、空气和水的条件一样，它也需要一定的历史背景，与社会变迁，与政治、经济、科技的发展息息相关。

所以，现代意义上的自由，主要是讲一个人在政治和社会上应该得到的保障，不受干扰，能够自己来决定自己的选择，是和公平、正义一样重要的道德、法律和政治原则。具体讲：

一是所有人与生俱来的自由选择的权利，即古代文化传统所说的自由意志，近代西方所说的天赋人权，是一种遗传于人性的自由；

二是一个人的外在环

境容许他为自己的利益做他所愿意做的事的自由，即我们平时所说的社会条件——经济的、政治的、科技的、文化的环境；

三是一个人在获得充分的德性与智慧时，能够很自主地做他应当做的事的自由，这是需经他个人的努力才能获得，存在于每个人的精神或性格之中、完全独立于一切外在环境的自由，所以古人讲"认识真理将使你自由"。

中国文化传统中的道德修养，就是古人争取上述第三种自由的一种方法和手段，是一种自觉地努力和积极地争取。

中国传统文化，除个别诗词当中曾有"自由"一词外，向无自由之名，也没有现代意义上的自由概念。但中国文化传统从其起源处，就有追求精神自由的意涵，并多以"自得"、"自适"、"自善"等词语出现，实际上是一种精神境界。

中国文化传统在对待人的生命问题上，有一个最高的要求，就是使人能够摆脱动物性的局限，超越有限生命的局限，超越对自己个人生命的关切，把自己和世界、和天地宇宙、和时空结为一体，使人的思想可以超越得失、成败、利害、生死乃至时空等种种局限，能够得到一种真正的自在，即一种内心的自由。中国文化传统中的修养理论与实践，就是古人争取自由的一种方法和手段。

从上述角度讲，自由有一种摆脱的意思。摆脱什么呢？就是摆脱自然界、人类社会和人类自身对人的种种限制和奴役，由必然王国一步步进入自由王国。对于具体的个人来讲，追求自由或者说个人自由理念、自由能力的培育涵养，就是个人不断地摆脱认识能力和既有经验的局限，摆脱当下、眼前利益的局限，摆脱个人情感欲求的控制等等。是人的能力不断提高，人格不断完善的一种过程。

从另一角度讲，自由又是一种创造的力量，是人不断地冲破一切认识的、经验的、利益的、欲求的局限，创造一个个新高度，一个个新境界的过程。是一个不断地显示，不断地完成又不断地开始的过程。所以，自由对于人来讲，不仅与生俱在，是人的一种素质和能力，也是道德修养所追求的目标和修养境界。

实际上，自由不仅是权利，还是义务，是天赋的追求真理的义务。自由在很多时候意味着艰苦卓绝地奋斗，对真理的不懈地追求，对自我的不断地改造和超越。自由的最低境界是物质生活的自由，而最高境界是精神生活的自由。由物质层面的自由走向精神层面的自由，由短暂走向永恒，人不断地超越、完善自己，这就是道德修养，是道德修养视域自由理念和自由精神的修养。

对于自然的人来讲，每个人的心灵、身体、才能和智慧、德性的天赋是不平衡的，但作为共同的人类，我们有共同的人格、理性、自由意志与责任来共享每个人不可让渡的权利，包括生命、自由和对幸福的追求。

人是社会性的，社会是由人组成的。社会中每个人的创造潜能发挥和实现得越充分，社会就越富有活力和创造性。自由是每个人发掘、发挥潜能的根本条件。

在学术界所称的轴心时代，中西方思想文化均十分繁荣，究其原因，就是因为当时的东方和西方均崇尚自由原则，西方有普罗泰戈拉、苏格拉底、柏拉图、亚里士多德等百花齐放，东方有孔、孟、老、庄、韩、墨等百家争鸣。

追求现代意义上的自由权利，是17、18世纪新兴资产阶级反对封建专制斗争的强大思想武器。17、18世纪的自由主义亦称古典自由主义，是以天赋人权学说（或自然权利学说）为基础的、关于政府和国家的理论，其主要观点是：

（1）人的自由、生命和财产等是与生俱来的、不可转让的、不可剥夺的权利，任何人不得侵犯；（2）为了保护自己的天赋权利和私有财产，人们通过订立社会契约的方式建立政府或国家；（3）政府的权力是有限的，人民手中的权力是最高的和最后的；（4）为了防止出现专制，必须实行法治，建立分权制衡的机制；（5）一旦政府侵犯或危及人们的自由、生命和财产等权利，人们就有权推翻其统治，建立新的、能维护其权利的政府。

这些思想起先是资产阶级革命的理论武器，对当时欧美资产阶级革命产生过重要的积极影响，后来成为资产阶级国家的立法原则，都以根本大法和政治纲领的形式给予肯定，使自由主义原则成为西方主要资本主义国家的立国之本。

欧美资产阶级革命相继成功之后，西方资本主义进入自由竞争时期。适应自由资本主义时期资产阶级要求经济自由，竞争自由和契约自由的需要，以边沁、密尔、亚当·斯密、大卫·李嘉图等为代表，把功利主义作为自由主义的理论基础，认为趋利避害，追求功利是人的本性，社会是虚构的，最大限度地追求个人利益才是真实的，所以个人自由是社会进步的源泉。

当然，他们所说的这种个人自由并不是无限的，是有"一只看不见的手"在调节的[①]。这"一只看不见的手"可以是某种社会机制或制度，也可以看做是某种伦理规则。这些伦理规则的功用，就在于帮助市场条件下的人们达到适度的、最可取的利益和幸福。如果没有这只看不见的手来协调彼此之间的关系，人们就会在各自"自由"的争斗中互相损伤。因为局部的、眼前的利益和幸福不一定等于整体的、长远的利益和幸福，从群体互利和整体、长远的利益和幸福出发，人类就有制定、尊重和遵守伦理规则、道德规范的必要，以促使人类能够有序和谐地共同生活。

---

① "一只看不见的手"（an invisible hand）是近代英国著名经济学家和伦理学家，被称为经济学之父的亚当·斯密提出和使用的著名词句。他在他的两部传世经典著作《道德情操论》和《国富论》中均使用了这个修辞性术语，主要指市场经济条件下，企业或企业家个人的自利行为，在某种社会机制或制度的节制与引导下，间接促成了某些非其本意的社会后果。现代的许多学术著作和学者直接将其解读或指称为市场或市场机制，似乎过于简单化。如果单就经济领域讲，可以说是市场或市场机制；而在伦理或道德生活领域，可否理解为道德或伦理规则呢！

到了19世纪末20世纪初，由于资本主义发展出现的收入分配两极分化，社会道德沦丧，阶级和各种社会矛盾激化，经济危机频繁爆发等，以格林、霍布豪斯、罗斯福和罗尔斯等为代表，都认为正义是"社会制度的首要价值"。"正义的重要问题是社会的基本结构，或更确切地说，是社会主要制度分配基本权利和义务，决定由社会合作产生的利益之划分方式"，而"所有的社会基本善——自由和机会、收入和财富及自身的基础——都应被平等地分配，除非对一些或所有社会基本善的一种不平等分配有助于最不利者"[1]。

这样，他们把社会制度的正义原则分为两条：

第一条是平等自由的原则，即每个人都拥有与他人相同的最广泛的基本自由。所以，要确保公民的平等与自由，使每个公民都享有平等的政治权利；

第二条是调节社会和经济权益分配的"差别原则"，其中又具体分为差异原则和机会的公平平等原则。这一原则承认社会的和经济的不平等现象存在的现实性，并在此基础上提出要调节利益分配上的差别，使受益最小者的状况得到一些改善。

他们认为，如果这样做，就达到了自由（第一正义原则和自由优先原则）、平等（政治权利的平等和机会的平等）和博爱（照顾最少收益者的差别原则）的统一，就可以建立一个自由、平等、和谐的世界了。

自由保守主义的代表人物哈耶克则认为，自由主要是指个人自由，即在社会中一些人对一些人的强制被减少到最低限度；自由是一切价值的根源，是一切道德价值得以发展的基础。他认为，个人如果自由，他就可以追求不同的目标，又可以运用不同的方法去达到同一的目标。这本身是一个实验、比较、竞争的过程。因此，自由和实验，自由和竞争是一致的，自由和进步也是一致的。人类和人类社会的进步，是自由的结果。哈耶克还认为，平等非常重要，而真正的平等应当是"机会平等"，就是说，每个人在市场竞争和其他场合都享有同样大小的参加机会、获胜机会和被挑选的机会，机会平等和自由竞争是一回事。

---

[1] 罗尔斯《正义论》。

七、现代道德修养的新领域 ——环境问题的修养

环境问题，是现代社会全人类共同面临的几个重要问题之一。环境也就是人类赖以生存发展的自然环境，或称自然生态。自然生态为人类的产生和基本生存提供众多最关键的保障，如大自然净化人类呼吸的空气和水源，分解人类排出的各种废料以及其中的毒素，调节气候，保持和再生土壤以及维持能够让人类的工业、农业和医药工业得以受益的物种多样性，等等。环境问题的实质是人类与自然的关系问题。

1. 人类自然观的演变

人与自然的关系问题，是世界各文明系统从其起源处就十分关心、关注的问题。还在人类的远古时期，天或宇宙自然，是人类思考人的本质、探索人生意义的最直接、最主要的资源。

人类与自然的关系是受人的自然观支配的，自然观就是人类对人与自然关系的基本看法，是人类自身成熟状态的重要标志。

人类与自然的关系是人类最基本的生存关系。早期人类由于低下的生产力水平和科技认知水平，人们对自然界保持着一种敬畏的态度，其自然观是天人合一的观念。这在中国传统文化和古希腊文化中都有表达，都不约而同地主张人与自然的浑然一体。尤其是在中国传统文化中，人与自然的关系，被统称为天人关系，中国传统道德修养理论与实践关于天人关系的基本观点，就是天人合一，人生理想就是天人和谐，认为包括天、地、人在内的自然界是一个完整的生命存在系统，人类是自

然之子,是大自然的组成部分,大自然的运行发展是有规律的,人类要不断地认识、把握这些规律,并按照自然规律行动。人类只有融合于自然之中,才能够共存和受益。

中国传统道德修养理论与实践认为,由天人合一到天人和谐,需要发挥人的主观能动性,具体讲三个方面,一是因任自然,无为天造。"天地之大德曰生",大自然的功能就是养育化生人类及万物,所以,人与自然之间应当"不违"、"不过"、"与天地合其德,与日月合其明,与四时合其序",以达到天地万物人我一体之境界;二是穷理尽性,制天命而用之。就是自然界不管如何幽深不测,如何变化细微,都要穷研而知之,唯如此才能通天下之志,成天下之务;三是裁成辅相,互相协调。就是在认识、把握自然规律的基础上,要对自然加以辅助、节制和调整,能动地协调自然。

中国人还在远古时代就从生产实践中认识到,只有尊重生态规律,遵照时令("使民以时"),有禁有纵,才能使自然资源休养生息,以保证永续利用。还在春秋战国时期,孟子就批评过"竭泽而渔"的做法,管仲曾提出"童山竭泽者,君智不足也"的见解。这些见解甚至被当代许多学者,包括一些西方学者指称为现代可持续发展思想的最渊远的源头。我们当然不能这样认为,因为中国古代天人合一的自然观,毕竟只是远古时期的一种非常朴素的自然观,还具有人类被迫顺从、顺应自然的因素。据古书记载,孔子所向往的尧舜时代,人与自然和谐相处。那是当时人们的一种美好向往,现实其实是非常严酷的。女娲补天、大禹治水、精卫填海、后羿射日,虽然是神话,但仍然能够感受到人与自然之间的紧张。

随着近代工业革命的兴起和科学技术的发展，人类加速了认识自然和改造自然的进程，同时也产生了"人能够驾驭和主宰自然"的自然观。培根认为征服自然是人类科学和理性的胜利。笛卡尔说，借助科学，我们就可以使自己成为自然的主人和统治者。康德更提出"人是自然界的立法者"的主张。人类的自然观由"天人合一"转向"人类中心主义"。这种自然观弘扬了人的理性，发展了科学技术，创造了现代物质文明，但也由此酿成了威胁到人类自身存在和发展的全球性环境问题。

到了20世纪60年代以后，由于人类已经感受到了资源枯竭、物种灭绝和环境恶化的后果。人们终于醒悟到，人类赖以生存、发展的地球只有一个。地球也是目前可知的广袤宇宙中唯一一颗有生命存在的、脆弱的生命飞船，如果人类不能善待和爱护它，我们最终会与它同归于尽。人们意识到应该把生态环境看成是自己生命以及关乎自己生命质量的组成部分，而不应当把它看做生存、生命的外在因素来对待。人类对自然的索取应当保持一种理性的节制。人类对待自然应当自律、自重、自觉，凭借人类自身的智慧，积极、主动地探索克服污染、净化人类生存环境的技术和办法，积极、主动地创造、改造适合人类生存与发展的生态环境。与此同时，还要用理性和道德的眼光同等地看待自然与人，承认自然界与人类具有同等的存在和发展的权利，把人的价值和道德自觉扩展到非人的自然界，赋予自然界以应有的道德地位，在人与自然协调发展的基础上，促进经济、社会的可持续发展。这就是在人类中心主义自然观之后，人们探讨形成的"人类与自然界和谐共处、共荣共生"的新型自然观，也可以称之为可持续发展的自然观。它以人与自然的统一性，即天人合一为基础和前提，充分认识到人在自然面前的积极性、能动性，主张人在自然面前并不局限于"要么发展，要么破坏"的两难选择。它既肯定人类的生存和发展离不开对自然界的改造，又要求这种改造不损害环境系统的承载能力和更新能力。

2. 新的环境理念的修养

生态本无所谓好坏，适者生存，优胜劣汰。抽象地说，讲生态环境，首先强调的是它的自然属性。但人是地球生物链的高端，所以凡说一个地方的生态环境好还是不好,还是以人为本,以人类观点为主的。因此,生态环境问题,既是自然的,也是人类的(非自然的),对人类来讲,离开了人的纯粹生态环境并不存在。我们说古人的哲学思想和道德观念处处渗透着人与自然的和谐统一,主张天人合一等等,其实是对古人的一种过誉。实际上,古代人与自然的和谐相处,根本上还是因为那时的生产力水平的极度低下。现代自然环境的改变或者说破坏,表面看,是人类生存价值观转变的结果,而从根本上说,是科学技术、生产力发展而导致的生产、生活方式改变的结果。

由于科学技术的高度发展和生产力水平的极大提高,今天的人类正在创造前所未有的经济的、社会的、环境的奇迹,但同时也以惊人的破坏力迅速地改变着生态环境。一方面,我们比过去更富有、更便捷、更现代化,另一方面,原有的碧海蓝天,原有的小桥流水,原有的自然风光正一天天减少或消失。我们正在大力推进城镇化和城乡一体化,乡村向往城镇,是因为人群集中的地方充满了发展机会。农民们正兴高采烈地建起小洋楼、小洋房,但绿色的竹园、成片的果园正一天天减少或消失,农村的概念眼见着就要不复存在了。

因此,我们要实现更高意义或者说现代意义上的人与自然和谐相处,除了进一步探索新的科学理论、新的技术手段,更根本、更关键的是要人类调节自身的哲学认识和世界观、价值观。

八、现代道德修养的新概念——审慎美德的修养

说是新概念,其实是对现代生产、生活条件下的中国人来讲的。西方文化传统从其起源处就比较重视审慎美德的修养。早在古希腊时期,审慎就与勇气、公正、克己一起被确定为四种基本德性。

所谓审慎,就是对自己的各种判断、选择、举动,都会思虑周到,能广泛咨询、采纳各种意见建议,善于斟酌轻重缓急,权衡利弊得失等等。审慎的美德,实际是人的生活的智慧,或称实用智慧,就是正确判断、选择适当办法以达到日常生活中良好目标的能力。审慎美德的修养,就是为了能发展正确判断、能领悟生活中正确秩序的心灵。

审慎美德的修养,相对来说,内容比较宽泛,要求比较自由随意,但它又

是一种较高层次和境界的修养，比如成功时的谦卑、得志时的自制、失意时的豁达、痛苦时的自尊、穷困时的自强、面对诱惑时的清醒克制、对个人承诺或誓约的忠诚、复杂环境中的情感驾驭、对各种危险因素的预测预防等等，从而使我们的一切进退取予、言谈举止，都能符合我们自身的利益、尊严、荣誉和愿望。

审慎美德修养与合宜行为修养在很多情况下比较容易混淆。

合宜，包括最充分的合宜，是一般的人都能够做到的那种自制，如天凉了要加衣服，肚子饿了要吃饭，见人来了打个招呼等等，这样的行为就是合宜，没有人说那是美德。

审慎美德是人品卓越，是某种非比寻常的伟大与美丽。在有些场合，有些被称为美德的言谈和行为举止，甚至无法达到完全合宜，但它所展现的那种精神和气质，是平常的人们所无法做到的。

当然，高层次或至高境界的审慎，是完美无瑕的智慧结合完美无瑕的德性。当达到审慎美德的至高境界时，必然会蕴含有卓越不凡的技巧、才干和习惯，能够适应每一种可能的情况，使他的一言一行、一举一动都能够做到既完美又合宜。

在现代社会条件下，安全问题已经成为审慎美德修养的首要目标。它认为，在和平和谐的社会生活中，要注意尽可能避免使个人的健康、财富、地位与名望等这些人生舒适、幸福所仰赖的因素暴露于任何危险之中。

安全问题在古代，因为人与人之间的交往相对较少而呈无关性，但也仍然是人们极为关心的问题之一。《周易》有一卦叫"无妄"，说"无妄之灾，或

系之牛，行人之得，邑人之灾"。你看，系在路边树上的牛被行人牵走了，虽与村上人无关，但村上的人还是受到了牵连。

今天，人类已经进入到以信息化为标志的全球化时代。中国虽然是全球化进程的后来者，但在过去的三十多年中，已经全面地加入到了全球社会之中。经济、文化方面的国际交往日益广泛，制度意义上的全球化逐步深化。尤其是市场经济体制的逐步完善和政治文明的不断发展，标志着中国的制度转型和社会变迁是面向全球的、开放的，中国在全球化进程中正从主动的学习者向积极的建设者转变。现代全球社会的高速发展和日益复杂化，给人类社会带来了前所未有的不确定性。

因此，现代安全问题，大到全球生态、环境安全问题，国家经济、文化、生产安全问题，小到个人工作、生活、交友、出行等等，已经成为一个复杂的系统，一个问题场，而不是某个单独问题。生活在当今社会的每一个个人，我们的安全观念、意识和行为，已经不是一个个人的问题，它会随时涉及与你相关的甚至根本无关的人或事的安全问题。你驾车行走在公路、街道或社区，你的行为随时会影响到一个或几个人或家庭的安全或幸福。你和你的朋友、同学在马路上或十字路口聊天，你也会随时影响到一个或几个人或家庭的安全或幸福。

因此，加强全社会安全观念和安全行为修养，增强全民、尤其是广大青少年的安全理念和意识，提高他们的安全素养，是现代化条件下道德修养的主要内容之一。

安全观念修养，主要是通过修养提高人们对生命、健康价值的认识，树立生命第一、生命唯一的安全价值观念；树立人的安全权、生命权是最基本的人权，是个人、家庭、社会可持续发展的最根本条件的观念。通过长期的修养，使人们的安全观念和意识升华为价值观念和自觉行为。

安全行为修养，就是要让大家认识到，我们家庭所有人的生产、生活都是在一定的技术环境中进行的。技术就意味着存在一定的客观危险。要保障自己的安全，就有服从这种环境所要求的规章规程。注重行为文化修养，控制不良行为，很多危险结果是可以避免的。即便是在事故已经发生的情况下，具有正确的安全知识和技能，对防止生命或健康悲剧的发生也是很有用处的。

因此，安全问题的治本之策，还在于个人的修养和全体国民素质的提升。要从每一个儿童的"养成教育和修养"开始，从小养成珍爱生命、遵守秩序，使安全理念融入血液，成为终身的道德准则和自觉行为。

九、现代道德修养的新理念 —— 创新、创造精神的修养

道德修养的真正问题是不断地创新和创造，不断地超越人自身。人们通过创新和创造，可以拥有一种崭新的生活，可以提升人的生命的境界。换句话说，创新和创造也是道德修养的根本任务和重要目标，是人的使命所在。创新和创造是人不断超越自我的基本途径，而超越则是蕴含着巨大动力的积极主动的创新和创造过程，是一种深刻的内在体验和内在领悟。创新和创造不会囿于自我，而正是对自我的一种否定和超越。

变动不居，生生不息，日新又新，创新创造，是中国文化传统的精髓之一。

中国文化传统中的道、德与天一样，是一种化生万物的自然力量，是一种生命创造的自然过程，故曰"天地之大德曰生"。生，就是创造、创新，它是一切生命之源，也是一切价值之源。

中国传统道德修养理论与实践认为，人作为自然界万物之灵，应当以敬畏之心珍惜、爱护和完善自然界之生命，积极参与自然界化生万物的创造性过程。这是人的神圣使命（古人称天命或天德），也是人生的意义和价值所在。道德修养的要求和目标之一，就是积极涵育、培养这种参赞天地之化育的主动意识，以不断地激发人的探索和创造精神，使人们在认识和改造世界的过程中，达到新的更高的境界，促进人的不断发展和完善，实现从必然王国向自由王国的飞跃。

当今时代的社会，是一个知识不断创新，国家之间、区域之间、行业产业之间、人际之间高度竞争的社会，个人人生价值的实现，个人对国家、社会的作用，都是在激烈的竞争中才能完成的。与古代社会那种"达则兼济天下，穷则独善其身"的生存发展形态不同，知识经济时代的生存铁律是"谁创新，谁胜出"。创新是一个民族生存和发展的基础，是一个国家兴旺发达的不竭源泉和动力。创新、创造也是个人生存和发展的基本形态。用一个形象的比喻

来说，过去的时代是"太阳每天一样地升起"，那么知识经济时代则是"太阳每天都是新的"。因此，道德修养必须面向未来，要加强创新、创造精神的修养。

创新、创造是一切事物发展的必由之路，中华文明从其起源处就非常重视创新、创造。主张生生不息，日新又新，创造又创造。神话传说中的伏羲画卦、女娲补天、精卫填海等等，都是创新创造的典范，作为中华文化原典的《易经》就是生生不息的经典，生出诸子百家、四书五经乃至中华文明。

创新、创造是一种艰苦的探索、研究过程，是理论与实践结合的过程，是回答解决现实问题的过程。今天中国道德修养理论与实践所需要的创新，就是一切从中国特色社会主义现代化建设的现实出发，站在时代、实践和科学理论的前沿，研究、回答并解决我们面临的各种新情况、新问题。今天，我们13亿中国人要齐步迈向工业化、现代化，要构建和谐社会。这不仅在中国历史上亘古未有，世界历史上也从未有过。这就需要我们勤于实践，不断探索，不断创新、创造，以推动中华民族理论思维的发展和全民族素质的普遍提高。

创新、创造精神是一种在高层次全面素质基础上的追求卓越的意识，是一种善于发现问题、积极探求真理的心理取向。我们平时所说的一个人所具有的坚实的理论基础、专精的业务知识、宽广的文化视野，以及一定的实践经验等等，都是培育涵养创新精神的基础。

创新、创造精神是在道德自觉前提下的创新、创造，道德自觉性是生活在一定道德情景中的人对其道德所有的自知之明，即明白它的来历，形成的过程，所具有的文化背景、特色及发展趋势等等。增强道德自觉性是为了加强道德转型的自主能力，取得决定适应新环境、新时代道德选择的自主地位。

比如说爱国情感的表达问题，爱国心是人类最高的道德之一，但这种蕴藏于心灵中的道德情感如何表达，表达的结果和效果如何，是完全激情奔放地表达，还是既有激情又有理性，还要有智慧和担当的能力，等等，都是需要深厚的修养才能做好的。在当今波诡云谲的国际环境中，卑鄙的国家歧视原则常常是建立在高贵的爱国情感之上的，需要我们审慎地选择和判断。我们的爱国情感应当是开放、包容、理性和自信的，我们爱自己的国家，同时也希望世界各国、各民族都能够繁荣发达。我们对自己国家的爱，与对全人类的爱不是一回事，但可以有机地统一起来。我们通过为自己的国家作更多的贡献，通过爱自己的国家，进而扩展到爱全人类。中国是当今世界最大的发展中国家，中国的人口占世界的22.5%，在包含全人类的伟大社会中，中国的繁荣成功自然是当今时代全人类繁荣成功的最重要、最伟大的因素。所以亚当·斯密曾说：

> 要增进全人类的利益，最好的办法是把每一个人的主要注意力导向全人类社会中的某一特定部分，这部分不仅在他的能力范围内，也最在他的理解范围内。[①]

马可·奥勒留大帝：身为古罗马皇帝，他用刀剑中空余的闲暇留下了追求个人道德完善的自我对话——《沉思录》，被称为柏拉图哲学王的活例。

在今天的中国，爱社会主义的祖国，是我们每个人都能够做到的，也是我们最愿意做到的事业。如何表达我们的爱国心，当然首先是要有对社会主义祖国的热爱、敬仰之心，其次是真心渴望国家安定，社会和谐，人民安居乐业，都能够过上安全、体面与幸福的生活。三是尽己所能，照料好自己、家人的幸福，为国家的富强、人民幸福做出我们自己应有的努力。

再比如"从谏如流"，这本来是为政、为官的一种美德，但一个具有道德自觉的人对别人的意见、建议应当认真研究分析，有取舍的能力和智慧，"毋困群疑而阻独见"，不加分析一味"从谏如流"，就有可能闹出"抬着驴子走"的笑话。所以，既要学会倾听别人的意见、建议和观点，更要学会全面、理性地选择需要坚持的意见和建议。

---

① 亚当·斯密《道德情操论》，中央编译出版社2008年8月第一版，第290页。

我们以现代经济学的发展创新为例来看。经济学是以个人主义思想浓厚的英国人为对象开发出来的，以美国人为对象而开花结果。但日本人引进经济学并使其适合自己的理念和文化，从而在很短的时间内成为仅次于美国的第二大经济强国。韩国人也引进并使其适合韩国人的理念和文化，把世界最快的高速增长维持了很长时间，从而创造了汉江奇迹。我们中华民族具有吸纳一切先进文明成果的传统和能力，我们不但能使市场经济适合中国人的理念和文化，创造出无愧于时代的业绩，也能使现代社会的法治、自由、民主、平等、安全、效率等现代观念，乃至现代的市场经济精神和富国精神等等，都能适合我们道德修养的理论与实践，使我们的道德修养理论与实践现代化、世界化，为中华民族的伟大复兴发挥应有的巨大作用。

十、现代道德修养的新重点 —— 领导干部的道德修养

领导干部在传统文化中的对应概念就是为政者。中国传统道德修养理论与实践特别注重为政者的道德修养，有非常丰富的关于为政者道德修养的论述。古希腊柏拉图《理想国》中的"哲学王"，就是具有丰富的知识，能够认识最高的善，并身体力行，能够掌握国家权力的一批人，约略相当于中国古人所说的"君子"。而"君子"一词在春秋以前，也主要是从政治角度立论的，是一种发号施令、治理国家之人。春秋之后，才从原来意义上的有位之人，演变为具有理想人格之人。

中国文化自神话时代起就很重视为政者（圣王）的德行，尧、舜、禹等都是上古传说中以德居位的典范。中国文化以论人为主，尤其对司事者、主事者、以一身系天下安危者的要求最为严格，孔子著《春秋》，而乱臣贼子惧，其深刻含义就是垂则于后世，使子孙后代明白，天网恢恢，疏而不漏，没有人能够逃脱历史的、道德的审判。

中国传统文化在为政者道德修养方面，特别强调三个方面：

一是强调"为政以德"，即只有实行德政、德治，才能由近及远地吸引和团结民众，保持社会的和谐有序发展。所以孔子就讲"为政以德，譬如北辰，居

其所而众星拱之"(《论语·为政》)。

二是强调为政者在道德上要做出表率。"政者，正也，子帅以正，孰敢不正?"(《论语·颜渊》)"其身正，不令而行；其身不正，虽令不从。"(《论语·子路》)这些论述充分肯定了为政者"身正"对下属及其百姓的影响和示范作用，并把为政者的"正"或"不正"与社会政治的清明与否联系在一起，视为保持社会和谐有序发展的先决条件。古代圣王如尧、舜、禹等所以能够建立丰功伟绩，就是因为他们不仅自己是圣人君子型的人格楷模，而且在为政方面也是所有为政者效法的榜样。

三是"以德导民"，即对民众要进行道德教化。认为运用道德、礼节感化、约束民众，使其自觉注重道德方面的修养，他们就会有廉耻之心，从内心服从社会的规范，社会会更加稳定、有序、和谐。

与此同时，传统文化还从为政者应当具备的道德品质方面提出了许多从政过程中需要注意的问题，如"居之无倦，行之以忠"的敬业精神，"其养民也惠，其使民也义"的为民谋利精神，"惠而不费、欲而不贪"的节俭、廉洁精神，重"知人"，"举贤才"的知人善任精神等等。所有这些思想，对于我们今天的领导干部仍然具有重要的启发和教育意义。

我们今天正在进行的社会主义现代化建设，是在有13亿人口的当今世界最大的发展中国家进行的最伟大、最广泛、最深刻的社会变革，各级领导干部担负着极其重要的责任。所以，道德修养对于广大干部，特别是各级领导干部来讲，就是一种政治责任，各级领导干部个人的和职务中的道德修养，比以往任何时代、任何时期都显得更加重要。古人讲，政者，正也。作为中国特色社会主义伟大事业的组织者、领导者，应当通过修养坚定政治信仰，提升道德境界，始终用发展着的道德信仰、科学理论不断武装自己，丰富、提高自己，做高尚道德的实践者，和谐社会的积极促进者。

中国的道德文化，从孔子所说"君子之德风，小人之德草"，到当代中国所说"榜样的力量是无穷的"一以贯之，就是各级官员的道德指南和示范作用有着异乎寻常的重要性。尤其在当代中国，党和国家是我们社会中唯一的道德权威，而党和国家各级领导干部在社会中扮演着最重要的道德榜样角色。这些道德榜样角色在理论上的道德规范和社会生产、生活中的道德实践者(民众)

之间形成了一个中介,一般(或大多数)民众都是通过各级领导干部的言论和行动来获得关于什么是正确规范的认识,以及遵守这些规范的动机。如果一旦这种中介出现问题,广大民众(道德实践者)就会陷入道德认同危机和道德动机危机。

在我们当前的道德文化中,最容易导致上述危机的是部分领导干部的贪污腐败问题,因为丧失信用的不只是这些干部个人,而是广大民众心目中的道德权威和道德榜样。而一旦失去了他们习惯于信赖的道德权威和道德榜样,广大民众在当前这种道德文化中就几乎无从保持他们的道德动机和道德信仰。所以,各级领导干部的道德修养问题,也是关系党和国家生死存亡的问题。

所以,从道德修养角度讲,社会层面的道德修养应以各级领导干部的修养为先、为重(这在古代就是有区分的),从而真正实现道德平等。因为各级领导干部在社会生活中处于领导地位,既是群众利益的代表者和维护者,又是群众利益的体现者和协调者,还是群众活动的组织者、教育者,群众关系的设计者和执行者。所以,各级领导干部道德取向、道德修养境界和实际道德表现,自然具有示范和导向作用。一方面群众从其道德言论中感悟社会所倡导的道德要求。另一方面,又从其道德行为中判断善恶是非。因此,各级领导干部的道德修养水平和境界就成为影响全社会道德修养、道德建设的构建因素,官德水平、境界高了,公众对道德修养、道德建设才有信心。

道德修养与未来发展

道德修养源于生活、源于实践,并在社会生产、生活实践中不断发展。道德修养的开放性、创造性品格,就在于它能够从时代进步和社会实践的发展进程中,不断研究新情况,提炼新问题,促成新的理论创造和实践创新,促进道德修养理论与实践,始终面向未来,成为人类永远的精神家园。

山在中国文化中，总是与空间的辽阔、时间的永恒相联系的，经常象征人的眼界和思想境界。孔子登东山而小鲁，登泰山而小天下。登高望远，是中国道德修养传统最恒久的母题之一，永远鼓舞人们站得更高，看得更远。

一、道德修养的回归、普及与提高

道德是民众共同生活的产物，是民众群体生活所孕育、所践履、所崇尚的价值观念、理性精神、理想追求的集合体。道德修养的传统，同样产生于民众的群体生活，成长于民众的反复实践，形成为民众共同的心理状态和行为方式。但随着社会的发展，人类开始分化，民众有了上层人士与下层平民之分，劳心者与劳力者之分（如中国古代就有君子和小人之别，古希腊有公民与奴隶之别），社会有了剥削阶级和劳动群众之别，国家有了统治集团和人民大众之别。道德，逐渐异化成为上层人士、统治阶级教化、统治民众的工具和手段。道德修养，逐渐成为上层人士、统治阶级的专利，成为少数知识精英、社会精英们"为天地立心，为生民立命，为往圣继绝学，为万世开太平"的工具。而在普通民众或多数人那里，所谓的道德修养，只是受其风俗影响而已。

随着社会的发展，道德修养自身也开始发生变化，逐渐演变为一种高级的思想和实践活动。完整意义上的道德修养，既有对道德理论、原则、规范的认知、接受和践履，又有对道德理想、人格完善完美的追求，需要休养主体的道德自觉，并需要有相当的背景知识和理论思考能力和水平，所以在古代社会，无论是东方还是西方，道德修养主要的还只是上流社会、贵族阶层或知识阶层的奢侈品。虽然在下层社会和民众中也有一定的道德修养的社会实践，但由于生产力水平的极度低下，广大民众的生存条件恶劣，需求层次极低，所以，道德修养虽然也存在于普通民众之中，但它实际上是民众对某种共同的文化、价值观念的共鸣，是世代积累、沉淀形成的习惯和信念，是对主流的道德规范、规则的感应或情感上的吻合。它渗透在生活的实践当中，因为祖祖辈辈层层传递，家家户户耳濡目染，即便是一个字不识的人也自然而然陶冶其中。但作为完整意义上的道德修养，主要还是在少数贵族、精英或知识阶层。

道德修养传统要发挥提升人生境界、提高国民素质、引领社会生活的作用，首先要让它回归到人民大众中来，回归到社会生活中来。

当前中国社会所处发展阶段的性质和特征，可以从不同的理论视野或学科角度进行分析和判断。从经济增长的视野来看，在改革开放历经30年之后，中国人均GDP已经达到了4000美元，已经是偏低中等收入国家了。而且到2020年，要实现全面小康。从社会结构转型的视野来看，中国正处在从传统社会向现代社会的转型时期。而从现代化理论的视野来看，中国正处于现代化起飞阶段。这种全方位的社会变迁，对广大民众的精神层面产生了非常广泛而深刻的影响。

现代社会经济、政治、科技、文化、教育等各方面的快速发展，为道德修养的回归、普及和提高提供了许多支持条件。

随着中国从一个匮乏性社会向富裕性社会转变，绝大多数的社会成员可以从谋生的辛勤劳作中解放出来，有闲暇、有条件从事对修养与高雅生活、理性生活的追求；大多数社会成员的需求层次呈现出逐渐提高的趋势，社会心理中出现了许多具有新质的理念和意识，如公民意识、环保意识、风险意识、安全意识、与自然和谐相处的意识等等；而且还表现出了更符合时代理性和更能够表达价值关怀的人文价值取向，如责任心培养、诚信修养、同情心与爱心激发以及重视健康观念、珍爱生命意识的塑造等等。

随着现代教育的发展，广大劳动群众科学文化知识的普及和文化程度的普遍提高，道德修养在普通民众中的重视程度大大提高，对个人及社会的作用增强，影响范围扩大；尤其是随着社会主义市场经济的不断发展，广大民众道德修养实践与市场化的世俗生活不断对话，一改纯思想性、精神性思考探索特点，出现了许多通俗化平民化倾向。

所有这些新的进步和变化，都为道德修养的回归、普及和提高提供了坚实而广泛的社会基础和思想基础。

事实上，在全体国民中倡导一种以追求人的自由发展、人性完善、人的精神与心灵状态和谐、健康发展的道德理念和意识，用科学理性精神和道德人文精神来熏陶国民，提升全民的道德人文素质，也是现代社会努力追求的发展目标之一。

可以说，道德修养的普及和提高，是中国现代化起飞阶段道德现代性生长的一个特定内容。换句话说，道德修养精神和文化在现代中国社会的普及和提高，既有我们本土的内在生成机制，它是中国现代化进程的一种精神层面反映，又有社会成员受后物质主义价值观影响的外在发动机制。

道德修养从一个更宏观的角度来讲，就是中国的经济发展在绝大部分地区、绝大部分人基本解决了温饱问题，进入小康社会之后，所面临的道德人文精神方面的修养。

如果说，中国几千年的仁人志士把道德修养作为一种哲学，一种精神境界，那么，我们今天的人们就要把道德修养作为一种生活方式，作为一种不断完善自己，进而推动社会全面、健康、可持续发展的艺术。

道德修养在普及的层次上，从来都是民间的、易识的，具有强大的对空间和时间的渗透性。道德修养的普遍化总是意味着某种稳定的精神品质与教养，某种深厚的历史积淀，以及某种能够激活源源不竭的创造性与想象力的文明酵素。因此，道德修养能够传承文明，弘扬民族精神，提高全民的道德人文素质，促进人的全面发展和社会整体的进步。

道德修养要与现实生活结合在一起，要落实在生活当中。道德的发展是上层建筑或文化的责任，但必须回到民众的生活中，在民众的衣、食、住、行里面再现，才能发挥它应有的作用。一个国家、一个地区的美术馆、科

技馆很好，音乐、美术、书法等等都很发达，民众的素质就会相应的较高，民众在美术馆、科技馆，在音乐、美术、书法等方面得到的对生命的反省与提炼，都应当在生活里落实成为一种道德品位或素养。

道德修养的普及，对于我们每一个个人来讲，就是既要应从道德修养的角度看待工作、学习和生活，又要从工作、学习和生活的角度看道德修养。前者是工作、学习和生活的道德化，后者则是道德修养的生活化。强调道德修养的工作、学习和生活旨趣，就是强调道德修养应走向生活，强调了道德修养在工作、学习和生活中的实践指导意义，使道德修养从纯粹的"观听之学"成为实践的"身心之学"。导向正确、好的道德修养，不仅有益于人的健康成长和正常发展，也有益于个人在社会中所产生的价值大小，有益于生存、生活质量的提高，有益于良好的社会风气和社会生态环境的形成。

道德修养的回归、普及和提高，在社会层面上，是一个自觉和组织推动、引导相结合的过程，需要社会经济、政治、文化各方面的更加有力地支撑。简要地说，应当注重以下几个方面：

一是发展经济，富国富民。中国古人强调"仓廪实而知礼节"，有恒产，才有恒心，丰衣足食时，民心才厚道，国人才有凝聚力；欧洲人拉赛尔·科恩威尔说："诸位，请当上富人，当富人是基督徒神圣的义务。贫穷是各种犯罪的母亲，很难做到既贫穷又正直"；美国人威廉·劳伦斯说："物质的繁荣使人更高兴、更愉快、更不利己、更为神圣"。因此，发展永远是硬道理，生产力的高度发展，物质财富的极大丰富，劳动手段和方式的极大改进，闲暇时间的充分富裕，休闲出行更加方便快捷等等，乃是国民人文道德精神修养的最根本的条件和基础。

对于个体的人是这样，对一个民族、一个国家来讲，更是这样，长期繁荣、强盛，人民富裕、安居乐业，才能真正强有力地表达其文化，并产生长远或扩展的影响。即便从学术的角度讲也是一样，某一问题或某一领域的文化表达，不可能仅仅因为具有悠久的历史传统就会在世界范围获得一席之地。无论多么优秀的传统，都必须要和时代精神融合而获得新生，必须通过至少是具有某种程度的普遍性并且具有竞争力的表达，才有意义，才能逐步进入人类的共识领域。

二是实现社会公平。社会公平是由社会政治、经济制度所提供和保障的人与人之间的平等的社会关系，包括生存、发展等各个方面，是促进人的自由全面发展的最基本的条件。追求和保障社会的公平公正，是社会主义的基本目标和核心价值，也是促进国民道德修养普及的最基本的条件。

三是大力发展科学文化教育事业。科学文化知识是道德修养的基础，又是修养的推进器。一个国家的科技文化越发达，国民的道德认识水平和道德知识水平就越高，国民道德品质修养的基础就越扎实。

四是营造良好的道德修养文化。中国道德修养理论与实践传统之所以五千年不断，而且每每发扬光大，其根基就在于具有明确的、全民共识的道德修养的文化。

道德首先是一种行为规范，其实质是对人与人、人与社会、人与自然关系的约束和调节。这种约束和调节，在个体层面，主要是通过道德修养来实现。在社会层面，则是通过道德教育、道德文化的影响、熏陶等途径来实现的。中国文化传统中的道德修养文化资源非常丰富，比如通过对人与自然相互关系的长期思考、概括形成的天人合一、和谐的思想，通过人与社会复杂关系的梳理、归纳形成的仁、义、礼、智、忠、孝、诚、信等观念，还有对社会需要的核心价值体系、共同的信仰、共同的道德精神等等。

大地厚德，负载了万千生物，作为万千生物高端的人类，理应有文化和德性。每个国家，每个民族或族群，都会有它共同的价值观与行为准则。比如知识精英推崇的美国，严格的清教徒意识是其核心价值观，这种价值观保证了民主、宪政等政治制度在几百年中平稳、持续改良；在中国，家国一体又同构，在家、国背后，有着对世界存在、人类生存的不同解读，在家族中，提倡自强不息、守望相助、推己及人的仁爱，在国家、社会，则提倡忠君爱国，等等。

营造良好的道德修养文化，要认真研究、广泛借鉴中外文化传统中的各种优质文化资源。

人类在史前或进入文明社会以前的文化，有学者称之为原生态文化，那是人类在原始时代从求生存的本能出发所创造的文化，其基本特质就是生存，一切价值以维持和传承生命为主要目的，这是人类早期的道德修养文化。

人类在进入文明社会后，除了生存之外，还肯定精神的价值，而且认为人的道德价值在物质生活价值之上，在自然生命与精神价值发生矛盾冲突时，会因为精神价值而牺牲生命，"孔曰成仁，孟曰取义"，就是中国古人的道德修养文化。

营造良好的道德修养文化，要认真研究和发掘道德后面的文化特质，真正了解中国的道德修养文化，不至于在现代化的浪潮中失去自己的特质。在借鉴、吸收人类文明优秀成果的过程中，也能够知道其他文明系统的、现代的哪些元素容易为我们所吸收、所利用，作为当下道德修养理论与实践的资源。

营造良好的道德修养文化，既要主意学习和了解中西方文化的共同的优秀元素和精神，也要注意中西方文化的差异，从差异中相互借鉴和增益。

比如欧洲式的西方文化注重理性的传统，它的优点就是人的角色观念发展得比较成熟，他们自身的角色定位很理性、很个性，所以他们很重视个体生命的价值，以及个人的安全、财富、荣誉、尊严等等。他们的自信不是建立在与别人的比较上，而是建立在对自身特点的评价判断上。他们对自己所拥有的特质、能力、乃至物质财富等等，有充满而富足的感觉。他们可能也会羡慕、敬佩、赞叹别人有而自己没有的很多东西，但回过头来还是安分地做自己，始终生活在充分快乐的满足中。这和中国文化传统中的淡泊、豁达是有区别的。相比较而言，西方文化传统这种基于角色定位基础上的安分，更加积极、主动，更加稳固可信。

还有如在西方文化传统中孕育、成长起来的欧洲贵族精神，其主要特征就是自尊精神和相应的低调、遵守游戏规则、淡泊名利精神。这种精神对现代文明，尤其是现代市场经济的发展产生过非常积极的推动作用，而且一直延续到现代化的今天，对我们当下的道德修养实践和修养文化建设具有非常积极的借鉴意义。

中国古代也有一种贵族精神，虽然没有延续下来，但存在很丰富的文化资源，需要我们认真地去发掘并进行现代转化。

我们今天生活的时代，是一个人才、人力资源很充裕的时代。人与人之间相互比较、竞争的因素太多太多。比如我们现在一个单位、一个机关几十甚至上百号人，高端职位就那么几个，一个年轻一点的一干就是几十年。你只比较、期盼那一件事，肯定会让你活不成人。西方这种很安分地做自己，也是一种很理性、很积极的文化，是一种自尊和自信，和中国文化传统中的淡泊、豁达可以相互补充，相映成辉。

营造良好的道德修养文化，要认真研究探讨如何在现行的各种形式、各个环节的教育中增加或深化人文道德的元素，使我们的学生，我们的国民所学的各种知识、技能，都能够和人生，和人们的生活、工作、修养等相互结合、相互融合。

我们现在的一代或几代人，一生都在为摆脱困境，为谋生而奔波、而奋斗；一生都在追求知识，追求更高的学历，更高的职称，唯恐失去竞争力；一生都在努力工作，努力创造学术的、文化的、经济的奇迹，全身心地为下一代，为孩子们创造美好的未来（就连那些大贪官们也如是说，把孩子们创造美好未来作为贪污的神圣理由）；我们和孩子们一样，面对着太多太多的价值压力。多年的应试教育，一茬又一茬的孩子们始终埋头于知识的学习，时刻准备着，为更好的学校、更高学历、学位的考试！我们没有留出时间，或者说没有意识、没有心情悠闲地坐下来思考我们自己，拿镜子好好看看我们自己，认识我们自己；我们更没有留出时间，或者说没有意识、没有心情，甚或没有能力悠闲地坐下来和孩子们谈社会、谈人生，谈如何做人的问题。我们多的是对他们的希望、期盼和教导，缺乏的是对他们的人文关怀。很多孩子说，只要能够不回家，他们一定不回家！他们其实是在反抗某种程度的冷漠与疏离；我们的孩子们没有机会和条件对社会、人性和自我等进行最基本的认识和了解，所以他们在面对许多生活难题、尤其是一些突发性的难题时，往往无所措手。

营造良好的道德修养文化，要认真研究探讨如何使好的人文修养、人文关怀扎根在生活的土壤里。人有的时候需要外在的因素才会使自身更有自信、更有质感。比如家庭人文环境，就应该是现今条件下学生学习、生活格式化之外的最重要、最直接的外在补充因素。通过家庭人文因素激发孩子格式化以外的其他元素，丰富和增强他们的人文情感和自信、自尊。

我们过去常常讲祖荫，祖荫是什么？祖荫就是家庭的、生活的耳濡目染，娓娓道来。中国文化传统中的家教、家传，浓郁的家庭人文环境，曾经培育了一代代的文人、绅士风范和气质。家庭的影响和人文环境，应当成为现代社会价值下格式化教育缺陷的一种修补和补救，应当成为一种救人的因素和工程。

营造良好的道德修养文化，还要注重全恢复社会对经典的学习和诵读。中国古代文化原典如《论语》、《老子》、《孟子》、《大学》、《中庸》等等，基本上是谈人的定位，很多知识的、技术的内容都是含寓在做人的道理之中的。所以中国古人从小读书到大，自然就受到非常良好的人文、道德的训练，使他们的人性中有一种道德上的自信、风范甚至自负，认为"士不可以不弘毅，任重而道远"。所以一旦进入社会，立即会表现出一种成熟。会把对人、对人生的关怀转化成一种理想和热情，转化为一种责任和担当。他们所从事的工作，自然有一份责任和使命在里面。

营造良好的道德修养文化，要从转变观念，转变思维方式、生活方式做起。做人、修养要一步步地转型，由谋生型向休闲型、发展型和审美型转变。

过去的时代，我们的生产力发展水平很低，社会发展很落后，我们的一生都在为生存而奔波，我们没有条件过有闲暇、有尊严、很体面的生活。

过去的时代，我们接受文化知识教育的条件差、机会少，我们对现当代社会的许多行为现象如奇装异服、新奇发型、一夜情、同性恋等等，都会觉得不正常、不美甚或不道德。比如说现在的同性恋，在西方或现在的理论中，是把人的性分为两种情况，一种是生育的或性别的性，一种是精神的性。精神的性，他（她）只是需要一个精神上的依恋对象，所以可以不分性别。但我们现在还很少有人能够从这样一个层次或角度上来讨论问题。

梁启超先生在五四时期就提出现代国民、世界公民的概念，希望我们具有宽阔的文化视野和开阔的世界眼光。现代民主社会，是由公民（citizen）观念建立起来的。公民观念就是说，作为一个具有独立意志的人，你对各种社会现象要有分析、判断的能力，对于各种社会思潮、价值观念和生活方式等等有自由的选择权。我们今天的任务，就是要通过道德修养提升全民的分析、判断能力和选择能力，使我们的生活充满知性和智慧，过有智慧的生活。

选择是道德修养活动中一个非常重要的环节，现代社会的人们时刻面对很多复杂的选择。同样一个人，在美国、英国，会想到法律非常重要，遵守交规很重要；但到了中国，又觉得人际关系很重要，自由闲散很重要，这是不同环境、语境中不同的选择。不同的人，对同样的问题又有完全不同的选择。同样是由北京乘飞机去巴黎，有的人选择经济舱，有的会选择商务舱，一个人做出什么样的消费选择，除了他的经济支付能力外，还有他的心理、性格、社会责任乃至道德修养的境界。我们强调道德修养和道德修养文化建设，就是希望在人们的各种选择当中拥有更多的道德因素。

过去的时代，我们的国家、民族、族群乃至个人，常常面临受压迫、受欺凌的境况，穷困潦倒地活着，悲壮苍凉地死亡，杀身成仁，舍生取义，往往成为追求道德高尚者的一种选择。而在今天这样一个民主平等、开放自由、生产力和科技高度发展的时代和社会中，道德高尚不需要杀身成仁，舍生取义和悲壮苍凉，而需要有知识、有智慧，像淑女、绅士一样地生活；应当优雅、壮美，像美丽的花圃和茂盛的森林一样，使新时代的道德修养同时成为审美修养、艺术修养，成为社会生活中一道亮丽的风景。

随着社会现代化和经济全球化发展，中国社会结构的变迁，正在从传统取向朝着现代取向转型，处于家庭、家族、工作单位和市场之外的社会领域逐渐扩大。社会成员公民意识和公民文化正在兴起和成熟；传统价值观的实际载体如家庭、家族、工作单位等社会功能不断弱化，社会成员独立个体的成长，个体空间和心理空间日益扩大，使其自主性和个性化取向日益增强；社会运行节奏加快，社会竞争状态加剧，社会流动范围扩大，社会成员的自我意识和效用观念日益增强；所有这些变化，都需要我们在继承和发扬优秀传统的基础上，科学构建全社会的核心价值体系、共同的信仰和共同的精神家园。

要积极认同和利用社会变迁所引起的各种变化，如经济市场化发展，虽然冲击了家庭、家族的构成，使原有的功能淡化或消失，但同时也使家庭、家族有条件、有机会成为纯粹的感情港湾和精神纽带；科学知识的普及和提高，自由观念深入人心，会普遍增强人们分辨真善美与假恶丑的能力，夯实从内心深处自觉认同、接受道德的基础。

营造良好的道德修养文化，要注意培育"以身体道"的群体。中国有一句最普及的名言，榜样的力量是无穷的。大凡一个历史悠久的文明或民族，都要有这样一个群体，其职责就是使一个文明、民族的修养、教化有一种实存性和现实化的显现。在中华民族形成发展的历史长河中，源自道德修养的文化资源中，有许多高尚的人格榜样，他们的胸襟、气度、眼光、内涵、修养境界和人格担当等等，都是道德文化、道德精神的现实化体现，不仅是我们进行道德修养实践的思想文化资源，也是社会主义精神文明建设、和谐社会建设的思想文化资源。

近年来，国内以精神文明建设为载体的各种道德模范、人民公仆、优秀共产党员评选、巡回演讲等活动，就是一种重建示范群体的积极努力。伟大者如李大钊、刘胡兰、焦裕禄、孔繁森、张思德、雷锋等等，平凡者如我们身边的各种先进模范人物，他们从不同层次、不同角度诠释着同样的命题，就是用一种精神体现生命的存在，用他们一生不懈的精神追求回答了人活着为什么、做事做官干什么、身后留什么等人生问题，赢得了普遍的社会认同和效仿。

营造良好的道德修养文化，要

欧洲第一幅肯定商人伦理道德的画，与中国古代冀邑却夫妇"相敬如宾"、梁鸿孟光"举案齐眉"一样，核心都是相互尊重，忠诚于对方的道德责任。

注重全社会的物态文化和各种活动载体建设，比如说遍布城乡的图书馆、博物馆、科技馆、纪念馆、大剧院、音乐厅等等，各种爱国主义教育基地，城乡公共活动场所的各种雕塑，城乡居民五分钟、十分钟文体活动场所，各种传统的、现代的节日活动，各种少儿的、青年的、妇女的、老人的纪念性、庆贺性活动，各种企业的、社团的、社区的各种标志、徽章，各种仪式、庆典等等，使各领域、各层次的民众在日常生活的环境中，能够时时意识到自己基本的物质生活需求以外的精神的、心灵的需求，意识到自己所从事的工作、职业所承载的社会使命、历史使命，从而产生相应的责任感和奉献精神。

道德修养的回归、普及和提高，还要注意从基础做起，突出重点。

道德的根本是对人与自然、人与社会及人与自身关系的调节和规范，道德修养就是人们在对上述关系认识和自觉基础上的一种自律，是建立在社会成员普遍自律基础上的一种社会性的精神生活。作为普遍性的自律性精神生活，在现代社会，主要集中在社会公共生活层面的社会公德修养、职业生活层面的职业道德修养和家庭生活层面的家庭美德修养等几个方面。

人是自然的一部分，又是作为社会一员存在的。维持人与自然、人与社会、人与人之间的和谐有序，是对每一个社会成员的道德要求，这就是社会公德。它是所有社会成员在社会交往和公共生活中应当尊重和遵守的最基本的规范和准则，是一切道德中最基本、最普遍的道德要求。

现代社会是平等多元的社会，现代社会人的精神源泉是多样的，个人信仰的对象和喜欢的生活方式也是多样的。道德修养要面向社会所有人或绝大多数人，所要求的就只能是对最基本的道德规范的尊重和遵守。现代道德修养不可能要求人人为圣，也不可能是追求尽善尽美的那种道德，而是每个人、每个公民或居民作为一个合格的社会成员都应该履行的责任和义务。这种公共道德的修养，主要是净化社会环境，最大限度地克服各种不良现象和行为。从这个意义上说，实际上是一种道德底线的遵守，是相对于较高的人生理想和价值追求而言的一种对于基本道德规范的尊重和遵守，就是说，不管你是什么人，你追求什么样的生活方式和价值目标，有一些基本的规则、基本的界限是不能违反和逾越的。这些基本道德规范要求主要适用于社会公共生活领域，与现代社会公民道德在对象和内容上是耦合的，是现代政治民主社会中对所

有社会成员的一种基本的道德要求。

生活在现代民主政治社会,你必须履行一些最基本的义务,不管你贵为总理、省长、县长,还是一介平民,不管你的价值选择和理想是什么,你都生活在一个复杂和转型的社会之中,你可能遇到各种挫折、困难和逆境,可能要做出许多妥协和退让,不管你多么达观、豁达,一些做人的底线是不能退缩和妥协的。你不能因为达不到最高、最好,而把最低和最基本的也放弃。

社会公德的目标是在全社会建立一种基本的道德秩序,以作为社会个体和社会生活的基础性平台。任何社会、任何个人都必须立足于此。每个人有每个人自己的人生目标和价值追求,但必须首先满足最基本的公共道德要求,然后才能去追求自己独特的生活理想。强调道德底线和基本义务,与提倡、鼓励人生理想、超越精神,是紧密联系和互补互动的。

现代社会,是社会分工高度精细复杂的社会,也是社会成员相互间交往高度密集、多样、繁复的社会。因此,职业活动已经成为现代社会成员最主要、最基本的社会活动,它既是现代人谋取生活资料、成就个人事业的主要手段和载体,又是个人对社会所承担的责任。岗位职业,已经成为现代人进行道德修养的重要领域。职业道德修养,不仅促进个人道德素质的形成和完善,而且反映整个社会的道德风貌。中国道德修养传统中的恪尽职守、诚信不欺、正直重义、精益求精、乐群贵和等职业精神,现代社会所推崇的民主、科学、公平、公正、爱岗敬业、廉洁奉公、平等协商等职业精神,都是我们进行现代职业道德修养,提升全社会职业道德文明水平的文化思想资源。

家庭从来都是社会的基本细胞,父母、子女、夫妻、兄弟、姊妹之间的亲情是人际关系最基本的内容。家庭美德,是每一个人在家庭生活中应该遵循的行为规范和准则,涵盖夫妻、长幼、邻里等人际关系。中国传统道德修养思想中的"仁",就是由"自爱"、"爱亲"而拓展到他人和全社会的一种普遍的社会调节机制。因此,正确对待和处理好家庭问题,共同培养和发展良好的夫妻爱情、长幼亲情、邻里友情，可以使人感受到家庭的温暖、人生的乐趣、人世间的真情，可以培养人们健康丰富的道德情感，促进人与人之间的真诚与相互信任。注重家庭美德修养，不仅关系到每个家庭的美满幸福，也有利于社会的安定和谐。

家庭美德修养从来都是道德修养的重要组成部分，中国传统道德修养的基本路径就是由修身、齐家而走向治国、平天下的。所以，中国传统孝悌伦理思想中的尊老爱幼、赡养父母、兄弟友爱、夫妻和睦、尊重妇女、养育子女等内容，仍然是今天社会主义家庭美德修养的基本要求，只是随着社会发展程度不同而更加富有时代气息而已。

二、道德修养的继承、借鉴与创新

人类一切时代文化、思想的发展，都离不开对人类已经发展、积累起来的优秀传统的继承，离不开对人类一切优秀文明成果的借鉴吸收，更离不开在继承、借鉴基础上的创新创造。

人类的思想、观念和智慧，来自于人的生命体验和社会实践，它们本身是一个不断与环境、与时代、与其他文化、思想观念相摩相荡而不断发展、不断积累、不断扬弃积淀的过程。各个时代的思想、观念和智慧，通过各种形式和途径顽强地表现出来，保存下来，就是传统。

所以，传统本质上是一种积淀和保存。积淀和保存实际上还是社会的一种积极的选择，是理性的肯定、接纳和培育。传统的根源还是理性，正确地对待传统，也是一个正确使用理性的问题。

传统与现代像一条川流不息的河，是永远联系在一起的。"即使在生活受到猛烈改变的地方，如在革命的时代，远比任何人所知道的多得多的古老东西在所谓改革一切的浪潮中保存了下来，并且与新的东西一起构成新的价值。无论如何，保存与破坏和更新的行为一样，是一种自由的行动。"[1]

由此推论，一切时代的人们，包括我们自己，都是生活在传统之中的。传统不是我们的异己，而始终是我们自身的一部分，一种范例和借鉴，一种对我

---

[1] 伽达默尔《真理与方法》，第361页。

们自身的重新认识。正是传统把我们的过去和现在、将来不可分割地联系在一起，我们不可能走出传统之外，以一个"纯粹"现代的人来谈论道德修养。传统不是应当加以克服的消极因素，而是当下道德修养理论和实践继续发展的必要前提和基础。任何时代的人，都是借助于传统而进入现实社会的，又是在传统的基础上创造新社会新文化的。传统的道德修养理论与实践也是一样，其传统是创新的基础，创新离不开继承。

中国特色社会主义道德建设的实践反复说明，中华民族在长期历史发展中逐渐形成的道德修养理论与实践传统，已经稳固地根植于我们民族的性格中，积淀于民族每个成员的血脉里，始终是我们不能丢掉的天然纽带。

从20世纪80年代起，随着对传统文化反思的不断深入，人们逐渐摈弃了多年来对传统道德修养理论及实践的激进批判和简单否定态度。认为传统道德修养理论与实践应是我们进行新的道德修养理论建设的重要文化资源。

传统产生于过去，带有过去时代的烙印。人类各文明系统，各个时代的思想、观念和智慧，包括古代的儒、道、墨、法，佛教、基督教、伊斯兰教，近现代的民主、科学、自由等等，都是为了回答和解决当时人们面临的重要问题而形成的思想、观念和智慧，与它们所产生的时代都有对应性和针对性，对当时社会的发展都有正向的促进作用，并经过长期的丰富、深化和积淀而形成为传统。但任何传统都与历史、与社会生活联系在一起，都要随着社会实践的发展和时代的进步不断地深化，不断地调整和创新，不断回答和解决时代提出的新课题，才是具有生命力的传统。

自15、16世纪欧洲文艺复兴以来的民主、自由、科学等西方文化促进了资本主义的产生和发展。科学家培根提出"Knowledge is power"（知识就是力量）的命题，认为知识可以变为技术，帮助人类控制自然。五百多年来，人们赞美知识、科学，崇拜技术、财富，崇尚民主、自由，鼓励消费、享受，到今天，我们赖以生存的这个星球已经不堪负荷，人类正面临生态失衡、环境污染、地球变暖、资源枯竭等生存危机问题。科学家们通过会议、决议等形式，呼吁用2500年前孔子的思想和智慧来解决今天的问题和危机。事实上，孔子的思想和智慧虽然可以参考，但关键的问题还要我们今天的人们运用新的思想和智慧来研究和回答今天面对的问题。孔子以来的道德修养、人格培育、生命成

长、天人和谐等思想和智慧，与现代社会的民主、自由、科学等等，应该是能够相互包容、吸收、融合而生成全新的思想和智慧，来解决我们今天所面临的问题的。当代中国共产党人所提倡和践行的科学发展观、和谐世界、和谐社会建设等思想和智慧，就是中国人民为解决当今人类所面临的共同问题开出的药方。

传统是民众共同生活的产物，是民众在长期共同的生活中形成的一种共同品格和精神，必然会随着共同生活的变化而更新。比如当代的民众从自然经济的熟人社会进入到市场全球流通的契约社会，人们生活在一个差异和不断变化的环境，人们自然会更多地思考自己是谁以及自己属于什么群体的问题，因而会促使人们具有更强、更明确的人性自觉；现代性世界的发展，特别是全球化的发展，使世界范围内的社会道德，道德修养文化出现多样性展示、流变性呈现和断裂性改变，因而会促使人们具有更强、更明确的道德自觉。

传统会随着社会生活的进化而进化、更新，但离不开人的意志或主观能动作用。更新是自然的进化，而创新是主动积极的扬弃和创造，其中有人们对过去、现在和未来的清醒认识和理性选择，有广大民众的积极参与。我们在传统的扬弃、创新方面能够做到什么程度，要看我们在多高多大的程度上认识过去、现在和未来，在多深多广的程度上动员民众参与这种创造。

所以，传统不是孤立静止的，它是社会道德思考和实践背后的精神链接，是流动的河，各个时代，各个社会的道德思考和实践是这条河的源。传统在链接和传衍的过程中是会发生变异的，会被赋予新的时代的内容，"问渠那得清如许，谓有源头活水来"。这种变异主要通过两种途径来实现，一是增添，并与原有传统高度融合；二是对外来道德思想理论的吸收并与原有传统融合。中国从明末到清末几百年间，由于闭关锁国，失去了与外部世界、特别是西方现代文化平等对话和良性吸收西方现代道德文化资源的机会，从而使中国现代化进程缺乏良好的人才资源和社会环境的支撑。

传统有大小之分，人们一般把占据社会主流地位的道德形态及其传衍称之为大传统，把民间道德和民间风俗习惯等世代相传，称之为小传统。当然，这种区别只是道德修养传统在不同阶层、不同人群中的不同表现，而在精神层面，它们是同源的。所以，大小传统是相对的，互动互补的。没有大传统，小传统得不到礼仪习俗的思想资源；没有小传统，大传统会失去辐射全社会的功能，主流道德文化的根基会不牢固。大小传统之间川流不息的交换、渗透，乃至有意识进行的采风观俗、化民成俗一类的行动，都说明了它们之间的一致性和互补性。

传统还有新旧之分。比如在我们来说，就有19世纪以前的古代传统和一百多年以来，特别是"五四"以来形成的现当代传统的区别。当然，我们所说的现当代传统，仍然是在古代道德修养传统基础上转换而来的，虽然它们之间存在过激烈的变革、断裂和更新，而且是带有全局性、根本性的变革和更新。

这种变革和更新，是一种动态的过程，至今尚未完成，还将继续下去。这种变革和更新，需要我们今天的人们审慎地选择。选择的依据，主要还是看传统对促进当代人的全面发展方面，哪些更进步、更先进，更符合时代要求和社会发展的必然趋势。

道德修养既是一个古老的问题，又是当代哲学社会科学、人文科学的前沿问题，还是名副其实的大众话题，是人类精神史、思想文化史上永恒的话题。从人类产生至今，各个时代的各个层次的人们都在不停地追问，形成一条流动的河。每一时代的道德实践与理论概括都是这一流动的河流的源头活水。每一时代的道德实践都会过滤掉那些过时的时代性内容，同时赋予其新的符合时代要求的内容，使传统得到新的生命，新的发展，这就是继承。继承的实质是创新、创造,传统与创新、创造是共存的。只讲继承而没有创新,传统不可能延续,而只能促使传统走向消亡。传统只能靠创新才能发扬光大。

时代和环境在快速地迁流变化,并且进步,道德修养的传统必须要随着时代的变迁而发展,传统没有变化,必定会冻结我们的心灵,必然影响甚至阻碍我们的进步。

道德修养的真正问题就是不断地创新和创造,不断地超越人自身。人们通过创新和创造,可以拥有一种崭新的生活,可以提升人的生命的境界。换句话说,创新和创造是道德修养的根本任务和重要目标之一,是人的使命所在。创新和创造是人不断超越自我的基本途径,而超越则是蕴含着巨大动力的积极主动的创新和创造过程,是一种深刻的内在体验和内在领悟。创新和创造不会囿于自我,而正是对自我的一种否定和超越。

创新,包括将早已存在的传统加以变化,为其加入符合时代要求的特质和内容。

创新,是生命冲动的绵延,是一切事物发展的内在动力,也是道德修养理论与实践发展的必由之路。

创新,是艰苦的研究、探索过程,是思想、理论与实践相摩相荡、不断结合转化的过程,是不断回答解决新情况、新问题的过程。

注重创新的民族,是伟大的民族。注重创新的人,是不断进步的人。今天中国所需要的创新,就是一切从当代世界和中国实际出发,站在时代、实践和科学的前沿,研究解决道德修养面临的新情况、新问题。

创新不一定需要天才,只在于创造性的思考,在于找到新的更新方法。富于生机和活力的创造性思考的意识和品德,是促使我们创新、创造的巨大推动力量。

创新、创造也是有传统的,有经验可以积累的,也需要学习。学习古人或他人是如何进行创造性的思考和创新的。数千年文明发展的传统,不全是创造性的，但包含有极其丰富的创造性精神。这种创新、创造性精神在各个文明系统、各个历史时期的表现形式虽然不同，但其标新立异敢于怀疑勇于揭示矛盾的勇气和思维是共同的，具有超越性。我们学习、研究传统文化和道德精神，当然要从具体的经验教训中增长见识，但主要还是要通过学习、认真体会古人或前人的创造精神，学习他们如何在一定的条件下敢于怀疑勇于否定某些既定条件而谋求发展。学习和继承，不单单是学习传统的知识，根本还是学习其精神，学习古人或前人的创新、创造精神。

传统是生存和发展的需要，我们的各级领导干部、科技文化人才、广大民众要有重建传统的愿望，对我们民族几千年的传统有一份敬意与温情，我们要做蕴含传统意味的现代人。

道德修养的思想理论建设

　　道德修养作为价值地认识和把握世界的方式,既是一种道德实践活动,也是一种理论思考和探讨的过程。自人类文明产生以来的漫长征程中,人们在实际的道德修养实践中,对道德修养自身也进行了大量深入的反思、研究和理论上的阐述,形成了非常丰富的关于道德修养的思想和理论成果,对道德修养实践的不断深化和发展发挥了非常重要的指导、引领和促进作用。现代道德修养实践的规模空前宏大,深度和广度空前拓展,更需要我们对道德修养问题从理论上进行广泛深入的研究探索。

对话与交流应如一片广阔的田野，人可以在里面自由行走，而不该像一条直达某人家门口的大道。

一、道德修养应该研究它自身，应当"自我认识"和"反思"

道德修养虽然主要的是一种实践活动，是一种人们广泛参与其间的社会实践活动，但它同时又是一种具有形而上特点的理论思考和创造活动，是一种理论与实践的双重探索。

道德修养是有思想理论资源的，我们能在今天谈论道德修养，是因为前人已经从理论上提出并广泛深入地讨论了道德修养的问题，而且留下了非常丰富的理论成果。我们不能把道德修养的相关理论看成只是一种历史的、只存在于古代的思想或理论，而是要批判性地研究它，筛选它，并把它和现代社会生活联系起来，为它赋予新的时代内容，促成新的理论创造，来回答、解决当今时代道德修养面临的新情况、新问题，从思想理论上引领、指导新时期的道德修养社会实践。

道德修养理论与实践的自我认识，首要的和主要的还是正确认识它自身的特点和发展规律。

道德修养理论与实践与其他各种物质的、精神的文化一样，都是在具体的时空条件下，在具体的历史和社会实践中产生并发展的，是一种历史性、实践性、开放性的存在。道德修养理论与实践始终会随着时空条件的转换、社会实践的发展而发展，这是道德修养传统之所以具有生命力、之所以具有独特地位和功能的内在依据。道德修养理论与实践的发展，从宏观上讲，离不开社会的现代化，离不开人的现代化；但从微观上说，还是有其自身固有的特点和规律的，如开放性的体系、服务社会的价值目标、修养功能的拓展、对人的终极关怀以及修养理论自身的发展等等，需要结合现代社会实践的特点和要求进行研究。

所谓开放性的体系，即面对高度开放的社会和世界，道德修养理论与实践将呈现高度开放状态，无论是修养的内容、途径和方法，还是修养的环境、主体、载体和机制，都会融入高度开放的世界。道德修养理论与实践必须要适应开放的社会，并以开放的社会为舞台，解放思想，博采众长，广泛借鉴和吸收一切科学，特别是哲学社会科学和人文科学的先进成果，认真研究道德修养的新环境、新特点，不断充实和拓展道德修养自身的理论内涵和研究视野，使道德修养理论与实践既有自身科学形态，又处于不断创新、不断丰富的动态发展之中。尤其是随着现代信息技术的快速发展和广泛应用、远程教育的普及、国际范围内人员的频繁交往和文化交流的不断扩大等等，必然要求道德修养理论研究以更加开放的姿态适应全球化的新情况。

所谓服务社会的价值目标，就是道德修养理论与实践发展目标应与社会发展目标相一致，并与社会发展相互依从、互相促进；适应全球化条件下人们工作、生存和生活方式的变化，促使人们提升把握国际形势、分辨是非的能力，提高人们对国际社会的责任感和使命感，坚持真理和正义，帮助人们形成适应现代民主、法治社会和市场经济社会道德规范的道德品质，推动现代社会的健康、稳定发展。

所谓修养功能的拓展，就是面对现代社会信息量巨大、信息渠道众多、中外文化交会激荡，人们面临更多困惑、诱惑和选择的新情况、新问题，道德修养理论与实践应着眼于引导人们自觉培养科学的世界观、人生观和价值观；培养科学的认识方法和学习、工作方法；培养良好的个性心理品质、健全人格和高尚的审美情操；在政治、经济、文化的激烈变革中，在纷繁复杂的社会信息、社会现象、社会思潮中，运用科学方法进行科学分析、独立判断和正确选择。只有这样，道德修养的导向功能才能得到拓展，道德修养理论与实践自身也才能得到发展。

所谓对人的终极关怀,就是在知识经济时代,道德修养的终极目标仍然是实现人的尊严、自由和解放。通过知识的创造和应用,人类不仅可以获得更好的生存生活条件,而且通过知识的发展、创造和应用过程,人们可以充分发展自我、完善自我,以及展现自我对他人、对社会的价值和意义,以创造性的工作所产生的成果为提高人类的精神境界作出贡献。

所谓修养理论自身的发展,是说今天的道德修养,是面向未来、面向现代化的修养,道德修养理论与实践既有赖于社会的发展和科技、教育等现代化程度的提高,又会对社会现代化的发展发挥促进作用;社会的发展和变迁、科学技术的进步和教育现代化程度的提高,是道德修养理论与实践发展的外动力,也是互动力;道德修养观念、方法的创新和发展,是道德修养理论与实践发展的内动力,也是原动力。随着社会现代化程度和民主、开放程度的不断提高,修养的重点会由一般的思想道德修养转向现实的、具体的、适应时代特点的新的领域的认知和修养,如科学精神的修养,尊重生命意识和安全意识的修养,公民意识、民主、自由意识的修养等等。由于科学技术的高度发展和大量科学理论的产生,人们在继续沿用传统方法的同时,还会大量运用心理学、控制论、系统论等现代科学方法,对道德修养问题进行规范的、定量的、精确的研究。我们应当进一步加强道德修养理论自身发展规律的研究,努力把道德修养理论与实践建构在面向现代化、面向未来的科学发展的基础上,使道德修养理论与实践的发展具有更加强劲的动力和广阔的前景。

对道德修养理论与实践的反思,重点应当放在两个方面,一是对我们自身传统道德修养思想理论的反思、批判和创新创造,二是对国外,尤其是西方道德修养思想理论的反思、批判和借鉴吸收,对中外、中西差异、优劣进行比较、梳理和改造。

中华文明道德修养理论与实践，是从中国多元、悠久的文化传统中培养出来的、深深地烙在中国人的血液、思想中的精髓。因此，主动自觉地维护我们的历史和传统，并使之延续和发扬光大，是道德修养理论建设的首要任务；道德是在人们共同生活的经历中形成的，又是在人们活动的历史中变化发展的。新的道德修养理论与实践必须包含过去、现在和未来，必须立足于现代化建设的丰富实践，面向现代化，面向未来，赋予传统以新的时代内容和生命，从传统和创新、创造的结合中延续传统，是道德修养理论建设的又一任务。

中国传统的道德修养思想和理论是在自强不息、厚德载物的博大思想和雍容华贵、海纳百川的大国背景下，经历久远的历史沉浮和文化积淀而形成和发展起来的经验和实践的概括和总结，它对传统中国社会秩序的认识、理解和设计是深刻的。轴心时代以前及轴心时代的思想家们，对中国以农耕文明为主要特点的社会规范、规则，人性定位和人格要求等，至少有三种以上的概括和表达，但最终还是选择了以儒家为代表的概括和表达，说明中国传统社会环境需要的就是这样一套规范和规则，并作为实践而长期存在和发展。它对中国人群体性格的塑造，对中国社会的治理，对中华民族的形成和发展，对中华文明、文化的延续和发展总体上是有效的。在这个庞大而复杂的传统中，有许多不适应时代发展要求的糟粕，需要剔除；有许多优秀的传统需要我们积极主动地维护，赋予新的时代内容，并使之延续和发扬光大；还有许多特有的东西，就像我们的中医一样，还不能用现代语言明确地表达，但能够解决很多现实的疑难的问题，比如现代的理性、信仰迷失问题，精神障碍问题等等。道德修养理论研究的任务之一，就是运用现代语言、现代概念把这些特点更加明确地表达出来，变成现代化的、全球化的信息和共识，成为全新的道德修养的思想和理论资源。

中国传统道德修养思想和理论，是在以血亲关系为基础的农耕社会语境中形成的，如上所说，它在传统中国几千年的发展中总体上是有效的。古人讲，"天不变，道亦不变"，但21世纪的"天"已经变了，在如今这个急剧变化的时代中，中华民族要复兴、要崛起，道德修养理论与实践要发展，只有传统是远远不够的。事实上，自近代以来，尤其是改革开放以来，我们的文化传统、道德修养思想和理论经受了各种新的、非传统的挑战。面对挑战，我们积极主动地将各种挑战化为激发力量,来保持我们传统自身的创新。从"西学东渐"到马克思主义的传入中国,从马克思主义传入中国到不断地中国化,使中国人的思想文化和道德、精神面貌都发生了巨大变化,这种变化将会进一步激发我们传统的创造性,激活传统的自由创造精神,使其更加充满活力。

其实,道德修养与实践的传统至今仍然是一个正在人类历史长河中动态发展的过程,它从来都不是一个静态的结构和状态,而是一种开放式的创造性思维和实践活动。它对诸如宇宙的本质、人生的意义、幸福、正义、善恶、美丑、道德与政治、个人修养与社会实践等具有永恒意义的问题,都会随着时代的发展变化而有不同的阐释和表达,并赋予它们以新的、具有时代特点的意义。

国外,尤其是西方文化传统,亦具有非常丰富的道德(德性)修养的思想和理论。比如在古希腊、罗马商业、畜牧业文明基础上产生和发展起来的重个体、重权利、崇尚个人自由的民主精神;在天人相分理论基础上产生和发展起来的优胜劣汰意识,公平竞争思想和像钟表一样缜密的理性精神;在人性恶思想基础上产生和发展起来的法律至上、契约自由、公权制约的法治精神;在先验、思辨思维基础上产生和发展起来的科学精神,还有近现代西方产生和发展起来的德性修养的各种思想和理论等等,我们都要进行认真的反思、批判,通过扬弃、吸纳乃至重新诠释,从而为我所用,成为新的道德修养的思想理论资源。

我们在继承、改造传统道德修养思想理论,借鉴吸收国外、尤其是西方思想理论资源的同时,一定要注意对中外、中西方道德修养思想理论差异、优劣进行认真的反思、比较、梳理和改造,积极借鉴、吸收世界各国各文明系统最优秀的思想理论资源,从而进一步丰富当代中国人道德修养的理论与实践。

文化的产生和发展本来就是多元的。中外、中西方文化传统中的修养思想和理论,存在许多的差异、矛盾甚至对立。这些差异,有些是因为对宇宙自然的基本观点不同,有些则是因其产生发展的自然地理环境、社会结构、人群生活习惯等等的不同。这是人类文化发展的常态,更是人类文化发展、文明进步的动因之一。正是由于这种多样性,使每一种文化都能够适应、顺从每一种文明,每一个时代、每一个民族的性格。我们今天理论研究的任务之一,就是在了解、认识它们的历史和它们在各个时代所取得种种形式的基础上，结合新的时代要求，进行积极的比较、改造、借鉴和吸收，使其成为新的道德修养的思想理论优质资源。

比如中西方在天人关系上的差异，中国文化传统是天人合一基础上的人与自然密切相亲的观念和中庸和谐思想，西方是天人相分基础上的人主宰、征服自然的观念和公平竞争的思想；这种差异反映在建筑、艺术等审美方面，中国文化是人与自然相亲相爱的飘逸、空灵、气韵生动，生命体验中的自在、快乐、无忧、愉悦，敦煌壁画中的飞天，青铜雕塑中的马踏飞燕，建筑上的翼角翘起，绘画中的衣带飘扬等等；西方文化是人类高居于自然之上的稳定、对称、均衡、理性。

在总体的德行修养方面，中国人重实践，"践履即美德"，文化、道德功能主要的是教化、资政和资治，个人道德修养的基本使命就是齐家、治国、平天下，一个理想的社会应该是人民安居乐业、天下和谐安定的大同世界；西方人重知识，"知识即美德"，文化、道德功能主要的是鼓励发挥个人的天赋，激发个人的创造力，认为一个理想的社会应该是着眼于最大限度发挥人们的创造性。

思维方式方面，中国人注重整体、直观、直觉、顿悟，常常把自然界许多东西的形、质等赋予其特殊的诠释，形成许多内涵非常丰富的文意与物象互通的象征世界，如"智者乐水"、"上善若水"、"水善利万物而不争"等等；西方人注重分析、辩论、逻辑推理和批判性思考，喜欢通过思想寻找对宇宙自然、社会和生命的认识，"认识你自己"是西方知晓率最高的名言，斯芬克斯之谜是西方最著名的寓言，笛卡尔由此提出"我思故我在"的命题，认为思想是人存在的证明，一个人的思想、观念越多，越能确信自己的存在；中国人从水的流动感悟到人性向善，就好像水一定向下，得到的是做人的道理；西方人从苹果向下掉落的现象进行严密的逻辑求证，发现了地球引力和宇宙的万有引力，得到的是科学真理。

西方比较注重个人主义，中国比较注重群体生活，这是各自不同的生活环境和文化传统所造就的，不存在孰优孰劣的问题，只存在根据时代变迁相互借鉴吸收共同发展的问题。中国人长期生活在农耕文明之中，农业社会需要